安全生产新做法与新经验丛书

企业开展事故隐患排查工作新做法与新经验

"安全生产新做法与新经验丛书"编委会　编

中国劳动社会保障出版社

图书在版编目（CIP）数据

企业开展事故隐患排查工作新做法与新经验/"安全生产新做法与新经验丛书"编委会编. —北京：中国劳动社会保障出版社，2013（安全生产新做法与新经验丛书）

ISBN 978-7-5167-0147-8

Ⅰ.①企⋯　Ⅱ.①安⋯　Ⅲ.①企业管理-安全隐患-安全检查-中国　Ⅳ.①X931

中国版本图书馆 CIP 数据核字（2013）第 005785 号

中国劳动社会保障出版社出版发行

（北京市惠新东街 1 号　邮政编码：100029）

出 版 人：张梦欣

＊

北京金明盛印刷有限公司印刷装订　新华书店经销

880 毫米×1230 毫米　32 开本　8.875 印张　216 千字

2013 年 1 月第 1 版　2013 年 1 月第 1 次印刷

定价：**22.00 元**

读者服务部电话：（010）64929211/64921644/84643933

发行部电话：（010）64961894

出版社网址：http://www.class.com.cn

编 委 会

内容提要

事故隐患的存在，是引发事故的重要因素，在事故未发生之前，及时排查和消除事故隐患，就能够避免事故的发生。这已经成为人们的共识。自 2007 年以来，国务院办公厅连续下发文件，要求各级地方政府和企业进一步加强安全生产工作，坚决遏制重特大事故；在重点行业和领域开展安全生产隐患排查治理专项行动；并积极开展重大基础设施安全隐患排查工作等。2010 年，国务院《关于进一步加强企业安全生产工作的通知》（国发〔2010〕23 号）中，进一步强调，企业要经常性开展安全隐患排查，并切实做到整改措施、责任、资金、时限和预案"五到位"；建立以安全生产专业人员为主导的隐患整改效果评价制度，确保整改到位；对隐患整改不力造成事故的，要依法追究企业和企业相关负责人的责任；对停产整改逾期未完成的不得复产。

几年来，在事故隐患排查方面，许多企业采取了一些积极有效的做法，积累了丰富的实际操作经验，对于排查事故隐患发挥了重要作用。本书比较详细地介绍了在事故隐患排查方面相关政策法规的规定；介绍了冶金、有色金属、化工、煤矿、建筑、电力、机械制造等各类企业，在事故隐患排查中的经验；介绍了适合于企业开展事故隐患排查活动的具体做法，以帮助和指导企业的事故隐患排查工作。

前　言

近几年，在科学发展观思想指导下，党和国家采取了一系列重大措施加强安全生产工作。这些重大政策干预措施对促进安全生产形势稳定好转发挥了重要作用，并且表现出强劲和持久的后续推动力。在连续多年工伤事故死亡人数持续下降后，国家政策干预并没有出现减弱趋势，反而更为增强，安全生产法律法规体系、安全生产政策体系逐步完善，政府安全生产监管工作更为加强。

对于许多企业来讲，在安全生产管理工作中都取得了一定的成绩，同时也遇到许多新情况、新问题，亟待有新的方式方法予以解决。例如，一些企业随着青年工人的大量增加，人员流动性很大，安全生产的严格管理与人员的自由流动形成突出矛盾；再如，一些企业安全生产管理方式日益固定化，缺乏应有的变化和新鲜感，造成人员安全意识的麻木与淡薄，也造成管理者与被管理者矛盾冲突增多，致使安全管理走下坡路。企业安全生产管理工作的实质，是职工广泛参与的自我教育、自我改进的活动，离开了广大职工的积极参与，安全生产管理工作就很难取得实质性的效果。因此，在企业安全生产管理上，需要不断地根据新情况、新问题，学习借鉴其他企业的实用做法、新鲜经验，采取有针对性的措施，从而缓和管理者与被管理者之间的矛盾，不断提高职工对安全生产的认识，促进本企业安全管理水平的提高。

这套丛书，在对大量不同类型企业调研的基础上，从企业的实际情况和实际需要出发，确定相应的选题和内容，主要的读者对象是企业安全生产管理人员和班组职工。

本套丛书共有 10 本：

1. 《企业开展安全生产标准化建设新做法与新经验》
2. 《企业推进安全文化建设新做法与新经验》
3. 《企业强化班组安全建设新做法与新经验》
4. 《企业落实职业危害防治责任新做法与新经验》
5. 《企业加强安全生产管理工作新做法与新经验》
6. 《企业应急救援与应急处置管理新做法与新经验》
7. 《企业开展事故隐患排查工作新做法与新经验》
8. 《企业开展宣传教育工作新做法与新经验》
9. 《企业生产班组自主安全管理新做法与新经验》
10. 《企业培养遵章守纪优秀员工新做法与新经验》

每本书都分为三个部分，即相关政策法规要点、企业做法与经验、相关问题解答与探讨。在相关政策法规要点中，对相关政策法规的要点进行提示；在企业做法与经验中，对企业做法与经验进行评述，即对相关做法与经验的适用范围、内在价值、未来改进之处等进行分析，以利于其他企业能够更好地参考借鉴。

本套丛书主要围绕近几年来国家新近颁布实施的安全生产方面的相关法律法规、国家安全生产监督管理总局制定并实施的相关部门规章、企业安全管理人员和班组职工的迫切需要，系统全面地介绍先进企业的新做法、新经验，为企业及班组提供可以参考借鉴的知识，供不同企业直接运用，以利推进实际工作。

编　者

2012 年 10 月

目　　录

一、企业开展事故隐患排查工作
相关政策法规要点

保证安全生产、预防事故发生，是企业正常生产经营、获取利润的需要，同时也是贯彻落实科学发展观、构建社会主义和谐社会的必然要求。人的生命是最宝贵的，在人民群众最关心、最直接、最现实的利益中，最重要的莫过于对生命安全的保障。发展和建设都是为了人民，而最重要的就是人的生命安全。企业要把生命高于一切的理念落实到生产、经营、管理的全过程，要把安全放在第一位，始终坚持"安全第一、预防为主、综合治理"的方针，全面加强企业安全管理，落实安全生产责任，完善安全生产制度，积极做好事故隐患排查治理工作，及时消除各种危险与危害，有效防范各类事故，提高企业安全技术水平，夯实安全生产基础，切实保障安全生产。

1.《国务院办公厅关于进一步开展安全生产隐患排查治理工作的通知》相关要点

2008年2月16日，国务院办公厅印发《国务院办公厅关于进一步开展安全生产隐患排查治理工作的通知》（国办发明电〔2008〕15号）。《通知》要求在2007年开展隐患排查治理专项行动的基础上，全面排查治理各地区、各行业领域事故隐患，狠抓隐患整改工作，进一步深化重点行业领域安全专项整治，推动安全生产责任制和责任追究制的落实，完善安全生产规章制度，建立健全隐患排查治理及重大危险源监控的长效机制，强化安全生产基础，提高安全管理水平，为实现到2010年安全生产状况明显好转的目标奠定坚实基础。

（1）排查治理范围

排查治理范围涉及各地区、各行业（领域）的全部生产经营单位。主要包括：

● 煤矿、金属和非金属矿山、冶金、有色、石油、化工、烟花爆竹、建筑施工、民爆器材、电力等工矿企业及其生产、储运等各类设备设施；

● 道路交通、水运、铁路、民航等行业（领域）的企业、单位、站点、场所及设施，以及城市基础设施等；

● 渔业、农机、水利等行业（领域）的企业、单位、场所及设施；

● 商（市）场、公共娱乐场所（含水上游览场所）、旅游景点、学校、医院、宾馆、饭店、网吧、公园、劳动密集型企业等人员密集场所；

● 锅炉、压力容器、压力管道、电梯、起重机械、客运索道、大型游乐设施、厂（场）内机动车辆等特种设备；

● 易受台风、风暴潮、暴雨、洪水、暴雪、雷电、泥石流、山体滑坡等自然灾害影响的企业、单位和场所；

● 近年来发生较大以上事故的单位。

(2) 排查治理内容

在继续落实 2007 年隐患排查治理专项行动有关指导意见的基础上，全面排查治理各生产经营单位及其工艺系统、基础设施、技术装备、作业环境、防控手段等方面存在的隐患，以及安全生产体制机制、制度建设、安全管理组织体系、责任落实、劳动纪律、现场管理、事故查处等方面存在的薄弱环节。具体包括：

● 安全生产法律法规、规章制度、规程标准的贯彻执行情况；

● 安全生产责任制建立及落实情况；

● 高危行业安全生产费用提取使用、安全生产风险抵押金交纳等经济政策的执行情况；

● 企业安全生产重要设施、装备和关键设备、装置的完好状况及日常管理维护、保养情况，劳动防护用品的配备和使用情况；

● 危险性较大的特种设备和危险物品的存储容器、运输工具的完好状况及检测检验情况；

● 对存在较大危险因素的生产经营场所以及重点环节、部位重大危险源普查建档、风险辨识、监控预警制度的建设及措施落实情况；

● 事故报告、处理及对有关责任人的责任追究情况；

● 安全基础工作及教育培训情况，特别是企业主要负责人、安全管理人员和特种作业人员的持证上岗情况和生产一线职工（包括农民工）的教育培训情况，以及劳动组织、用工等情况；

● 应急预案制定、演练和应急救援物资、设备配备及维护情况；

● 新建、改建、扩建工程项目的安全"三同时"（安全设施与主体工程同时设计、同时施工、同时投产和使用）执行情况；

● 道路设计、建设、维护及交通安全设施设置等情况；

● 对企业周边或作业过程中存在的易由自然灾害引发事故灾难的危险点排查、防范和治理情况等。

同时，通过对安全生产隐患排查治理，进一步检查地方各级人民政府及有关部门落实监管责任，打击非法建设、生产、经营行为，事故查处及责任追究落实，有关政策措施制定和执行，安全许可制度实施，长效机制建设等方面的情况。

（3）排查治理方式

隐患排查治理工作要做到"四个结合"：

● 坚持把隐患排查治理工作与深化煤矿瓦斯治理、整顿关闭工作以及各重点行业（领域）安全专项整治结合起来，狠抓薄弱环节，解决影响安全生产的突出矛盾和问题；

● 坚持与日常安全监管监察执法结合起来，严格安全生产许可，加大打"三非"（非法建设、生产、经营）、反"三违"（违章指挥、违章作业、违反劳动纪律）、治"三超"（生产企业超能力、超强度、超定员，运输企业超载、超限、超负荷）工作力度，消除隐患滋生根源；

● 坚持与加强企业安全管理和技术进步结合起来，强化安全标准化建设和现场管理，加大安全投入，推进安全技术改造，夯实安全管理基础；

● 坚持与加强应急管理结合起来，建立健全应急管理制度，完善事故应急救援预案体系，落实隐患治理责任与监控措施，严防整治期间发生事故。

（4）排查事故隐患工作要求

● 加强领导，精心组织。地方各级人民政府要切实加强对安全生产隐患排查治理工作的组织领导，安全监管监察等各有关部门要密切配合、加强指导。各地区、各部门、各单位要建立和落实隐患排查治理责任制，特别要全面落实地方各级政府行政首长和企业法定代表人负责制，健全工作机制，确定牵头部门，明确职责分工，周密部署，精心组织，全力抓好此项工作。各生产经营单位要切实负起隐患排查治理的主体责任，企业法定代表人负总责，组织开展本单位隐患排查治理工作，落实整改资金和责任，制定隐患监控措施，限期整改到位，并及时向当地政府及主管部门报告。

● 突出重点，全面排查治理各类隐患。隐患排查治理要突出四个重点，即煤矿、金属和非金属矿山、交通运输、建筑施工、危险化学品、特种设备、人员密集场所等重点行业领域；事故多发、易发的重点地区；安全管理基础薄弱的重点企业；切实加大工作力度，坚决遏制重特大事故的发生。同时，要组织对各地区、各行业领域、各生产经营单位的安全隐患进行全面排查治理，做到排查不留死角，整改不留后患。

● 强化监督检查，确保取得实效。地方各级人民政府及负有安全监管职责的各部门要切实加强对隐患排查治理工作的监督检查和指导，安全生产综合监管部门要统筹协调好联合督察行动，进一步完善工作方案和相关制度措施，规范监督检查的方法和程序，采取巡检、抽检、互检等方式，深入基层和生产一线加强督促指导。要建立重大隐患公告公示、挂牌督办、跟踪治理和逐项整改销号制度，强化行政执法，严厉打击非法违法建设、生产、经营等行为，对不具备安全生产条件且难以整改到位的企业，依法予以关闭取缔。对因隐患排查治理工作不力而引发事故的，要依法查处，严肃追究责任。

● 加强舆论宣传，广泛发动职工群众。要充分利用广播、电视、报纸、互联网等媒体，加大对隐患排查治理工作的宣传力度，以"治理隐患、防范事故"为主题，组织开展好"安全生产月"和"安全万里行"活动。要通过各种途径教育和引导各类生产经营企业和相关单位，深刻认识开展安全生产"隐患治理年"的重要性、必要性和紧迫性，增强做好隐患治理工作的主动性和自觉性，落实企业的主体责任。要充分依靠和发动广大从业人员参与隐患排查治理工作，建立监督和激励机制，组织职工特别是专业技术人员全面认真细致地查找各种事故隐患。对隐患排查治理不认真、走过场的单位要予以公开曝光。

● 标本兼治，着力构建安全生产长效机制。各地区、各部门、各单位要以隐患排查治理为契机，不断加强和规范安全管理与监督。要切实加强隐患排查治理的信息统计，建立健全隐患排查治理信息报送制度和隐患数据库，加强隐患排查治理的基础工作。建立健全隐患排查治理分级管理和重大危险源分级监控制度，实现隐患登记、整改、销号的全过程管理。要认真分析近年来的典型事故案例，深刻吸取教训，举一反三，推动隐患排查治理工作，预防和杜绝同类事故的发生。要全面落实各项安全生产治本之策，加快解决影响安全生产的深层次矛盾和问题，建立安全生产的长效机制。

2.《国务院关于进一步加强企业安全生产工作的通知》相关要点

2010 年 7 月 19 日，国务院印发《国务院关于进一步加强企业安全生产工作的通知》（国发〔2010〕23号）。《通知》的制定出台，是党和国家在全国深入贯彻落实科学发展观，转变经济发展方式，调整产业结构，推进经济平稳较快发展和建设和谐社会的重要时期，对安全生产工作作出的重大决策和部署，充分体现了党中央、国务院对安全生产工作的高度重视，对人民群众的深切关怀。《通知》体现了"安全发展，预防为主"的原则要求和安全生产工作标本兼治、重在治本，重心下移、关口前移的总体思路。《通知》中有关事故隐患排查治理的内容主要有：

（1）总体要求

❷ 工作要求。深入贯彻落实科学发展观，坚持以人为本，牢固树立安全发展的理念，切实转变经济发展方式，调整产业结构，提高经济发展的质量和效益，把经济发展建立在安全生产有可靠保障的基础上；坚持"安全第一、预防为主、综合治理"的方针，全面加强企业安全管理，健全规章制度，完善安全标准，提高企业技术水平，夯实安全生产基础；坚持依法依规生产经营，切实加强安全监管，强化企业安全生产主体责任落实和责任追究，促进我国安全生产形势实现根本好转。

● 主要任务。以煤矿、非煤矿山、交通运输、建筑施工、危险化学品、烟花爆竹、民用爆炸物品、冶金等行业（领域）为重点，全面加强企业安全生产工作。要通过更加严格的目标考核和责任追究，采取更加有效的管理手段和政策措施，集中整治非法违法生产行为，坚决遏制重特大事故发生；要尽快建成完善的国家安全生产应急救援体系，在高危行业强制推行一批安全适用的技术装备和防护设施，最大程度地减少事故造成的损失；要建立更加完善的技术标准体系，促进企业安全生产技术装备全面达到国家和行业标准，实现我国安全生产技术水平的提高；要进一步调整产业结构，积极推进重点行业的企业重组和矿产资源开发整合，彻底淘汰安全性能低下、危及安全生产的落后产能；以更加有力的政策引导，形成安全生产长效机制。

(2) 严格企业安全管理

● 进一步规范企业生产经营行为。企业要健全完善严格的安全生产规章制度，坚持不安全不生产。加强对生产现场监督检查，严格查处违章指挥、违规作业、违反劳动纪律的"三违"行为。凡超能力、超强度、超定员组织生产的，要责令停产停工整顿，并对企业和企业主要负责人依法给予规定上限的经济处罚。对以整合、技改名义违规组织生产，以及规定期限内未实施改造或故意拖延工期的矿井，由地方政府依法予以关闭。要加强对境外中资企业安全生产工作的指导和管理，严格落实境内投资主体和派出企业的安全生产监督责任。

● 及时排查治理安全隐患。企业要经常性开展安全隐患排查，并切实做到整改措施、责任、资金、时限和预案"五到位"。建立以安全生产专业人员为主导的隐患整改效果评价制度，确保整改到位。对隐患整改不力造成事故的，要依法追究企业和企业相关负责人的责任。对停产整改逾期未完成的不得复产。

● 强化生产过程管理的领导责任。企业主要负责人和领导班子成员要轮流现场带班。煤矿、非煤矿山要有矿领导带班并与工人同时下井、同时升井，对无企业负责人带班下井或该带班而未带班的，对有关责任人按擅离职守处理，同时给予规定上限的经济处罚。发生事故而没有领导现场带班的，对企业给予规定上限的经济处罚，并依法从重追究企业主要负责人的责任。

● 强化职工安全培训。企业主要负责人和安全生产管理人员、特殊工种人员一律严格考核，按国家有关规定持职业资格证书上岗；职工必须全部经过培训合格后上岗。企业用工要严格依照劳动合同法与职工签订劳动合同。凡存在不经培训上岗、无证上岗的企业，依法停产整顿。没有对井下作业人员进行安全培训教育，或存在特种作业人员无证上岗的企业，情节严重的要依法予以关闭。

● 全面开展安全达标。深入开展以岗位达标、专业达标和企业达标为内容的安全生产标准化建设，凡在规定时间内未实现达标的企业要依法暂扣其生产许可证、安全生产许可证，责令停产整顿；对整改逾期未达标的，地方政府要依法予以关闭。

(3) 建设坚实的技术保障体系

● 加强企业生产技术管理。强化企业技术管理机构的安全职能，按规定配备安全技术人员，切实落实企业负责人安全生产技术管理负责制，强化企业主要技术负责人技术决策和指挥权。因安全生产技术问题不解决产生重大隐患的，要对企业主要负责人、主要技术负责人和有关人员给予处罚；发生事故的，依法追究责任。

● 强制推行先进适用的技术装备。煤矿、非煤矿山要制定和实施生产技术装备标准，安装监测监控系统、井下人员定位系统、紧急避险系统、压风自救系统、供水施救系统和通信联络系统等技术装备，并于3年之内完成。逾期未安装的，依法暂扣安全生产许可证、生产许可证。运输危险化学品、烟花爆竹、民用爆炸物品的道路专用车辆，旅游包车和三类以上的班线客车要安装使用具有行驶记录功能的卫星定位装置，于2年之内全部完成；鼓励有条件的渔船安装防撞自动识别系统，在大型尾矿库安装全过程在线监控系统，大型起重机械要安装安全监控管理系统；积极推进信息化建设，努力提高企业安全防护水平。

● 加快安全生产技术研发。企业在年度财务预算中必须确定必要的安全投入。国家鼓励企业开展安全科技研发，加快安全生产关键技术装备的换代升级。进一步落实《国家中长期科学和技术发展规划纲要（2006—2020）》等，加大对高危行业安全技术、装备、工艺和产品研发的支持力度，引导高危行业提高机械化、自动化生产水平，合理确定生产一线用工。"十二五"期间要继续组织研发一批提升我国重点行业领域安全生产保障能力的关键技术和装备项目。

3.《国务院关于坚持科学发展安全发展促进安全生产形势持续稳定好转的意见》相关要点

2011 年 11 月 26 日，国务院印发《国务院关于坚持科学发展安全发展促进安全生产形势持续稳定好转的意见》（国发〔2011〕40号）。《意见》指出，安全生产事关人民群众生命财产安全，事关改革开放、经济发展和社会稳定大局，事关党和政府形象和声誉。为深入贯彻落实科学发展观，实现安全发展，促进全国安全生产形势持续稳定好转，提出意见。与企业事故隐患排查工作相关的内容主要有：

（1）充分认识坚持科学发展安全发展的重大意义

● 坚持科学发展安全发展是对安全生产实践经验的科学总结。多年来，各地区、各部门、各单位深入贯彻落实科学发展观，按照党中央、国务院的决策部署，大力推进安全发展，全国安全生产工作取得了积极进展和明显成效。"十一五"期间，事故总量和重特大事故大幅度下降，全国各类事故死亡人数年均减少约 1 万人，反映安全生产状况的各项指标显著改善，安全生产形势持续稳定好转。实践表明，坚持科学发展安全发展，是对新时期安全生产客观规律的科学认识和准确把握，是保障人民群众生命财产安全的必然选择。

● 坚持科学发展安全发展是解决安全生产问题的根本途径。我国正处于工业化、城镇化快速发展进程中，处于生产安全事故易发多发的高峰期，安全基础仍然比较薄弱，重特大事故尚未得到有效遏制，非法违法生产经营建设行为屡禁不止，安全责任不落实、防范和监督管理不到位等问题在一些地方和企业还比较突出。安全生产工作既要解决长期积累的深层次、结构性和区域性问题，又要应对不断出现的新情况、新问题，根本出路在于坚持科学发展安全发展。要把这一重要思想和理念落实到生产经营建设的每一个环节，使之成为衡量各行业领域、各生产经营单位安全生产工作的基本标准，自觉做到不安全不生产，实现安全与发展的有机统一。

● 坚持科学发展安全发展是经济发展社会进步的必然要求。随着经济发展和社会进步，全社会对安全生产的期待不断提高，广大从业人员"体面劳动"意识不断增强，对加强安全监管监察、改善作业环境、保障职业安全健康权益等方面的要求越来越高。这就要求各地区、各部门、各单位必须始终把安全生产摆在经济社会发展重中之重的位置，自觉坚持科学发展安全发展，把安全真正作为发展的前提和基础，使经济社会发展切实建立在安全保障能力不断增强、劳动者生命安全和身体健康得到切实保障的基础之上，确保人民群众平安幸福地享有经济发展和社会进步的成果。

(2) 指导思想和基本原则

● 指导思想。坚持以邓小平理论和"三个代表"重要思想为指导，深入贯彻落实科学发展观，牢固树立以人为本、安全发展的理念，始终把保障人民群众生命财产安全放在首位，大力实施安全发展战略，紧紧围绕科学发展主题和加快转变经济发展方式主线，自觉坚持"安全第一、预防为主、综合治理"方针，坚持速度、质量、效益与安全的有机统一，以强化和落实企业主体责任为重点，以事故预防为主攻方向，以规范生产为保障，以科技进步为支撑，认真落实安全生产各项措施，标本兼治、综合治理，有效防范和坚决遏制重特大事故，促进安全生产与经济社会同步协调发展。

● 基本原则。①统筹兼顾，协调发展。正确处理安全生产与经济社会发展、与速度质量效益的关系，坚持把安全生产放在首要位置，促进区域、行业领域的科学、安全、可持续发展。②依法治安，综合治理。健全完善安全生产法律法规、制度标准体系，严格安全生产执法，严厉打击非法违法行为，综合运用法律、行政、经济等手段，推动安全生产工作规范、有序、高效开展。③突出预防，落实责任。加大安全投入，严格安全准入，深化隐患排查治理，筑牢安全生产基础，全面落实企业安全生产主体责任、政府及部门监管责任和属地管理责任。④依靠科技，创新管理。加快安全科技研发应用，加强专业技术人才队伍和高素质的职工队伍培养，创新安全管理体制机制和方式方法，不断提升安全保障能力和安全管理水平。

（3）进一步加强安全生产法制建设

● 健全完善安全生产法律制度体系。加快推进安全生产法等相关法律法规的修订制定工作。适应经济社会快速发展的新要求，制定高速铁路、高速公路、大型桥梁隧道、超高层建筑、城市轨道交通和地下管网等建设、运行、管理方面的安全法规规章。根据技术进步和产业升级需要，抓紧修订完善国家和行业安全技术标准，尽快健全覆盖各行业领域的安全生产标准体系。进一步建立完善安全生产激励约束、督促检查、行政问责、区域联动等制度，形成规范有力的制度保障体系。

● 加大安全生产普法执法力度。加强安全生产法制教育，普及安全生产法律知识，提高全民安全法制意识，增强依法生产经营建设的自觉性。加强安全生产日常执法、重点执法和跟踪执法，强化相关部门及与司法机关的联合执法，确保执法实效。继续依法严厉打击各类非法违法生产经营建设行为，切实落实停产整顿、关闭取缔、严格问责的惩治措施。强化地方人民政府特别是县乡级人民政府责任，对打击非法生产不力的，要严肃追究责任。

● 依法严肃查处各类事故。严格按照"科学严谨、依法依规、实事求是、注重实效"的原则，认真调查处理每一起事故，查明原因，依法严肃追究事故单位和有关责任人的责任，严厉查处事故背后的腐败行为，及时向社会公布调查进展和处理结果。认真落实事故查处分级挂牌督办、跟踪督办、警示通报、诚勉约谈和现场分析制度，深刻吸取事故教训，查找安全漏洞，完善相关管理措施，切实改进安全生产工作。

（4）全面落实安全生产责任

● 认真落实企业安全生产主体责任。企业必须严格遵守和执行安全生产法律法规、规章制度与技术标准，依法依规加强安全生产，加大安全投入，健全安全管理机构，加强班组安全建设，保持安全设备设施完好有效。企业主要负责人、实际控制人要切实承担安全生产第一责任人的责任，带头执行现场带班制度，加强现场安全管理。强化企业技术负责人技术决策和指挥权，注重发挥注册安全工程师对企业安全状况诊断、评估、整改方面的作用。企业主要负责人、安全管理人员、特种作业人员一律经严格考核、持证上岗。企业用工要严格依照劳动合同法与职工签订劳动合同，职工必须全部经培训合格后上岗。

● 强化地方人民政府安全监管责任。地方各级人民政府要健全完善安全生产责任制，把安全生产作为衡量地方经济发展、社会管理、文明建设成效的重要指标，切实履行属地管理职责，对辖区内各类企业包括中央、省属企业实施严格的安全生产监督检查和管理。严格落实地方行政首长安全生产第一责任人的责任，建立健全政府领导班子成员安全生产"一岗双责"制度。省、市、县级政府主要负责人要定期研究部署安全生产工作，组织解决安全生产重点难点问题。

● 切实履行部门安全生产管理和监督职责。健全完善安全生产综合监管与行业监管相结合的工作机制，强化安全生产监管部门对安全生产的综合监管，全面落实行业主管部门的专业监管、行业管理和指导职责。相关部门、境内投资主体和派出企业要切实加强对境外中资企业安全生产工作的指导和管理。要不断探索创新与经济运行、社会管理相适应的安全监管模式，建立健全与企业信誉、项目核准、用地审批、证券融资、银行贷款等方面相挂钩的安全生产约束机制。

(5) 着力强化安全生产基础

● 严格安全生产准入条件。要认真执行安全生产许可制度和产业政策，严格技术和安全质量标准，严把行业安全准入关。强化建设项目安全核准，把安全生产条件作为高危行业建设项目审批的前置条件，未通过安全评估的不准立项；未经批准擅自开工建设的，要依法取缔。严格执行建设项目安全设施"三同时"（同时设计、同时施工、同时投产和使用）制度。制定和实施高危行业从业人员资格标准。加强对安全生产专业服务机构管理，实行严格的资格认证制度，确保其评价、检测结果的专业性和客观性。

● 加强安全生产风险监控管理。充分运用科技和信息手段，建立健全安全生产隐患排查治理体系，强化监测监控、预报预警，及时发现和消除安全隐患。企业要定期进行安全风险评估分析，重大隐患要及时报安全监管监察和行业主管部门备案。各级政府要对重大隐患实行挂牌督办，确保监控、整改、防范等措施落实到位。各地区要建立重大危险源管理档案，实施动态全程监控。

● 推进安全生产标准化建设。在工矿商贸和交通运输行业领域普遍开展岗位达标、专业达标和企业达标建设，对在规定期限内未实现达标的企业，要依据有关规定暂扣其生产许可证、安全生产许可证，责令停产整顿；对整改逾期仍未达标的，要依法予以关闭。加强安全标准化分级考核评价，将评价结果向银行、证券、保险、担保等主管部门通报，作为企业信用评级的重要参考依据。

● 加强职业病危害防治工作。要严格执行职业病防治法，认真实施国家职业病防治规划，深入落实职业危害防护设施"三同时"制度，切实抓好煤（硅）尘、热害、高毒物质等职业危害防范治理。对可能产生职业病危害的建设项目，必须进行严格的职业病危害预评价，未提交预评价报告或预评价报告未经审核同意的，一律不得批准建设；对职业病危害防控措施不到位的企业，要依法责令其整改，情节严重的要依法予以关闭。切实做好职业病诊断、鉴定和治疗，保障职工安全健康权益。

(6) 深化重点行业领域安全专项整治

● 深入推进煤矿瓦斯防治和整合技改。加快建设"通风可靠、抽采达标、监控有效、管理到位"的瓦斯综合治理工作体系，完善落实瓦斯抽采利用扶持政策，推进瓦斯防治技术创新。严格控制高瓦斯和煤与瓦斯突出矿井建设项目审批。建立完善煤矿瓦斯防治能力评估制度，对不具备防治能力的高瓦斯和煤与瓦斯突出矿井，要严格按规定停产整改、重组或依法关闭。继续运用中央预算内投资扶持煤矿安全技术改造，支持煤矿整顿关闭和兼并重组。加强对整合技改煤矿的安全管理，加快推进煤矿井下安全避险系统建设和小煤矿机械化改造。

● 加大交通运输安全综合治理力度。加强道路长途客运安全管理，修订完善长途客运车辆安全技术标准，逐步淘汰安全性能差的运营车型。强化交通运输企业安全主体责任，禁止客运车辆挂靠运营，禁止非法改装车辆从事旅客运输。严格长途客运、危险品车辆驾驶人资格准入，研究建立长途客车驾驶人强制休息制度，持续严厉整治超载、超限、超速、酒后驾驶、高速公路违规停车等违法行为。加强道路运输车辆动态监管，严格按规定强制安装具有行驶记录功能的卫星定位装置并实行联网联控。提高道路建设质量，完善安全防护设施，加强桥梁、隧道、码头安全隐患排查治理。加强高速铁路和城市轨道交通建设运营安全管理。继续强化民航、农村和山区交通、水上交通的安全监管，特别要抓紧完善校车安全法规和标准，依法强化校车安全监管。

● 严格危险化学品安全管理。全面开展危险化学品安全管理现状普查评估，建立危险化学品安全管理信息系统。科学规划化工园区，优化化工企业布局，严格控制城镇涉及危险化学品的建设项目。各地区要积极研究制定鼓励支持政策，加快城区高风险危险化学品生产、储存企业搬迁。地方各级人民政府要组织开展地下危险化学品输送管道设施安全整治，加强和规范城镇地面开挖作业管理。继续推进化工装置自动控制系统改造。切实加强烟花爆竹和民用爆炸物品的安全监管，深入开展"三超一改"（超范围、超定员、超药量和擅自改变工房用途）和礼花弹等高危产品专项治理。

● 深化非煤矿山安全整治。进一步完善矿产资源开发整合常态化管理机制，制定实施非煤矿山主要矿种最小开采规模和最低服务年限标准。研究制定充填开采标准和规定。积极推行尾矿库一次性筑坝、在线监测技术，搞好尾矿综合利用。全面加强矿井安全避险系统建设，组织实施非煤矿山采空区监测监控等科技示范工程。加强陆地和海洋石油天然气勘探开采的安全管理，重点防范井喷失控、硫化氢中毒、海上溢油等事故。

● 加强建筑施工安全生产管理。按照"谁发证、谁审批、谁负责"的原则，进一步落实建筑工程招投标、资质审批、施工许可、现场作业等各环节安全监管责任。强化建筑工程参建各方企业安全生产主体责任。严密排查治理起重机、吊罐、脚手架等设施设备安全隐患。建立建筑工程安全生产信息系统，健全施工企业和从业人员安全信用体系，完善失信惩戒制度。建立完善铁路、公路、水利、核电等重点工程项目安全风险评估制度。严厉打击超越资质范围承揽工程、违法分包转包工程等不法行为。

● 加强消防、冶金等其他行业领域的安全监管。地方各级人民政府要把消防规划纳入当地城乡规划，切实加强公共消防设施建设。大力实施社会消防安全"防火墙"工程，落实建设项目消防安全设计审核、验收和备案抽查制度，严禁使用不符合消防安全要求的装修装饰材料和建筑外保温材料。严格落实人员密集场所、大型集会活动等安全责任制，严防拥挤踩踏事故。加强冶金、有色等其他工贸行业企业安全专项治理，严格执行压力容器、电梯、游乐设施等特种设备安全管理制度，加强电力、农机和渔船安全管理。

在《意见》中，还对大力加强安全保障能力建设、建设更加高效的应急救援体系、积极推进安全文化建设、切实加强组织领导和监督等提出要求。

4. 《国务院办公厅关于继续深入扎实开展"安全生产年"活动的通知》相关要点

2012 年 2 月 14 日，国务院办公厅下发《国务院办公厅关于继续深入扎实开展"安全生产年"活动的通知》（国办发〔2012〕14 号）。《通知》指出，近年来，各地区、各部门、各单位深入贯彻落实科学发展观，按照党中央、国务院的决策部署，大力推进科学发展、安全发展，持续开展"安全生产年"活动，取得积极进展和明显成效，各类事故总量和重特大事故大幅度下降，事故伤亡人数大幅度减少。为进一步加强安全生产工作，有效防范和坚决遏制重特大事故，切实维护人民群众的生命财产安全，经国务院同意，现就继续深入扎实开展"安全生产年"活动有关事项通知如下：

（1）**总体要求**

坚持以人为本，以科学发展安全发展为总要求，以深入扎实开展"安全生产年"活动为载体，以强化预防、落实责任、依法治理、应急处置、科技支撑、基础建设为主要措施，以进一步减少事故总量、有效防范和坚决遏制重特大事故为工作目标，切实把各项责任落实到位，把各项政策措施落到实处，全力以赴做好安全生产各项工作，全面促进全国安全生产形势持续稳定好转，以安全生产的新成效迎接党的十八大胜利召开。

（2）**牢固树立科学发展安全发展理念，夯实安全生产的思想基础**

● 大力宣传落实科学发展安全发展理念。各地区、各部门、各单位要积极组织宣传、认真贯彻落实国发〔2011〕40 号文件精神，围绕以"科学发展、安全发展"为主题的"安全生产年"活动，切实把科学发展安全发展的理念落实到生产经营建设的每一个环节和岗位，使之成为衡量本地区、本行业领域和各生产经营单位安全生产工作的基本标准。各级政府和部门要把安全生产工作作为重中之重，各级领导干部要自觉践行科学发展安全发展理念，大力实施安全发展战略，切实坚持安全第一，正确处理好发展与安全的关系，实现安全与发展的有机统一。各企业要大力推进安全生产，企业负责人要始终把安全作为企业发展的前提和基础，全面提高职工的安全意识、技能和素养，以安全发展促进企业健康可持续发展。

● 深入推进安全文化建设。积极开展安全发展示范城市、安全文化示范企业、安全校园、安全社区等创建活动和第11个"安全生产月"活动，大力推动安全生产、应急避险和职业健康知识进企业、进学校、进乡村、进社区、进家庭，努力提升全民安全素质。广泛组织多种形式的安全发展公益宣传活动，不断创新宣传教育方式，大力营造"关爱生命、安全发展"的社会氛围，进一步提高全社会安全意识，使科学发展安全发展成为凝聚共识、汇集力量、推动安全生产工作的文化源泉和思想动力。

(3) 坚持预防为主，切实抓好隐患排查治理

● 全面推进隐患排查治理体系建设。牢固树立"隐患就是事故"的预防理念，充分发挥制度和机制效能，强化事故防范，紧紧抓住煤矿、非煤矿山、道路交通、铁路交通、建筑施工、火灾、工商贸其他，以及危险化学品、烟花爆竹、冶金、渔业船舶等事故多发行业领域，全面推进与规范生产经营建设相结合、与强化科学管理相协调的隐患排查治理体系建设，加强目标考核和示范推动，深化专项治理行动。有关部门要注重运用信息化手段，增强危险源监控和隐患排查治理实效。

● 进一步强化煤矿安全工作。严格矿井建设项目审批和安全核准，继续推进煤矿整顿关闭、整合技改和兼并重组，加强安全监管，提升煤矿安全生产水平。进一步加大煤矿瓦斯抽采利用和综合治理政策支持力度，严格执行煤矿安全监管监察规定，切实落实煤与瓦斯突出综合防治措施，深入开展煤矿防治水、防灭火等专项治理。加强煤矿风险预控管理，加快小煤矿机械化改造，继续抓好井下安全避险系统建设。

● 深化交通运输安全整治。加快研究制定进一步加强道路交通安全工作的政策措施，以长途客运、校车安全、危险品运输管理为重点，完善技术标准和监管措施，加强重点路段安全防护设施建设，强制安装动态监控装置，严格交通执法，严厉整治超速、超载、超限以及酒后驾车、疲劳驾驶、违规停车等各类违法违规行为。深入排查治理铁路特别是高速铁路、城市轨道交通、水上交通、民用航空等领域安全隐患。

● 加强其他行业领域的安全监管。依法强化危险化学品、烟花爆竹、民用爆炸物品等安全管理，继续推进生产工艺及装置自动化改造，深入开展"三超一改"（超范围、超定员、超药量和擅自改变工房用途）和礼花弹等高危产品专项治理。进一步完善矿产资源开发整合常态化管理制度，严肃整治矿山井下工程非法外包、以采代探等突出问题，加强尾矿库综合利用和安全监控，严格石油天然气勘探开采安全管理。研究实施建筑施工、设备制造等企业安全质量终身负责制，严禁违反客观规律压缩工期、违规简化程序。深入开展冶金煤气、受限空间作业、高温液态金属吊运等安全专项整治。大力实施社会消防安全"防火墙"工程，加强特种设备、渔业船舶、农业机械、电力和人员密集场所等安全管理。

(4) 坚持落实责任，切实肩负起安全使命

● 强化企业安全生产主体责任。落实企业主要负责人和实际控制人安全生产第一责任人的责任，强化岗位、职工的安全责任，立足于加大投入、治理隐患、防范事故，认真落实完善各项规章制度，严格领导干部现场带班责任，严查违章指挥、违章作业、违反劳动纪律行为，严禁超能力、超强度、超定员组织生产，切实做到不安全不生产。

● 切实落实政府和部门安全监管责任。严格落实地方行政首长安全生产第一责任人的责任和政府领导班子成员安全生产"一岗双责"，强化部门综合监管、行业安全管理和监督，完善落实安全生产分级属地管理制度。着力发挥各级安全生产委员会的职能作用，健全完善道路交通、瓦斯防治、煤矿整顿关闭、危险化学品和烟花爆竹监管等部际联席会议制度，加强工作协调和督促指导。

● 加强安全生产责任考核追究。完善与经济发展、社会管理、文明建设及领导干部政绩业绩相关联的安全生产考核机制，严格"一票否决"制度。坚持科学严谨、依法依规、实事求是、注重实效的原则，严肃事故查处，严格追究相关责任人的责任，及时公布事故调查进展和查处结果，强化事故警示教育作用。加大对事故企业的处罚力度，加快建立与项目核准、用地审批、证券融资、银行贷款等挂钩的企业安全生产失信惩戒制度。

《通知》还对坚持依法治理，规范生产经营建设秩序；强化科技支撑，提升安全保障能力；强化应急处置，提高安全救援水平；强化基础建设，增强安全监管监察能力等提出要求。

5.《国务院安委会关于认真贯彻落实国务院第165次常务会议精神进一步加强安全生产工作的通知》相关要点

2011年7月31日，国务院安全生产委员会下发《国务院安委会关于认真贯彻落实国务院第165次常务会议精神进一步加强安全生产工作的通知》（安委明电〔2011〕8号）。《通知》指出，7月27日，温家宝总理主持召开国务院第165次常务会议，听取"7·23"甬温线特别重大铁路交通事故情况汇报，针对当前事故多发的严峻形势，部署进一步加强安全生产工作的各项措施。为认真贯彻落实国务院第165次常务会议精神，进一步加强安全生产工作，有效防范和坚决遏制重特大事故，促进安全生产形势持续稳定好转，现就有关要求通知如下：

（1）深刻领会国务院常务会议精神，牢固树立科学发展、安全发展的理念

要从全局和战略的高度，充分认识加强安全生产工作的极端重要性。我国正处在发展机遇期和矛盾凸显期并存的发展阶段，处在工业化和城镇化快速发展、生产安全事故易发的特殊阶段。切实做好安全生产工作,是深入贯彻落实科学发展观,加快转变经济发展方式,推进经济社会全面、协调、可持续发展的重要任务,是保障人民群众生命财产安全、进一步促进社会和谐稳定的必然要求,是实现全面建设小康社会目标、加快改革开放和现代化进程的重要保障。各地区、各部门必须从全局和战略的高度,充分认识加强安全生产工作的极端重要性,必须以对党和人民高度负责的精神,自觉坚持"安全第一、预防为主、综合治理"的方针,把生命高于一切的理念落实到生产、经营、管理的全过程,坚决守住安全生产这条红线。

要牢固确立安全发展的科学理念。安全发展体现了科学发展观以人为本的本质内涵,既是科学发展的重要内容,又是科学发展的重要保证。各地区、各部门必须牢固树立安全发展的科学理念,坚持速度、质量、效益和安全的有机统一,始终把安全放在第一位。在谋发展、搞建设、抓生产的过程中,必须切实做到安全生产,坚持以人为本,决不能以牺牲人的生命为代价谋求发展,要始终强调安全这一发展前提和保障,有效防范和坚决遏制重特大事故发生,促进安全生产形势持续稳定好转。

(2) 全面排查和消除各类安全隐患

按照国务院常务会议的要求,各地区、各部门和各类生产经营单位要立即开展全面、系统、彻底的安全隐患排查和治理。

1) 突出重点行业(领域),强化安全隐患排查。

● 以铁路、公路、桥梁为重点的交通运输领域。要适应高速铁路发展对运输安全工作的新要求,加大铁路运输安全隐患排查的力度,对线路、车辆、设备、信号、供电、制度和管理等进行全方位排查,继续在京沪高铁沿线四省三市深入开展打击危害铁路运输安全非法违法行为专项行动。继续加大道路交通"五整顿""三加强"工作力度,深入推进客运车辆特别是长途客运车辆安全隐患专项整治,从严整治超载、超限、超速和酒后、疲劳驾驶等违法违规行为。

严厉查处农用船、自用船、渔船非法载客等行为。

● 以煤矿为重点的矿山领域。要强化以煤矿瓦斯防治为重点的"一通三防"措施，认真排查治理煤矿瓦斯和水患、火灾隐患；继续推进矿山企业整顿关闭、兼并重组、整合技改；深入开展地下矿山通风和防治水、露天矿山采场、高陡边坡、尾矿库和排土场专项整治；严格执行矿山建设项目安全核准制度。

● 以危险化学品为重点的工业领域。要深入排查危险化学品生产、储存、道路及内河运输和管道输送、使用、废弃等各个环节存在的安全隐患，继续抓好对重点监管的危险工艺、危险产品和重大危险源的监管和监控工作；继续推进烟花爆竹和礼花弹生产经营企业转包、分包专项治理。冶金行业要继续抓好煤气等重点生产环节的专项治理工作，以交叉作业、检修作业和有限空间作业等为重点，深入排查和治理隐患。

● 以住房建设项目为重点的建筑领域。要深入开展建筑施工安全整治，认真排查治理起重机、吊罐、脚手架和桥梁等设施设备存在的安全隐患；以高层建筑、"三合一"生产经营单位和人员密集场所防范火灾为重点，进一步深化消防安全整治。

其他各行业（领域）也要立足实际，确定安全隐患排查重点，并切实做实、做好安全隐患排查整治的各项工作。

各地区、各行业主管部门要督促生产经营单位认真、全面、系统地开展自查自纠，不仅要查现场隐患，更要查管理上的漏洞和制度上的缺陷：一查责任和制度落实情况，二查新技术、新设计、新装备、新工艺的运行投用检验情况，三查关键设备、场所和环节，四查应急预案制定和演练情况。国务院安委会将适时组织综合督察或重点抽查。

2）加大整改力度，建立安全隐患排查治理长效机制。

安全隐患排查治理要严格细致、不留死角，并将其作为企业日常安全管理的重要内容，实现常态化。对发现的安全隐患，要限期整改，该停产整顿的绝不放过，该取缔关闭的绝不手软，该搬迁的绝不拖延，该停用的坚决停用；新装备、新工艺投入使用前，要进行严格检验和实验，确保安全可靠后方可投入运行使用。对查出的隐患，要切实做到整改措施、责任、资金、时限和预案"五到位"。要实施隐患排查信息化管理，严格执行重大隐患分级挂牌督办制度，对隐患整改不力造成事故的，要依法严厉追究相关负责人的责任。要加强对重大危险源的监控，落实监管责任，确保安全生产。

(3) 全面落实和完善安全生产制度

● 进一步强化安全生产各项制度的落实。要认真落实安全标准核准制度、危险性作业许可制度、企业领导班子成员现场带班制度、重大安全隐患治理逐级挂牌督办和公告制度、隐患整改效果评价制度、事故查处挂牌督办制度、高危行业企业安全生产费用提取使用制度、道路交通事故社会救助基金制度、全员安全风险抵押金制度、工伤保险制度和安全生产责任保险制度等。要完善督察督办和激励机制，确保现有的各项制度落实到位。

● 针对排查出的管理上的漏洞和制度上的缺陷，进一步完善安全生产各项制度。各类企业要根据生产技术、工艺流程的变化，及时制定或修改完善相应的产业技术标准和管理制度。各地区要立足本地区实际，加快地方性法规和规章的立、改、废工作，强化安全生产制度建设，为安全生产提供更加完善的制度保障。有关部门要适应安全发展的新要求，加快《安全生产法》等法律、行政法规的制修订工作，进一步提高准入标准，进一步落实企业主体责任，为安全生产提供法制保障。

《通知》还对严格落实安全生产责任、切实加强安全生产和监管能力建设、依法加强行政执法和社会监督、大力加强安全生产宣传教育和培训、进一步加强对安全生产工作的领导提出要求。

6. 《国务院安委会办公室关于建立安全隐患排查治理体系的通知》

2012 年 1 月 5 日，国务院安全生产委员会办公室下发《国务院安委会办公室关于建立安全隐患排查治理体系的通知》（安委办〔2012〕1 号）。《通知》指出，为探索创新政府和部门安全监管机制，强化和落实企业安全生产主体责任，打好安全隐患排查治理攻坚战，促进全国安全生产形势持续稳定好转，国务院安委会办公室决定在全国推广北京市顺义区等地区深入开展安全隐患排查治理、有效防范事故的先进经验和做法，争取用 2～3 年时间，在全国基本建立先进适用的安全隐患排查治理体系。现就有关要求通知如下：

（1）深刻认识建立安全隐患排查治理体系的重大意义

安全隐患排查治理体系，是以企业分级分类管理系统为基础，以企业安全隐患自查自报系统为核心，以完善安全监管责任机制和考核机制为抓手，以制定安全标准体系为支撑，以广泛开展安全教育培训为保障的一项系统工程，包涵了完善的隐患排查治理信息系统、明确细化的责任机制、科学严谨的查报标准及重过程、可量化的绩效考核机制等内容。

安全生产的理论和实践证明，只有把安全生产的重点放在建立事故预防体系上，超前采取措施，才能有效防范和减少事故，最终实现安全生产。建立安全隐患排查治理体系，是安全生产管理理念、监管机制、监管手段的创新和发展，对于促进企业由被动接受安全监管向主动开展安全管理转变，由政府为主的行政执法排查隐患向企业为主的日常管理排查隐患转变，从治标的隐患排查向治本的隐患排查转变，实现安全隐患排查治理常态化、规范化、法制化，推动企业安全生产标准化建设工作，建立健全安全生产长效机制，把握事故防范和安全生产工作的主动权具有重大意义。

（2）建立安全隐患排查治理体系的主要内容

● 掌握企业底数和基本情况。根据企业规模、管理水平、技术水平和危险因素等条件，掌握企业底数和基本情况，对企业进行分类分级，建立"按类分级、依级监管"的模式。

● 制定隐患排查标准。依据有关法律法规、标准规程和安全生产标准化建设的要求，结合各地区、各行业（领域）实际，以安全生产标准化建设评定标准为基础，细化隐患排查标准，明确各类企业每项安全生产工作的具体标准和要求，使企业知道"做什么、怎么做"，使监管部门知道"管什么、怎么管"，实现安全隐患排查治理工作有章可循、有据可依。

● 建立隐患排查治理信息系统。包括企业隐患自查自报系统、安全隐患动态监管统计分析评价系统等内容，形成既有侧重又统一衔接的综合监管服务平台，实现安全隐患排查治理工作全过程记录和管理。利用该系统，企业对自查隐患、上报隐患、整改隐患、接受监督指导等工作进行管理；安全监管部门对企业自查自报隐患数据、日常执法检查数据和监管措施执行到位等情况进行统计分析，对重大隐患治理实施有效监管。

● 明确安全监管职责。在地方党委、政府的统一领导下，进一步理顺和细化有关部门和属地的安全监管职责，明确"管什么、谁来管"。一是要明确安全监管部门组织、协调、监督、考核各行业主管部门和属地政府的综合安全监管职责。二是要明确行业主管部门的监督、指导、协调和服务职能，有安全监管行政处罚权的行业主管部门依法承担包括行政处罚在内的安全监督管理职责，没有安全监管行政处罚权的行业主管部门承担对有关行业或领域安全生产工作的日常指导、管理职责。三是要明确消防、质监等专项监管部门及时处理属地和行业主管部门移送的安全隐患的监管职责。

● 明确监管监察方式。在分类分级的基础上，对企业在监管频次、监管内容等方面实行差异化监管监察，提高监管工作的针对性和有效性。

● 制定安全生产工作考核办法。突出工作过程和结果量化，将有关部门和企业建立安全隐患排查治理体系、日常执法检查等相关工作完成情况的过程管理指标，纳入安全生产工作年终考核，提高安全监管的约束力和公信力。

（3）完善工作机制，狠抓责任落实，确保安全隐患排查治理体系建设取得实效

● 加强组织领导，统筹安排部署。各地区要切实加强对深化安全隐患排查治理工作的组织领导，紧密结合本地区实际，制订切实可行的安全隐患排查治理体系建设方案，周密安排，科学实施。要充分发挥地方各级安委会的组织、协调和指导作用，调动各职能部门、行业主管部门等方面的积极性，全面推进安全隐患排查治理工作。

● 落实安全责任，完善考核机制。一是地方各级安委会要积极推动出台相关规定和办法，进一步理顺部门、属地的安全监管职责，明确职责范围、内容和要求，各司其职，各负其责，齐抓共管，实现安全隐患排查治理工作的全覆盖和无缝化管理。二是要进一步完善安全生产目标考核制度，突出工作过程和结果量化，将安全隐患排查治理等过程管理的内容纳入年度考核指标，提高绩效考核的科学性和约束力。三是要严格绩效考核和责任追究，对责任不落实、考核不达标的单位或个人，要给予通报、严肃处理；对在深化隐患排查治理工作成绩突出的，要予以公开表彰和奖励。

● 创建典型示范，发挥榜样作用。一是各地区要积极发现、培养和树立深化安全隐患排查治理工作的典型地区、典型企业和先进事例，在隐患排查治理体制机制、法规制度、标准规程、方式方法、程序内容等方面形成可学、好学和管用的经验做法。二是通过组织召开先进典型经验交流会、座谈会和加强宣传报道等形式，广泛推广典型经验，全面深化安全隐患排查治理工作。三是要把安全隐患排查治理的示范地区和典型企业与安全生产标准化建设的示范地区和典型企业有机结合起来，互相促进，共同提高。四是要加强对建立安全隐患排查治理体系进展情况的检查和指导，确保工作有部署、抓落实、见实效，提高安全隐患的整改率。

● 注重统筹兼顾，构建长效机制。一是各地区要将深化安全隐患排查治理工作与日常安全监管、"打非治违"专项行动、安全专项整治、安全生产标准化建设、安全责任保险、"金安"工程等工作有机结合起来，统一部署，协同推进。二是要以建立安全隐患排查治理体系为契机，实现安全隐患排查、登记、上报、监控、整改、评价、销号、统计、检查和考核的全过程管理。三是要将安全隐患排查治理工作积极纳入本地区安全生产立法和规划中，以法规或规范性文件的方式明确有关制度，推动安全隐患排查治理长效机制建设。四是要优先制定急需的安全生产标准，及时修订或废止过时的标准，促进安全隐患排查治理工作科学化、规范化。

● 加强舆论宣传，广泛发动群众。一是要充分利用广播、电视、报纸、互联网等新闻媒体，加大宣传力度，营造有利的社会舆论氛围，引导各有关单位深刻认识建立安全隐患排查治理体系的重要性、必要性和紧迫性，增强做好安全隐患排查治理工作的主动性和自觉性。二是要加强职工安全培训，提高职工排查事故隐患的意识和能力；建立健全监督和激励机制，组织和鼓励职工结合本职工作查找各类事故隐患。三是对安全隐患排查治理不认真、走过场的单位，要予以公开曝光，督促其抓紧整改。

7.《安全生产事故隐患排查治理体系建设实施指南》相关要点

2012 年 7 月 3 日，国务院安全生产委员会办公室下发《关于印发工贸行业企业安全生产标准化建设和安全生产事故隐患排查治理体系建设实施指南的通知》（安委办〔2012〕28 号）。《通知》指出，为进一步推进企业安全生产标准化建设和安全隐患排查治理体系建设（以下简称"两项建设"），夯实安全管理基础，提升安全监管水平，促进全国安全生产形势持续稳定好转，国务院安委会办公室组织制定了《工贸行业企业安全生产标准化建设实施指南》和《安全生产事故隐患排查治理体系建设实施指南》。

国务院安全生产委员会办公室在《通知》中要求：各地区、各有关部门和单位要充分认识"两项建设"工作的重要意义，切实加强组织领导，主动争取地方各级政府的重视和支持，坚持政府推动、企业为主，立足创新、分类指导，以两部《指南》为工作指引，进一步统一思想、凝聚共识，采取有力措施，推动"两项建设"工作深入开展。

《安全生产事故隐患排查治理体系建设实施指南》分为五章，各章内容为：第一章概述，第二章政府监管工作，第三章企业隐患排查治理工作，第四章隐患排查治理标准，第五章隐患排查治理信息系统。其相关要点主要有：

(1) 安全生产事故隐患排查治理概述

安全生产的理论和实践证明，只有把安全生产的重点放在建立事故预防体系上，超前采取措施，才能有效防范和减少事故，最终实现安全生产。

为指导和规范隐患排查治理工作的深入开展，国家安全生产监督管理总局先后颁布了《煤矿重大安全生产隐患认定办法》（安监总煤矿字〔2005〕133 号）、《安全生产事故隐患排查治理暂行规定》（安全监管总局令 2007 年第 16 号）等办法、规定。国务院办公厅下发了《关于在重点行业和领域开展安全生产隐患排查治理专项行动的通知》（国办发明电〔2007〕16 号）和《关于进一步开展安全生产隐患排查治理工作的通知》（国办发明电〔2008〕15 号），要求通过开展隐患排查治理专项行动，进一步落实企业的安全生产主体责任和地方人民政府的安全监管职责，全面排查治理事故隐患和薄弱环节，认真解决存在的突出问题，建立重大危险源监控机制和重大隐患排查治理机制及分级管理制度，有效防范和遏制重特大事故的发生，促进全国安全生产状况进一步稳定好转。各地区、各有关部门和单位认真贯彻落实国务院文件精神，统一思想认识，加强部门协调,增强整治合力,全面开展安全隐患排查整治攻坚战,深化重点行业领域安全专项整治,隐患排查治理工作取得积极成效。据统计,2011年,全国开展隐患排查治理的生产经营单位达566.4万家,共排查出事故隐患881.3万项,整改率96%(其中排查出重大隐患16 630项,整改率89.9%),为实现"十二五"时期安全生产工作的良好开局提供了坚强保障。

北京市顺义区从2008年开始推动安全隐患排查治理体系的建立工作,建立了以企业分级分类、信息化管理为基础,以企业自查自报为核心,以健全完善隐患排查报送标准为支撑,以检查考核为手段,以培训教育为保障的安全隐患排查治理体系,把隐患排查治理和安全生产工作逐步纳入了科学化、制度化、规范化的轨道,实现了以政府排查治理隐患为主向企业排查治理隐患为主的转变。广东省珠海市在顺义区的基础上,紧密结合本地实际,以企业基础信息平台、隐患排查治理平台和绩效考核平台为基础,建立了生产经营单位事故隐患自查自报系统,明确了企业隐患排查治理主体责任和政府部门管理职责,在隐患排查治理工作方面取得了良好效果。

为总结推广北京市顺义区等地的经验和做法,2011年10月26日,全国安全隐患排查治理现场会在北京市顺义区召开,反响热烈,有力推动了各地的隐患排查治理工作,全国约60个单位前往顺义区考察学习。为探索创新政府和部门安全监管机制,强化和落实企业安全生产主体责任,打好安全隐患排查治理攻坚战,促进全国安全生产形势持续稳定好转,2012年1月,国务院安全生产委员会办公室印发了《关于建立安全隐患排查治理体系的通知》(安委办〔2012〕1号),决定在全国推广北京市顺义区等地深入开展安全隐患排查治理、有效防范事故的先进经验和做法,争取用2~3年时间,在全国各地基本建立起先进适用的安全隐患排查治理体系,逐步从根本上掌握事故防范和安全生产工作的主动权。通知要求各地要深刻认识建立安全隐患排查治理体系的重大意义,建立安全隐患排查治理体系的主要内容，完善工作机制，狠抓责任落实，确保安全隐患排查治理体系建设取得实效。

（2）安全生产事故隐患排查治理基本概念

● 安全生产事故隐患。安全生产事故隐患（以下简称隐患、事故隐患或安全隐患），是指生产经营单位违反安全生产法律、法规、规章、标准、规程和安全生产管理制度的规定，或者因其他因素在生产经营活动中存在可能导致事故发生的物的危险状态、人的不安全行为和管理上的缺陷。在事故隐患的三种表现中，物的危险状态是指生产过程或生产区域内的物质条件（如材料、工具、设备、设施、成品、半成品）处于危险状态，人的不安全行为是指人在工作过程中的操作、指示或其他具体行为不符合安全规定，管理上的缺陷是指在开展各种生产活动中所必需的各种组织、协调等行动存在缺陷。

● 隐患分级。隐患的分级是以隐患的整改、治理和排除的难度及其影响范围为标准的，可以分为一般事故隐患和重大事故隐患。一般事故隐患，是指危害和整改难度较小，发现后能够立即整改排除的隐患。重大事故隐患，是指危害和整改难度较大，应当全部或者局部停产停业，并经过一定时间整改治理方能排除的隐患，或者因外部因素影响致使生产经营单位自身难以排除的隐患。

● 隐患排查。隐患排查是指生产经营单位组织安全生产管理人员、工程技术人员和其他相关人员对本单位的事故隐患进行排查，并对排查出的事故隐患，按照事故隐患的等级进行登记，建立事故隐患信息档案。

● 隐患治理。隐患治理就是指消除或控制隐患的活动或过程。对排查出的事故隐患，应当按照事故隐患的等级进行登记，建立事故隐患信息档案，并按照职责分工实施监控治理。对于一般事故隐患，由于其危害和整改难度较小，发现后应当由生产经营单位（车间、分厂、区队等）负责人或者有关人员立即组织整改。对于重大事故隐患，由生产经营单位主要负责人组织制订并实施事故隐患治理方案。

(3) 安全隐患排查治理体系

1）安全隐患排查治理体系的构成

事故源于隐患，隐患是滋生事故的土壤和温床。"预防为主、综合治理"的前提，就是首先通过主动排查，全范围、全方位、全过程地去发现存在的隐患，然后综合采取各种有效手段，治理各类隐患和问题，把事故消灭在萌芽状态。只有这样，"安全第一"才能得到真正的实现。从这个意义上说，排查治理隐患是落实安全生产方针的最基本任务和最有效途径。

安全隐患排查治理体系是一项系统工程，由政府及其有关部门推动，对企业（包括各类生产经营单位、机关事业单位和团体，下同）开展分级分类管理，并编制各行业的隐患排查治理标准；由企业承担主体责任，对生产经营过程中存在的人、物、管理等各方面的隐患依据隐患排查治理标准进行主动排查，并对发现的隐患实施治理，通过隐患排查治理信息系统上报、跟踪督导和统计分析，保证监管力度与效果，实现安全生产。具体来说，安全隐患排查治理体系由以下几个部分形成：

● 摸清企业底数，实行分级分类监管。摸清生产经营单位的底数，根据生产经营单位的性质和安全生产状况分类分级，负有安全生产职责政府部门对监管职责范围内的生产经营单位按照不同等级进行监督管理。其核心内容概括为"各司其职，各负其责，按类分级，依级监管"，明确了企业、行业、属地、专项以及综合监管部门各方的安全生产工作职责。

● 制定科学严谨的隐患排查治理标准。按照科学性、全面性和系统性的原则，考虑不同类别的企业可能存在隐患的区别，将隐患特点相近的企业归为一类，制定隐患排查标准。

● 建立清晰明确的工作职责。通过理顺生产经营单位、行业管理部门、属地管理部门、专项监管部门以及综合监管部门的安全生产工作职责，明确履行安全职责的范围、内容和要求，解决职责空缺、职责不清、职能交叉等问题，形成"分工负责、齐抓共管"的安全监管工作格局，从而实现安全隐患排查治理监管工作的全覆盖和无缝化管理。

● 建立隐患排查治理考核制度。安全生产考核主要分为政府部门绩效考核和对生产经营单位的考核。对各级政府及各职能部门的绩效考核，是推动政府各项政策措施贯彻执行的重要手段；对生产经营单位奖惩机制的建立，是推动企业主体责任落实，真正开展隐患排查治理自查自报工作的重要保障。

● 开发功能完善的信息系统。隐患排查治理信息系统是实现隐患自查自报工作的基础平台，需围绕各级安全监管部门、煤矿安全监察机构（以下简称安全监管部门）监管监察工作和生产经营单位隐患排查治理的需求进行建设，以起到联通政府部门和生产经营单位的"桥梁"作用。隐患排查治理信息系统建设主要包含政府端系统建设和企业端系统建设两个部分。其中，政府端系统从纵向的各级安全生产综合监管部门，横向扩展到各级安委会成员单位；企业端系统则对企业的隐患自查自报工作进行了明确。

● 开展隐患自查自报。企业应逐级建立并落实从主要负责人到每个从业人员的隐患排查治理责任制、隐患治理登记及隐患治理专项资金使用等制度，并明确自查自报管理机构和责任人、联络人；根据相关行业监管部门出台的生产经营单位事故隐患自查标准，开展日常隐患排查、治理工作；建立隐患治理登记制度，留存登记档案。企业要及时落实行业和属地管理部门提出的工作要求，实时更新本单位的基本信息。对排查出的事故隐患和治理情况，由生产经营单位负责人或者有关人员，如实在网上向政府安全生产监管部门汇报。

2）建立安全隐患排查治理体系的意义

安全生产事故隐患排查治理工作是《安全生产法》所规定的重要内容之一，是安全生产标准化建设的重要基础。《安全生产事故隐患排查治理暂行规定》（国家安全生产监督管理总局第 16 号令）对此项工作作出了具体的规定。建立健全安全隐患排查治理体系，贯彻落实了以人为本的科学发展观，充分体现了"安全第一、预防为主、综合治理"的方针，是安全生产工作理念、监管机制、监管手段和方法的创新与发展，把隐患排查治理和安全生产工作逐步纳入了科学化、制度化、规范化的轨道。

● 建立安全隐患排查治理体系有助于落实企业安全主体责任。企业是安全生产的责任主体，理所当然地也是隐患排查治理的主体。通过建立隐患排查治理体系，实现了对企业安全生产的动态监控，使隐患排查治理从以政府为主向以企业为主转变，可以充分调动企业积极性，促使企业由被动接受监管变为主动排查治理隐患，主动加强安全生产。北京市顺义区建立隐患排查治理体系以来，企业安全生产责任主体意识明显提高，安全隐患自查自报率达到 93.3%，有效地防范了各类事故。

● 建立安全隐患排查治理体系有助于加强和改进政府安全监管。从顺义区的情况看，建立安全隐患排查治理体系进一步明晰了监管职责，安全生产综合监管部门、行业监管部门和相关部门，在隐患排查治理体系中都有自己特定的位置和明确的职责，解决了政府部门在隐患排查治理和安全生产工作中"管什么，怎么管，谁去管"一系列实际问题；其次是改善了监管手段，提高了监管效率，有了体系和信息平台，就可以随时掌控企业隐患排查治理等基本情况，对相关信息进行实时统计，及时做出分析判断和督促指导，有效防止隐患恶化和事故发生。

● 建立安全隐患排查治理体系有助于综合推进安全生产工作。隐患排查治理是一项涉及广泛、综合性很强的工作。隐患排查治理体系涵盖了安全生产责任制、安全监管信息化建设、企业安全生产标准化建设、打击非法违法和治理违规违章、群众参与和监督、安全培训教育等方面的工作。借助于这个抓手，可以把安全生产各方面工作都带动起来。顺义区、珠海市所建立的隐患排查治理体系中，包含了不同类型企业的隐患排查标准等内容，是开展安全培训教育的现成教材。他们举办了大量安全隐患知识培训班，对生产经营单位负责人和安全管理人员进行全覆盖的培训，既保证了隐患自查自报系统的顺利推行，又推动了安全教育培训工作。

各地在建立安全隐患排查治理体系时，顶层设计要系统全面，并为以后的工作留下接口，提供扩展的可能，具体工作要突出重点，先易后难，分步实施，稳步推进。首先应把事故多发、危险程度较高的煤矿、非煤矿山、危险化学品、烟花爆竹、建筑施工、交通运输、冶金、机械等行业、领域的企业纳入体系，实现隐患自查自报。对于危险程度较低的企业及事业单位、机关团体等，在统一规划设计后，根据工作实际，逐步推动。

3）与安全生产标准化建设工作的关系

隐患排查治理工作是安全生产标准化建设的基础，贯穿于安全生产标准建设的全过程。建立安全隐患排查治理体系，为安全生产标准化建设提供了坚实的基础保障。

● 安全隐患排查治理体系是安全生产标准化工作的重要内容。安全生产标准化建设工作是我国安全生产领域当前的重点工作，其实施的主要依据是《企业安全生产标准化基本规范》及各行业的安全生产标准化评定标准。《企业安全生产标准化基本规范》第八项要素即为隐患排查和治理，对隐患排查、排查范围与方法、隐患治理和预测预警等四个方面提出了基本要求和原则性规定。安全隐患排查治理体系作为一个具有依据明确、结构完整、内容充实和可操作性强的独立运行的系统，为企业提供了隐患排查治理标准，指导企业开展隐患排查治理工作，是安全生产标准化的进一步细化和深化。

● 安全隐患排查治理体系反映了安全生产标准建设的动态过程。

建立安全隐患排查治理体系，可以更好地促进企业全面、深入地做好隐患排查治理工作，使政府有关监管部门能及时、准确地掌握其安全生产状况，为政府及其有关部门为企业做好服务工作提供了保证。安全生产标准化工作通常要求企业每年至少进行一次自评，安全生产标准化企业证书和牌匾有效期为 3 年，到期时企业可按有关规定申请延期，换发证书、牌匾。

(4) 政府监管工作

企业是安全生产的责任主体。搞好安全生产管理工作，必须逐步解决企业自律问题，让企业主体责任的落实有载体。在建立隐患排查治理体系过程中，要明确政府与企业的职责定位，各级政府要充分发挥指导、监督、管理的作用，通过政府监管（管理）职责的落实推动企业隐患排查治理主体责任的落实。

(5) 企业隐患排查治理工作

企业是隐患排查治理工作的主体，是隐患排查治理工作的直接实施者。企业隐患排查治理工作主要包括四个方面：自查隐患、治理隐患、自报隐患和分析趋势。自查是为了发现自身所存在的隐患，保证全面而减少遗漏；治理是为了将自查中发现的隐患控制住，防止引发后果，尽可能从根本上解决问题；自报是为了将自查和治理情况报送政府有关部门，以使其了解企业在排查和治理方面的信息；分析趋势是为了建立安全生产预警指数系统，对安全生产状况做出科学、综合、定量的判断，为合理分配安全监管资源和加强安全管理提供依据。

1) 企业自查隐患

企业自查隐患就是在政府及其部门的统一安排和指导下，确定自身分类分级的定位，采用其适用的隐患排查治理标准，通过准备、组织机构建设、建立健全制度、全面培训、实施排查、分析改进等步骤，形成完整的、系统的企业自查机制。尤其是大型企业集团，应在企业内部形成连接所有管理层级和各个生产单位，以及当地安全监管部门的隐患排查治理体系。

● 准备工作。为保证隐患自查工作能够打下坚实的基础，企业必须做好与之相关的准备工作。隐患排查治理是涉及企业所有部门、所有生产流程、所有人员的一项系统工程，如果不做好全面的准备，那么所建立的隐患排查治理机制将缺乏系统性和可操作性，结果必然是"一阵风"式的开展一次"运动"，不能做到深入和持久地开展自查工作。准备工作主要包括：①收集信息。由企业安全生产主管部门和有关专业人员，对现行的有关隐患排查治理工作的各种信息、文件、资料等通过多种行之有效的方式进行收集。此项工作也可以委托与企业有合作关系的服务方来实施。②辅助决策。将收集信息形成的有关材料向企业管理层汇报，并说明有关情况，使企业管理层的领导能够全面、正确理解和认识隐患排查治理工作，对企业建设隐患排查治理工作做出正确决策。③领导决策。高、中层领导需要从思想意识中真正解决为什么要实施隐患排查治理工作的问题，并为此项工作提供充分的各类资源，隐患排查治理工作才会在企业得到有效和完全的实施。

● 组织机构建设。由企业一把手担任隐患排查治理工作的总负责人，以安全生产委员会或领导班子为总决策管理机构，以安全生产管理部门为办事机构，以基层安全管理人员为骨干，以全体员工为基础，形成从上至下的组织保证。形成从主要负责人到一线员工的隐患排查治理工作网络，确定各个层级的隐患排查治理职责。

领导层：主要负责人是隐患排查治理工作的第一责任人，通过安委会、领导办公会等形式，将隐患排查治理工作纳入其日常工作的范围中，亲自定期组织和参与检查，及时准确把握情况，发出明确的指令。主管负责人要在其职责中明确有关隐患排查治理的内容，将有关情况上传下达，做好主要负责人的帮手。其他有关领导也要在各自管辖范围内做好隐患排查治理工作，至少要知道、过问、督促、确认。

管理层：安全生产管理机构和专职安全管理人员是隐患排查治理工作的骨干力量，编制有关制度、培训各类人员、组织检查排查、下达整改指令、验证整改效果等是其主要的工作内容。此外，还要通过监督方式对各部门和下属单位及所有员工在隐患排查治理工作方面的履职情况进行了解，纳入考核，全力推动隐患排查治理工作的全方位和全员化。

操作层：按照责任制、相关规章制度和操作规程中明确的隐患排查治理责任，在日常的各项工作中，员工要有高度的隐患意识，随时发现和处理各种隐患和事故苗头，自己不能解决的及时上报，同时采取临时性的控制措施，并注意做好记录，为统计分析隐患留下资料。

● 建立健全规章制度。制度是企业管理的基本依据，需要企业全面掌握法律法规、标准规范以及上级和外部的其他要求，结合自身的实际情况，通过编制工作将外部的规定转化为企业内部的各项规章制度，再经过全面执行和落实，变成企业的管理行动。隐患排查治理工作也不例外，也基本按这一思路展开。企业需要建立的制度主要有《隐患排查治理和监控责任制》《事故隐患排查治理制度》《隐患排查治理资金使用专项制度》《事故隐患建档监控制度（事故隐患信息档案）》《事故隐患报告和举报奖励制度》等。

● 隐患排查治理标准的细化。企业应根据其适用的政府部门制定颁布的隐患排查治理标准，结合自身的实际情况，对标准的内容和要求进行细化。例如对企业主要负责人的安全生产职责中规定"督促、检查安全生产工作，及时消除生产安全事故隐患"的内容，企业就应当提出更具体的要求，明确督促的方式方法、检查的方式方法（对矿山等企业领导来说可能就要与下井带班作业相结合）、检查的频率（是每周还是每月参加一次）等。

2）人员全面培训

在全面铺开工作之前，应对有关人员进行初步的培训，使其掌握"谁来干？干什么？如何干？工作质量有什么要求？"等内容。企业隐患排查治理体系建设的初期培训工作包括两个方面，一是对领导层（高层与中层）人员进行背景培训，二是对承担推进工作的骨干人员进行全面培训。通过对领导层（高层与中层）进行背景培训，使相关领导充分认识到企业实施隐患排查治理体系的重要意义、作用，让他们了解整个实施过程，知道自己在整个过程中的工作职责，以及应该给予隐患排查治理工作的支持和保障。对承担推进工作的骨干人员进行全面培训，主要内容包括：背景（可与领导层培训合并进行）、相关政策法规、隐患排查标准内容详解、制度编写、隐患排查治理过程等。

隐患排查的主体是企业的所有人员，包括从领导到一线员工直到在企业工作范围内的外部人员，以保证排查的全面性和有效性。在颁布隐患排查治理制度文件之后，组织全体员工，按照不同层次、不同岗位的要求，学习相应的隐患排查治理制度文件内容。所有人员能不能或者会不会隐患排查是关键，必须对其进行有针对性和有效果的教育培训。在各种安全生产教育培训工作中要将隐患排查的内容纳入，并根据需要做专门的培训，还要确认培训的效果，以保证所有人员有意识、有能力地开展隐患排查。

3）实施排查

排查的实施是一个涉及企业所有管理范围的工作，需要有计划、按部就班地开展。

● 排查计划。排查工作涉及面广、时间较长，需要制订一个比较详细可行的实施计划，确定参加人员、排查内容、排查时间、排查安排、排查记录等内容。为提高效率，也可以与日常安全检查、安全生产标准化的自评工作或管理体系中的合规性评价和内审工作相结合。

● 排查的种类。隐患排查种类包括：①专项排查。专项排查是指采用特定的、专门的排查方法，这种类别的方法具有周期性、技术性和投入性。专项排查主要有按隐患排查治理标准进行的全面自查、对重大危险源的定期评价、对危险化学品的定期现状安全评价等。②日常排查。日常排查是指与安全生产检查工作的结合，具有日常性、及时性、全面性和群众性。日常排查主要有企业全面的安全大检查、主管部门的专业安全检查、专业管理部门的专项安全检查、各管理层级的日常安全检查、操作岗位的现场安全检查等。

● 排查的实施。以专项排查为例，企业组织隐患排查组，根据排查计划到各部门和各所属单位进行全面排查，流程及关键点如图3—1所示。排查时必须及时、准确和全面地记录排查情况和发现的问题，并随时与被检查单位的人员做好沟通。

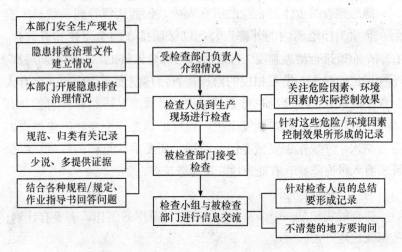

图3—1　在各部门的排查流程及关键点

● 排查结果的分析总结。一是评价本次隐患排查是否覆盖了计划中的范围和相关隐患类别；二是评价本次隐患排查是否做到了"全面、抽样"的原则，是否做到了重点部门、高风险和重大危险源适当突出的原则；三是确定本次隐患排查发现的问题，包括确定隐患清单、隐患级别以及分析隐患的分布（包括隐患所在单位和地点的分布、种类）等；四是做出本次隐患排查治理工作的结论，填写隐患排查治理标准表格。

4）纳入考核和持续改进

为了确保隐患排查治理工作顺利进行，领导必须责成有关部门以考核手段为基本的保障，必须规定上至一把手、下至普通的员工以及所有的检查人员的职责、权利和义务，特别是必须明确规定企业中、高层领导在此项工作中的义务与职责，因为企业的中、高层领导是实施与开展隐患排查治理工作的重要保障力量。

隐患排查治理机制的各个方面都不是一成不变的，也要随着安全生产管理水平的提高而与时俱进，借助安全生产标准化的自评和评审、职业健康安全管理体系的合规性评价、内部审核与认证审核等外力的作用，实现企业在此方面工作的持续改进。另外，隐患排查治理也为整体安全生产管理提供了持续改进的信息资源，通过对隐患排查治理情况的统计、分析，能够为预测预警输入必要的信息，为管理的改进提供方向性的资料。

（6）企业隐患治理

只有对隐患排查所发现的各种隐患进行治理，才能真正解决企业生产经营过程中的问题，降低风险，提高安全管理水平。

1）一般隐患治理

● 一般隐患分级。一般隐患是指危害和整改难度较小，发现后能够立即整改排除的隐患。为了更好地有针对性地治理在企业生产和管理工作中存在的一般隐患，要对一般隐患进行进一步的细化分级。事故隐患的分级是以隐患的整改、治理和排除的难度及其影响范围为标准的。根据这个分级标准，在企业中通常将隐患分为班组级、车间级、分厂级直至厂（公司）级，其含义是在相应级别的组织（单位）中能够整改、治理和排除。其中的厂（公司）级隐患中的某些隐患，如果属于应当全部或者局部停产停业，并经过一定时间整改治理方能排除的隐患，或者因外部因素影响致使企业自身难以排除的隐患，应当列为重大事故隐患。

● 现场立即整改。有些隐患如明显违反操作规程和劳动纪律的行为，属于人的不安全行为的一般隐患，排查人员一旦发现，应当要求立即整改，并如实记录，以备对此类行为统计分析，确定是否为习惯性或群体性隐患。有些设备设施方面的简单的不安全状态，如安全装置没有启用、现场混乱等物的不安全状态等一般隐患，也可以要求现场立即整改。

● 限期整改。有些隐患难以做到立即整改，但也属于一般隐患，则应限期整改。限期整改通常由排查人员或排查主管部门对隐患所属单位发出"隐患整改通知"，内容中需要明确列出隐患的排查发现时间和地点、隐患情况的详细描述、隐患发生原因的分析、隐患整改责任的认定、隐患整改负责人、隐患整改的方法和要求、隐患整改完毕的时间要求等。限期整改需要全过程监督管理，除对整改结果进行"闭环"确认外，还要在整改工作实施期间进行监督，以发现和解决可能临时出现的问题，防止拖延。

2）重大隐患治理

针对重大隐患，需要"量身定做"，为每个重大隐患制订专门的治理方案。由于重大隐患治理的复杂性和较长的周期性，在完成治理前要有临时性的措施和应急预案，治理完成后还要有书面申请以及接受审查等工作。

● 制订重大事故隐患治理方案。重大事故隐患由生产经营单位主要负责人组织制订并实施事故隐患治理方案。重大事故隐患治理方案应当包括以下内容：①治理的目标和任务；②采取的方法和措施；③经费和物资的落实；④负责治理的机构和人员；⑤治理的时限和要求；⑥安全措施和应急预案。根据相关规定，企业在制订重大事故隐患治理方案时，还必须考虑安全监管监察部门或其他有关部门所下达的"整改指令书"和政府挂牌督办的有关要求，要将这些要求体现在治理方案里。

● 重大事故隐患治理过程中的安全防范措施。生产经营单位在事故隐患治理过程中，应当采取相应的安全防范措施，防止事故发生。事故隐患排除前或者排除过程中无法保证安全的，应当从危险区域内撤出作业人员，并疏散可能危及的其他人员，设置警戒标志，暂时停产停业或者停止使用；对暂时难以停产或者停止使用的相关生产储存装置、设施、设备，应当加强维护和保养，防止事故发生。

● 重大事故隐患的治理过程。企业在重大事故隐患治理过程中，还要随时接受和配合安全监管部门的重点监督检查。如果企业的重大事故隐患属于重点行业领域的安全专项整治的范围，就更应落实相应的整改、治理的主体责任。

● 重大事故隐患治理情况评估。地方人民政府或者安全监管监察部门及有关部门挂牌督办并责令全部或者局部停产停业治理的重大事故隐患，治理工作结束后，有条件的生产经营单位应当组织本单位的技术人员和专家对重大事故隐患的治理情况进行评估；其他生产经营单位应当委托具备相应资质的安全评价机构对重大事故隐患的治理情况进行评估。这种评估主要针对治理结果的效果进行，确认其措施的合理性和有效性，确认对隐患及其可能导致的事故的预防效果。评估需要有一定条件和资质的技术人员和专家或有相应资质的安全评价机构实施，以保证评估本身的权威性和有效性。

● 重大事故隐患治理后的工作。重大事故隐患治理后并经过评估，符合安全生产条件的，生产经营单位应当向安全监管监察部门和有关部门提出恢复生产的书面申请，经安全监管监察部门和有关部门审查同意后，方可恢复生产经营。申请报告应当包括治理方案的内容、项目和安全评价机构出具的评价报告等。对挂牌督办并采取全部或者局部停产停业治理的重大事故隐患，安全监管监察部门收到生产经营单位恢复生产的申请报告后，应当在 10 日内进行现场审查。审查合格的，对事故隐患进行核销，同意恢复生产经营；审查不合格的，依法责令改正或者下达停产整改指令。对整改无望或者生产经营单位拒不执行整改指令的，依法实施行政处罚；不具备安全生产条件的，依法提请县级以上人民政府按照国务院规定的权限予以关闭。

3）隐患治理措施

隐患治理及其方案的核心都是通过具体的治理措施来实现的，这些措施大体上分为工程技术措施和管理措施，以及对重大隐患需要做的临时性防护和应急措施。

● 治理措施的基本要求。基本要求主要包括：①能消除或减弱生产过程中产生的危险、有害因素；②处置危险和有害物，并降低到国家规定的限值内；③预防生产装置失灵和操作失误产生的危险、有害因素；④能有效预防重大事故和职业危害的发生；⑤发生意外事故时，能为遇险人员提供自救和互救条件。

隐患治理的方式方法是多种多样的，因为企业必须考虑成本投入，需要以最小代价取得最适当（不一定是最好）的结果。有时候隐患治理很难彻底消除隐患，这就必须在遵守法律法规和标准规范的前提下，将其风险降低到企业可以接受的程度。可以这样说："最好"的方法不一定是最适当的，而最适当的方法一定是"最好"的。

● 工程技术措施。工程技术措施的实施等级顺序是：直接安全技术措施、间接安全技术措施、指示性安全技术措施等。根据等级顺序的要求，应遵循的具体原则是：应按消除、预防、减弱、隔离、连锁、警告的等级顺序选择安全技术措施；应具有针对性、可操作性和经济合理性并符合国家有关法规、标准和设计规范的规定。

● 安全管理措施。安全管理措施往往在隐患治理工作受到忽视，即使有也是老生常谈式的提高安全意识、加强培训教育和加强安全检查等几种。其实管理措施往往能系统性地解决很多普遍和长期存在的隐患，这就需要在实施隐患治理时，主动地、有意识地研究分析隐患产生原因中的管理因素，发现和掌握其规律，通过修订有关规章制度和操作规程并贯彻执行来从根本上解决问题。

4）闭环管理

"闭环管理"是现代安全生产管理中的基本要求，对任何一个过程的管理最终都要通过"闭环"才能结束。隐患治理工作的收尾工作也是"闭环"管理，要求治理措施完成后，企业主管部门和人员对其结果进行验证和效果评估。验证就是检查措施的实现情况，即措施是否按方案和计划的要求——落实了；效果评估则是评估完成的措施是否起到了隐患治理和整改的作用，是彻底解决了问题还是部分的、达到某种可接受程度的解决，是否真正做到了"预防为主"。当然不可忽略的还有隐患的治理措施是否会带来或产生新的风险。

（7）企业隐患自报

企业将隐患排查治理的结果自行上报给政府主管部门，将政府部门的监管与企业生产实际联系在一起，是隐患排查治理体系的重要环节，必须给予足够的重视。

● 自报的内容。企业开展隐患排查治理工作，包含了很多内容，有机制的、管理的、技术的、记录的、设备设施的等，自报并不是要求企业将这些内容都上报，而是要按规定的内容、方式、时限等要求进行上报。

● 自报的方式。虽然隐患排查治理信息系统中对隐患自报的信息管理做了说明，但企业的类型、规模和管理模式等方面千差万别，所以其所采用的自报方式也不尽相同。

● 自报的程序。无论企业规模大小还是行业不同或者管理方式有异，其隐患自报的程序大体上是相同的，主要有以下几个步骤：①统计。将隐患排查工作所发现的隐患进行汇总、统计和整理，得到隐患清单，形成隐患整改通知，并将这些集合为一套完整的材料。②"对接"分类。按隐患排查治理标准的格式，将企业的隐患材料按其顺序分门别类地"对接"入位，每个隐患都给予适当的标识。③审查批准。根据管理层级和权限，由有关领导对隐患上报的内容进行审阅，批准后方能上报。④上报。根据企业实际，采取相应的上报方式，按政府及其部门规定的时间和形式进行上报。

● 基于信息系统自报。有条件的企业，要将自己的信息管理系统与政府隐患信息管理系统进行接口，定期接通上报网络，按信息管理系统的提示和要求进行填报。大型集团型企业需要在集团内部层层上报下属单位的隐患情况，格式与隐患排查治理标准的格式相同，进行汇总整理后，将整体情况以总结的方式向有关主管部门上报，其下属单位的隐患上报仍按属地监管原则向有关政府部门报送。

● 小微企业自报。很多小型和微型企业不具备基于信息管理系统上报的条件，可以采用书面上报的形式，因为这些企业存在的隐患数量比较少，风险不很高，因此书面上报也是可以接受的。但这会给企业所在地的政府及其部门接收书面隐患上报材料带来巨大的工作量，从北京市顺义区的经验来看，由基层政府组织直接上报更加有效。具体做法是基层安全生产监督管理人员直接到企业中去，收集和书面记录小微企业的隐患情况，形成标准的记录格式，并整理汇总后向上一级管理部门报送。这样既可以减轻小微企业的负担，也易于保证隐患上报的工作质量。

(8) 安全生产形势预测预警

安全生产形势预测预警是指以隐患排查结果和仪器仪表监测检测数据为基础，辨识和提取有效信息，分析其可能产生的后果并予以量化，将有关信息经过综合分析形成直观的、动态的反映企业安全生产现状的安全生产预警指数系统，运用预测理论，建立数学模型，对未来的安全生产趋势进行预测，得出安全生产趋势的发展情况。

1) 预测预警的任务

● 以企业日常隐患排查工作为基础，发现工作场所存在的隐患，并及时纠正，使生产过程中人的不安全行为和物的不安全状态及管理缺陷处于被监测、识别、诊断和干预的监控之下。

● 通过对隐患排查数据、监测信息的分析，可以确定各种信息可能造成的后果，辨明造成伤亡的严重程度如何，确定是否处于安全状态，其主要任务是应用适宜的识别指标判断可能造成的后果，因此对整个预警系统的活动至关重要。将分析得出的不安全因素进行量化，对可能造成的后果进行量化统计分析，加以系数修正，计算得出安全生产预警指数，通过安全生产预警指数走向的升高和降低，直观反映当前安全状况是安全、注意、警告或是危险。

● 利用系统分析、信息处理、建模、预测、决策、控制等主要内容的预测理论，定量计算未来安全生产发展趋势，警示生产过程中将面临的危险程度，提请企业采取有效措施防范事件、事故的发生。

● 根据安全生产预警指数数值大小，对事故征兆（险肇事件）的不良趋势采取不同的措施，进行矫正、预防与控制。

● 对可能造成损失的事件及时进行整改，分析规律，防范同类事件的发生。

2）预测预警指数系统的建立

这里所指的预测预警指数系统是根据中国安全生产协会的《安全生产预警指数管理系统》中的有关内容提出的，供企业参考。

● 收集数据。安全生产预警的基础是数据的收集，数据来源有两个方面：隐患排查的结果以及仪器仪表监测数据。在隐患排查中，不仅要发现物的不安全状态，同时对人的行为也要加以判断，对于好的安全行为要及时表扬并记录在案。在仪器仪表监测过程中，对于不正常的数据要进行整理。通过对历史数据、即时数据的整理、分析、存储，建立安全预警数据档案。

● 分析判断。对收集到的信息、数据进行分析，判断已经发生的异常征兆及可能发生的连锁反应，评价事故征兆可能造成的损失。对分析的结果进行分类统计，形成部门安全预警情况报告，上报企业安全管理部门，经汇总分析后，得出当前安全生产预警指数报告。

分析判断包括原始数据判断和伤害等级判断。

● 系数修正。系数修正包括：①报告份数修正。为了消除规定时间内安全预警情况报告数量不同对安全生产预警指数的影响，按每周（月）适合本企业的平均数来修正周（月）伤害统计值。②事故修正。事故的发生会造成安全生产预警指数的升高，另外，每次事故发生后都会对一定时期内的安全生产工作产生影响，因此，系数修正要考虑不同级别事故及事故发生后一段时期内的影响。③隐患整改率修正。隐患整改率的高低直接影响企业安全生产状况，因此，要根据不同的隐患整改率进行修正。④培训及演练修正。安全教育培训是提高员工安全意识和安全素质，防止产生不安全行为，减少人员失误的重要途径。因此，培训能够降低企业安全风险，降低安全生产预警指数值。不同级别的培训（厂级、车间级和班组级）对员工的影响不同，修正值也不同。

● 计算。安全生产预警指数的计算，是以规定时间段内的各部门安全预警情况报告为基础，进行报告份数、演练、培训、事故、隐患整改率等系数修正，计算得到安全生产预警指数值。计算包括统计值计算和安全生产预警指数计算。

● 生成图形。根据预警指数数值，并按照时间顺序，将一段时间内的安全生产预警指数连接后，即构成了安全生产预警指数图，从而直观反映企业整体安全形势。

运用预测理论，对历史安全生产预警指数进行整理、修正后，消除影响因素，建立数学模型，生成安全生产趋势图，直观预测企业安全生产趋势。

8.《安全生产事故隐患排查治理暂行规定》相关要点

2007 年 12 月 22 日，国家安全生产监督管理总局局长办公会议审议通过《安全生产事故隐患排查治理暂行规定》（国家安全生产监督管理总局令第 16 号），自 2008 年 2 月 1 日起施行。

《暂行规定》分为五章三十二条，各章内容为：第一章总则，第二章生产经营单位的职责，第三章监督管理，第四章罚则，第五章附则。制定本规定的目的，是根据安全生产法等法律、行政法规，为了建立安全生产事故隐患排查治理长效机制，强化安全生产主体责任，加强事故隐患监督管理，防止和减少事故，保障人民群众生命财产安全。本规定适用于生产经营单位安全生产事故隐患排查治理和安全生产监督管理部门、煤矿安全监察机构（以下统称安全监管监察部门）实施监管监察。

《暂行规定》所称安全生产事故隐患（以下简称事故隐患），是指生产经营单位违反安全生产法律、法规、规章、标准、规程和安全生产管理制度的规定，或者因其他因素在生产经营活动中存在可能导致事故发生的物的危险状态、人的不安全行为和管理上的缺陷。

事故隐患分为一般事故隐患和重大事故隐患。一般事故隐患，是指危害和整改难度较小，发现后能够立即整改排除的隐患。重大事故隐患，是指危害和整改难度较大，应当全部或者局部停产停业，并经过一定时间整改治理方能排除的隐患，或者因外部因素影响致使生产经营单位自身难以排除的隐患。

《暂行规定》规定，生产经营单位应当建立健全事故隐患排查治理制度。生产经营单位主要负责人对本单位事故隐患排查治理工作全面负责。任何单位和个人发现事故隐患，均有权向安全监管监察部门和有关部门报告。安全监管监察部门接到事故隐患报告后，应当按照职责分工立即组织核实并予以查处；发现所报告事故隐患应当由其他有关部门处理的，应当立即移送有关部门并记录备查。

（1）对生产经营单位职责的有关规定

《暂行规定》规定，生产经营单位应当依照法律、法规、规章、标准和规程的要求从事生产经营活动，严禁非法从事生产经营活动。

生产经营单位是事故隐患排查、治理和防控的责任主体。生产经营单位应当建立健全事故隐患排查治理和建档监控等制度，逐级建立并落实从主要负责人到每个从业人员的隐患排查治理和监控责任制。生产经营单位应当保证事故隐患排查治理所需的资金，建立资金使用专项制度。

生产经营单位应当定期组织安全生产管理人员、工程技术人员和其他相关人员排查本单位的事故隐患。对排查出的事故隐患，应当按照事故隐患的等级进行登记，建立事故隐患信息档案，并按照职责分工实施监控治理。

生产经营单位应当建立事故隐患报告和举报奖励制度，鼓励、发动职工发现和排除事故隐患，鼓励社会公众举报。对发现、排除和举报事故隐患的有功人员，应当给予物质奖励和表彰。

生产经营单位将生产经营项目、场所、设备发包、出租的，应当与承包、承租单位签订安全生产管理协议，并在协议中明确各方对事故隐患排查、治理和防控的管理职责。生产经营单位对承包、承租单位的事故隐患排查治理负有统一协调和监督管理的职责。

《暂行规定》规定，重大事故隐患报告内容应当包括以下内容：
● 隐患的现状及其产生原因；
● 隐患的危害程度和整改难易程度分析；
● 隐患的治理方案。

对于一般事故隐患，由生产经营单位（车间、分厂、区队等）负责人或者有关人员立即组织整改。对于重大事故隐患，由生产经营单位主要负责人组织制订并实施事故隐患治理方案。

重大事故隐患治理方案应当包括以下内容：
● 治理的目标和任务；
● 采取的方法和措施；
● 经费和物资的落实；
● 负责治理的机构和人员；
● 治理的时限和要求；
● 安全措施和应急预案。

《暂行规定》规定，生产经营单位在事故隐患治理过程中，应当采取相应的安全防范措施，防止事故发生。事故隐患排除前或者排除过程中无法保证安全的，应当从危险区域内撤出作业人员，并疏散可能危及的其他人员，设置警戒标志，暂时停产停业或者停止使用；对暂时难以停产或者停止使用的相关生产储存装置、设施、设备，应当加强维护和保养，防止事故发生。

生产经营单位应当加强对自然灾害的预防。对于因自然灾害可能导致事故灾难的隐患，应当按照有关法律、法规、标准和本规定的要求排查治理，采取可靠的预防措施，制定应急预案。在接到有关自然灾害预报时，应当及时向下属单位发出预警通知；发生自然灾害可能危及生产经营单位和人员安全的情况时，应当采取撤离人员、停止作业、加强监测等安全措施，并及时向当地人民政府及其有关部门报告。

（2）对监督管理的有关规定

《暂行规定》规定，安全监管监察部门应当指导、监督生产经营单位按照有关法律、法规、规章、标准和规程的要求，建立健全事故隐患排查治理等各项制度。

安全监管监察部门应当建立事故隐患排查治理监督检查制度，定期组织对生产经营单位事故隐患排查治理情况开展监督检查；应当加强对重点单位的事故隐患排查治理情况的监督检查。对检查过程中发现的重大事故隐患，应当下达整改指令书，并建立信息管理台账。必要时，报告同级人民政府并对重大事故隐患实行挂牌督办。

安全监管监察部门应当配合有关部门做好对生产经营单位事故隐患排查治理情况开展的监督检查，依法查处事故隐患排查治理的非法和违法行为及其责任者。

安全监管监察部门发现属于其他有关部门职责范围内的重大事故隐患的，应该及时将有关资料移送有管辖权的有关部门，并记录备查。

(3) 对罚则的有关规定

《暂行规定》规定，生产经营单位及其主要负责人未履行事故隐患排查治理职责，导致发生生产安全事故的，依法给予行政处罚。

生产经营单位违反本规定，有下列行为之一的，由安全监管监察部门给予警告，并处三万元以下的罚款：

● 未建立安全生产事故隐患排查治理等各项制度的；

● 未按规定上报事故隐患排查治理统计分析表的；

● 未制订事故隐患治理方案的；

● 重大事故隐患不报告或者未及时报告的；

● 未对事故隐患进行排查治理擅自生产经营的；

● 整改不合格或者未经安全监管监察部门审查同意擅自恢复生产经营的。

生产经营单位事故隐患排查治理过程中违反有关安全生产法律、法规、规章、标准和规程规定的，依法给予行政处罚。

安全监管监察部门的工作人员未依法履行职责的，按照有关规定处理。

9.《企业 2008 年安全生产隐患排查治理工作实施意见》相关要点

2008 年 2 月 8 日，国家安全生产监督管理总局下发《关于印发金属和非金属矿山、尾矿库、冶金有色、石油天然气开采、危险化学品、烟花爆竹、机械制造等行业（领域）企业 2008 年安全生产隐患排查治理工作实施意见的通知》（安监总协调〔2008〕35 号）。《通知》要求，在去年开展隐患排查治理专项行动的基础上，继续深入开展隐患排查治理，按照"排查要认真、整治要坚决、成果要巩固、杜绝新隐患"的总体要求，切实加强对安全生产隐患排查治理工作的组织领导。《通知》有关安全生产隐患排查治理工作实施意见的主要内容如下。

（1）金属和非金属矿山企业

金属和非金属矿山企业安全生产隐患排查治理的主要内容：

● 建立健全和落实安全生产责任制、规章制度、操作规程的情况，进行安全教育培训和人员持证上岗的情况，执行建设项目安全"三同时"制度的情况，制定应急救援预案和进行演练等情况。

● 是否按照开采设计方案组织生产，开采现状与设计技术资料和图纸是否相符。

● 按照《爆破安全规程》要求实施爆破作业的情况，是否符合爆破安全距离、落实了爆破作业设计和作业规程、制定了防止危及人身安全和中毒窒息事故预防措施和落实了爆炸物品的储存、购买、运输、使用及清退登记制度；爆破作业人员是否持证上岗等。

● 地下矿山是否设置了至少有两个独立的、直达地面的、能行人的安全出口，各生产水平（中段）和采区（盘区）是否设置了至少有两个能行人的安全出口。

● 地下矿山采矿作业掘进、回采、运输、提升、通风防尘、防排水、顶板管理、地压监控、供电、爆破、职业危害等关键环节的安全状况。

● 地下矿山建立机械通风系统及通风管理制度的情况，风质、风量、风速是否满足安全生产需要和规程要求。

● 地下矿山制定和落实采空区管理制度及采空区处理方案的情况。

● 地下矿山制定和落实顶板管理制度、对顶板不稳固的采场监控手段和处理措施的制定及落实情况。

● 地下矿山落实防范水害制度情况，是否查清了采空区及废弃井积水；地表移动带、陷落带范围内重大水体及导水构造的状况是否清楚；制定和落实防洪、防透水及排水措施及应急预案的情况。

● 露天矿山是否按设计方案自上而下分台阶开采，台阶高度、边坡角度是否符合《金属非金属矿山安全规程》或《小型露天采石场安全生产暂行规定》要求。

● 露天矿山采场工作帮是否按规定定期检查，露天边坡稳定性是否进行定期监测。

● 排土场设计明确排土场、排土工艺、排土顺序、排土场的阶段高度、总堆置高度、安全平台宽度、总边坡角、废石滚落可能的最大距离等的情况，是否按照设计要求进行排土作业。

● 深凹露天采场配备专用防洪设施的情况，排土场截洪、防洪和排水设施及防止泥石流措施是否落实。

● 对存在超层越界、乱采滥挖等违法违规行为的打击取缔情况。

(2) 尾矿库

尾矿库安全生产隐患排查治理的主要内容：

● 按照设计要求组织生产运行情况，是否按规定编制年度尾矿排放作业计划；对存在危害尾矿库安全的违规设计、超量储存、超能力生产等隐患的整改情况。

● 最小安全超高、最小干滩长度、排洪设施，尾矿坝浸润线埋探、坝体外坡比、排渗设施等是否满足设计与《尾矿库安全技术规程》要求；滩顶高程是否满足生产、防汛、冬季冰下放矿和回水要求；四等以上尾矿坝是否设置了坝体位移和坝体浸润线观测设施。

● 已投入生产运营但无正规设计或者资料不全的尾矿库，在规定的期限内完成补充设计或补齐必要资料的整改情况。

● 从事尾矿库放矿、筑坝、排洪和排渗设施操作的特种作业人员安全教育培训和持证上岗情况。

● 防洪渡汛主要措施、应急预案、物资器材准备等情况，对尾矿坝实施有效监控的情况，对尾矿坝下游居民区或重要设施实施有效监控的情况。

● 在用尾矿库回采再利用和闭库后再利用的尾矿库，未履行建设项目"三同时"制度的整改情况。

● 库区内存在从事爆破或采砂等危害尾矿库安全的隐患整改

情况。

● 未履行安全评价、安全设施设计审查及竣工验收制度的整改情况。

● 安全生产责任制、安全生产规章制度、操作规程的建立和落实等情况。

● 事故处理和责任追究情况，防垮坝、防漫顶、防自然灾害等事故情况，重大险情应急救援预案制定、应急物资储备和演练情况。

(3) 冶金有色企业

冶金有色企业安全生产隐患排查治理的主要内容：

● 新建、改建、扩建项目的设计单位是否有设计资质，项目是否履行立项申请、审查、审批和严格执行建设项目安全设施"三同时"制度，是否存在私自变更设计、擅自改变工艺布局和增减设备的情况。

● 建设项目的生产工艺、设备选型、水、油、汽等系统配置是否进行了安全风险辨识，是否落实了控制重大危险源的工程技术方案和措施。

● 冶炼、铸造等生产环节冷却水是否及时排放，起重和吊运铁水、钢水、铜水、铝水等液态金属专用设备的设计单位资质、选型配套、制造企业资质、安装、运行和安全管理，是否达到安全规程要求。

● 冶炼、铸造生产过程中，熔融金属和高温物质与水、油、汽等物质的隔离防爆措施是否落实到位，设备设施有缺陷的是否整改消除。

● 高炉风口平台、炉身、炉顶等区域煤气泄漏、冷却壁损坏、炉皮开裂、炉顶设备装料系统、制粉喷煤系统及热风炉等重大危险部位和区域，是否处于受控安全状态。

● 转炉、精炼炉、均热炉的炉体冷却、倾翻、烟气回收等工艺环节是否处于受控安全状态，是否严格执行煤气生产、储存、输送、使用环节防止泄漏、中毒窒息、爆炸的安全管理制度，煤气柜、管线监控和防护设施的配置和运行是否符合相关安全规程要求。

● 冶金有色金属冶炼过程中涉及氧气、氢气、二氧化硫、氮气、氯气、氨气等气体的生产、储存、输送、使用，预防泄漏、中毒、窒息、爆炸等防范制度的执行情况，各种监控和防护设施的配置和运行是否符合相关安全规程的要求。

● 冶金、有色金属生产过程中涉及高温、高压、强碱、强酸使用环节，预防爆炸、烧烫伤、中毒、外泄等防范制度的执行情况，各种监控和防护设施的配置和运行是否符合相关安全规程的要求。

● 作业现场设置防范各类机械伤害事故安全防护设施、安全警示标志、监控报警、连锁和自动保护装置的情况。

(4) 石油天然气开采企业

石油天然气开采企业安全生产隐患排查治理的主要内容：

● 防井喷失控。井场安全距离，井控设计，防喷器、节流压井管汇的配套和使用，起、下钻操作，压井材料储备，钻开油气层前的检查验收，油气层钻井过程中的井控措施，井涌、溢流的处理等，是否符合相关规程、标准要求。

● 防硫化氢中毒。含硫油气井的地质及钻井工程设计，井场及钻井设备的布置，井控装置、井下工具的选材，硫化氢探测、报警和人员防护设备的配套，点火程序的制定和点火器材的配备等，是否符合相关规程、标准要求。

● 重大基础设施的防火、防爆。石油天然气长输管道、油气处理站场、天然气净化厂、油库群和地下储气库等重大基础设施防火间距的设计，泄压放空设施、消防设施、防爆工具的配备，泄漏监测系统和防雷防静电装置的配套，超期服役设备的更换，以及管道占压等方面，是否符合有关法规和规程、标准的要求。

● 海洋石油生产作业设施。设施的设计、施工和试生产过程发证检验制度的执行，专业设备的检测检验，劳动组织的定员，外来人员的登记和监控，消防、救生和逃生的定期演练，防台风、防风暴潮应急救援预案的编制和落实，以及人工岛、通井路高程的设计等方面，是否符合相关安全规程、标准要求。

● 放射源和民用爆炸物品。放射源的储存、领取、使用和废物处置，民用爆炸物品的购买、运输、使用和销毁等环节，是否符合相关法规、标准要求。

● 直接作业环节安全防范。动火作业、起重作业、高处作业、舷外作业、临时用电、受限空间作业和平台起浮拖航作业等直接作业环节的作业许可、安全防范和现场监控的情况。

● 安全基础管理。安全生产责任制、安全生产规章制度的建立，安全教育培训和人员持证上岗，健康、安全、环境（HSE）管理体系的实施和审核，建设项目"三同时"制度的执行，事故处理和责任追究，防井喷、防硫化氢中毒应急预案制定、应急物资储备和演练等方面，是否达到要求。

(5) 危险化学品企业

1) 排查治理的范围

排查治理的范围包括生产、使用、储存、运输、经营和处置废弃危险化学品的企业和单位；危险化学品生产建设项目，使用危险化学品的化工和医药建设项目，危险化学品储存建设项目。

● 危险化学品生产企业和使用危险化学品的化工和医药生产企业：涉氯、合成氨、电石、剧毒、涉及有毒气体和易燃易爆化学品的企业；使用危险工艺的企业；小化工（100 人以下）企业；近 3 年发生较大以上事故和 2007 年发生死亡事故的企业。

● 其他使用危险化学品的生产经营企业：使用氯、氨、剧毒和易燃易爆等危险化学品的企业。

● 专门储存危险化学品的企业和单位：储存的危险化学品构成重大危险源的企业和单位。

● 危险化学品道路运输企业和单位：承运液氯、液氨、液化石油气、液化天然气、剧毒溶剂和强腐蚀性化学品等重点品种的运输企业和单位。

● 经营危险化学品的企业和单位：经营剧毒化学品的企业和单位，交通运输工具用加油（气）站。

● 处置废弃危险化学品的企业和单位：处置易燃易爆、有毒废弃化学品的企业和单位。

2）排查治理的主要内容

针对危险化学品生产企业和使用危险化学品的化工和医药生产企业：

● 重要生产车间、原料和产品库区、公用工程（供电、供水、供汽、供风）等单元和重点部位的安全生产状况。

● 工艺技术管理制度、仪表连锁管理制度、设备维护保养管理制度、"变更管理"制度的建立和执行情况；重要机组、反应器、分馏塔、专用设备、压力容器、压力管道等重要设备管理制度的建立和执行情况；工艺技术是否合规，操作条件是否合理，主要连锁自动保护装置是否正常。

● 生产装置正常开、停车和紧急停车安全规程的制定与执行情况，开车前和停车后确认制度的建立与执行情况。

● 检修、维修作业时，动火作业、进入受限空间作业、破土作业、起重作业、高处作业、临时用电等特种作业安全管理制度的建立和执行情况；生产和施工作业中，"四防"（防火、防爆、防中毒、防跑料串料）安全管理制度的建立和执行情况，特别是进入受限空间作业和防中毒、窒息制度的建立和执行情况。

● 防雷电、防汛、防台风、防构筑物倒塌、防静电、防粉尘爆炸等管理制度和措施落实情况。

● 企业是否建立了应急救援队伍，是否储备了必要的应急器材，或与当地大型企业、与地方建立了应急救援合作关系；化工企业事故状态下防止"清净下水"污染的措施落实情况，是否设立了污水储存池及具备污水处理的能力。

● 岗位操作人员熟练掌握本岗位职责、工艺流程、危险及有害因素、工艺技术指标、操作规程、设备仪表的使用、应急处置方法的情况，严格执行企业巡回检查制度的情况。

● 新建危险化学品生产、储存建设项目和使用危险化学品生产的化工和医药生产建设项目的立项审批、安全设施设计审查情况；设计和施工单位的资质情况；安全设施竣工验收情况；正在试车投料和试生产项目，试车方案备案、安全措施制定和落实情况，试车和投料过程是否严格按照设备管道试压、吹扫、气密、单机试车、仪表调校、联动试车、化工投料试生产的程序进行；化工园区安全生产管理责任制和安全基础设施建设的落实情况，特别是要排查新建项目使用的工艺是否安全，自动化控制水平是否能满足安全生产的需要。

● 废旧化工装置拆除安全管理制度的建立和执行情况，拆除施工单位资质是否符合要求。

针对其他使用氯、氨、剧毒和易燃易爆等危险化学品的生产经营企业：

● 使用液氯、液氨、剧毒化学品的自来水厂、造纸企业、大型冷冻库房、电镀和电子企业、游冰场馆等使用危险化学品的企业和单位，建立和执行危险化学品使用安全管理制度的情况。

● 使用易燃易爆危险化学品的企业和单位，防火、防爆、防泄漏安全管理制度建立和执行的情况。

● 危险化学品气瓶定期检查、检验制度的建立和执行情况，气瓶连接软管定期检查、试验制度的建立和执行情况。

● 使用氯、氨、剧毒和易燃易爆化学品等危险化学品的生产经营企业应急预案的编制和定期演练情况，应急器材的准备情况。

针对危险化学品储存企业和单位：

● 危险化学品储存设施的安全防护距离、安全设施、消防设施、应急预案和应急器材是否符合要求；是否建立了储罐罐体定期检查制度并严格执行；操作规程的建立和执行情况；储罐是否装备高、低液位和超温超压报警，仪表、安全附件是否齐全有效；防超压、防泄漏、防雷、防汛、防倒塌安全管理制度和措施是否落实。

针对危险化学品道路运输企业和单位：

● 危险化学品道路运输企业是否取得运输资质，驾驶人员和押运人员是否取得上岗资格证；运输车辆、罐车罐体和配载容器是否取得检测检验合格证明，车辆三级维护制度和定期检验制度执行的情况。

● 运输车辆配备应急处置器材和防护用品情况，安装的安全监控车载终端、标志灯、标志牌是否符合要求，是否存在超载现象。

● 承运的剧毒化学品是否通过随车携带化学品安全技术说明书或包装物加贴安全标签等方法载明化学品的品名、种类、施救方法等内容；是否随车携带剧毒化学品公路运输通行证，是否按照指定的路线、时间和速度行驶。

针对经营危险化学品的企业和单位：

● 销售危险化学品的企业是否存在超许可经营范围现象，是否严格执行"一书一签"（化学品安全技术说明书、化学品安全标签）制度。

● 销售剧毒化学品的企业是否查验、登记剧毒化学品购买凭证、准购证、剧毒化学品公路运输通行证、运输车辆安装的安全标示牌。

● 加油（气）站的设计、设施和周边安全距离是否符合规范要求；人员是否经过培训并考核合格后上岗；卸油、加油、检修等重要环节是否建立了严格的安全管理制度并认真执行；是否编制了科学的应急预案并定期演练，是否配备了必要的应急器材。

● 销售氯酸钾的企业和单位是否建立并严格执行了流向登记制度。

● 危险化学品充装单位特别是液氯、液氨、液化石油气和液化天然气充装单位，岗位安全操作规程的建立和执行情况；充装车辆资质、安全状况查验制度的建立和执行情况；严禁超量装载规定执行情况；操作人员取得上岗证的情况。

● 危险化学品充装单位充装设备管道静电接地、装卸软管每半年进行压力试验情况，以及充装设备的仪表和安全附件是否齐全有效；液化气体充装站是否采取防超装措施；有毒有害危险化学品充装站配备有毒介质洗消装置的情况；防毒面具、空气呼吸器和防化服的配备和使用情况。

● 危险化学品充装单位证明资料不齐全、检验检查不合格、罐体内残留介质不详和存在其他可疑情况的罐车禁止充装危险化学品规定的落实情况。是否向驾驶员和押运员说明充装的危险化学品品名、数量、危害、应急措施、生产企业的联系方式等内容，是否向押运员提供所押运的危险化学品信息联络卡。

对于处置废弃危险化学品的企业和单位：

● 处置废弃危险化学品装置、作业场所和储存设施安全生产状况。

● 处置废弃危险化学品装置正常开、停车和紧急停车安全规程的建立与执行情况，开车前和停车后确认制度的建立与执行情况。

● 在检修、维修作业中，动火作业、进入受限空间作业、破土作业、起重作业、高处作业、临时用电等特种作业安全管理制度执行情况。

● 废弃危险化学品储存设施的安全防护距离、安全设施、消防设施、应急预案和应急器材是否符合要求；储罐区是否建立了罐体定期检查制度、操作规程并严格执行；储罐是否装备高、低液位和超温超压报警，是否存在超储现象；仪表、安全附件是否齐全有效；防超压、防泄漏、防雷、防汛、防倒塌、防台风的安全管理制度和措施是否落实。

(6) 烟花爆竹企业

烟花爆竹企业安全生产隐患排查治理的主要内容:

1) 烟花爆竹生产企业

● 生产工艺布局是否合理,危险工序交叉、危险和非危险生产区不分的问题是否已整改完毕。

● 工厂围墙、危险工(库)房安全防护屏障是否符合国家标准要求;药物粉尘大的制(混)药、装药等工房的排水沟和沉淀池是否符合国家标准要求,散落在操作台和地面的药物粉尘是否及时冲洗清理;防雷、防火、防静电设施是否符合标准要求并按照规定进行定期检测。

● "三超一改"(超定员、超药量、超范围和改变工房用途)的现象是否已彻底整改。

● 是否违规使用氯酸钾等禁用、限用药物生产烟花爆竹产品。

● 高感度工房室温超过 32℃、一般工房室温超过 35℃、大雷暴雨天气时,是否按规定落实了停产制度。

● "一证多厂"或"分包"生产的问题是否已得到整改。

● 是否建立了烟花爆竹产品及药料流向登记制度和氯酸钾购买、使用登记制度并认真执行。

● 按照《烟花爆竹工厂设计安全规范》(GB50161)和《烟花爆竹劳动安全技术规程》(GB11652)等有关标准的要求,重新核定工房危险等级、定员和定量;按照《烟花爆竹生产经营企业安全生产标准化规范》的要求,严格控制 C 级工房的作业人数(28 人以下)。

2) 烟花爆竹批发经营企业和常年经销的零售网点

● 储存仓库内外部安全距离、围墙、疏散条件、库房布局、建筑结构、防雷、防静电、消防等安全设施保持和维护状况是否符合有关标准的要求,A 级库房安全防护屏障是否符合标准要求。

● 仓库是否存在超量存储,或将 A 级产品储存在 C 级库房内,将收缴的非法产品、假冒伪劣产品与合格产品同库存放,在库房内进行开箱、配货作业等现象。

● 库房安全管理、保卫和值班制度是否健全和落实，是否建立和执行购进烟花爆竹产品质量验收和流向登记制度，是否存在采购和销售含氯酸钾、假冒伪劣或非法生产的烟花爆竹产品等问题。

● 城区烟花爆竹零售点是否存在过多、安全距离不足和超量储存等现象，农村集贸市场、城乡结合部的烟花爆竹零售点是否存在连片经营和超量储存等现象。

3）打击非法生产、经营烟花爆竹工作

地方各级政府打击非法生产经营烟花爆竹行为（以下简称"打非"）的责任是否落实，是否明确了"打非"的牵头部门，是否建立了有效的收集非法生产信息的系统，是否建立并落实了定期排查和定期例会制度，是否及时组织了"打非"活动，当地非法生产经营烟花爆竹现象是否得到了有效遏制。

（7）机械制造企业

机械制造企业安全生产隐患排查治理的主要内容：

● 建立健全和落实安全生产责任制、规章制度、操作规程情况，进行安全教育培训和人员持证上岗情况，执行建设项目安全"三同时"制度情况，制定应急救援预案和进行演练情况。

● 储存、使用危险化学品是否按规定取得安全许可并建立严格的安全管理制度。

● 锅炉、起重机械、工业管道、厂内机动车辆等危险性较大的特种设备是否按规定进行检验检测并建立严格的管理制度。

● 工业梯台的宽度、角度、梯级间隔、护笼设置、护栏高度等是否符合要求，结构件是否有松脱、裂纹、扭曲、腐蚀、凹陷或凸出等严重变形，梯脚防滑措施、轮子的限位和防移动装置是否完好。

● 锻造机械中锤头、操纵机构、夹钳、剁刀是否有裂纹，缓冲装置是否灵敏可靠。铸造机械是否有足够的强度、刚度及稳定性，管路是否密封良好，控制系统是否灵敏，有无急停开关；防尘、防毒设施是否完好。两类机械的安全装置和防护装置是否齐全可靠。

● 运输（输送）机械传动部位安全防护装置是否齐全可靠，是否设置急停开关，启动和停止装置标记是否明显，接地线是否符合要求。

● 金属切削机床的防护罩、盖、栏，防止夹具、卡具松动或脱落的装置，各种限位、连锁、操作手柄是否完好有效；机床电气箱、柜与线路是否符合要求；未加罩旋转部位的楔、销、键是否有凸出；磨床旋转时是否有明显跳动；车床加工超长料时是否有防弯装置；插床是否设置防止运动停止后滑枕自动下落的配重装置；锯床的锯条外露部分是否有防护罩和安全距离隔离。

● 冲、剪、压机械的离合器、制动器、紧急停止按钮是否可靠、灵敏，传动外露部分安全防护装置是否齐全可靠，防伤手安全装置是否可靠有效，专用工具是否符合安全要求。

● 木工机械的限位及连锁装置、旋转部位的防护装置、夹紧或锁紧装置是否灵敏、完好可靠；跑车带锯机是否设置有效的护栏；锯条、锯片、砂轮是否符合规定，安全防护装置是否齐全有效。

● 装配线的输送机械防护罩（网）是否完好，有无变形和破损；翻转机械的锁紧限位装置是否牢固可靠；吊具、风动工具、电动工具是否符合相关要求；运转小车是否定位准确、夹紧牢固，料架（箱、斗）结构合理，放置平稳；过桥的扶手是否稳固，踏脚高度是否合理，平台防滑是否可靠；地沟入口盖板是否完好无变形，沟内清洁有无积水、积油和障碍物。

● 砂轮机的砂轮是否有裂纹和破损，托架安装是否牢固可靠，砂轮机的防护罩是否符合要求；砂轮机运行是否平稳可靠；砂轮磨损量是否超标。

● 电焊机的电源线、焊接电缆与电焊机连接处是否有可靠屏护，保护接地线是否接线正确、连接可靠。

● 注塑机的防护罩、盖、栏是否牢固且与电气连锁；液压管路连接是否可靠，油箱及管路有无漏油；控制系统开关是否齐全完好。

● 手持电动工具是否按规定配备漏电保护装置，绝缘电阻、电源线护管及长度是否符合要求，防护罩、手柄应是否完好，保护接地线是否连接可靠。风动工具的防松脱锁卡防护罩是否完好，气阀、开关是否完好不漏气，气路密封有无泄漏，气管有无老化、腐蚀。

● 移动电器绝缘电阻、电源线是否符合要求，防护罩、屏护盖是否完好无松动，开关是否灵敏可靠且与荷载相匹配。

● 各种电气线路的绝缘、屏护是否良好，导电性能和机械强度是否符合要求，保护装置是否齐全可靠，护套软管绝缘是否良好并与负荷匹配，敷设是否符合要求。

● 涂装作业场所电气设备防爆、通风、涂料存量、消防设施及隔离措施是否符合要求。

● 作业场所的器具、物料是否摆放整齐，车间车行道和人行道是否符合要求，地面平整整洁有无障碍物，坑、壕、池应设置盖板或护栏；采光照明是否符合要求；消防设施是否符合要求。

10.《中华人民共和国消防法》相关要点

2008年10月28日，全国人大常务委员会第五次会议修订通过《中华人民共和国消防法》（中华人民共和国主席令第六号），自2009年5月1日起施行。本法分为七章七十四条，各章内容为：第一章总则，第二章火灾预防，第三章消防组织，第四章灭火救援，第五章监督检查，第六章法律责任，第七章附则。制定本法的目的，是为了预防火灾和减少火灾危害，加强应急救援工作，保护人身、财产安全，维护公共安全。

《消防法》规定，消防工作贯彻预防为主、防消结合的方针，按照政府统一领导、部门依法监管、单位全面负责、公民积极参与的原则，实行消防安全责任制，建立健全社会化的消防工作网络。

任何单位和个人都有维护消防安全、保护消防设施、预防火灾、报告火警的义务。任何单位和成年人都有参加有组织的灭火工作的义务。机关、团体、企业、事业等单位,应当加强对本单位人员的消防宣传教育。

(1) 对火灾预防的有关规定

《消防法》规定,机关、团体、企业、事业等单位应当履行下列消防安全职责:

● 落实消防安全责任制,制定本单位的消防安全制度、消防安全操作规程,制定灭火和应急疏散预案;

● 按照国家标准、行业标准配置消防设施、器材,设置消防安全标志,并定期组织检验、维修,确保完好有效;

● 对建筑消防设施每年至少进行一次全面检测,确保完好有效,检测记录应当完整准确,存档备查;

● 保障疏散通道、安全出口、消防车通道畅通,保证防火防烟分区、防火间距符合消防技术标准;

● 组织防火检查,及时消除火灾隐患;

● 组织进行有针对性的消防演练;

● 法律、法规规定的其他消防安全职责。

消防安全重点单位除应当履行上述职责外,还应当履行下列消防安全职责:

● 确定消防安全管理人,组织实施本单位的消防安全管理工作;

● 建立消防档案,确定消防安全重点部位,设置防火标志,实行严格管理;

● 实行每日防火巡查,并建立巡查记录;

● 对职工进行岗前消防安全培训,定期组织消防安全培训和消防演练。

《消防法》规定,生产、储存、经营易燃易爆危险品的场所不得与居住场所设置在同一建筑物内,并应当与居住场所保持安全距离。生产、储存、经营其他物品的场所与居住场所设置在同一建筑物内的,应当符合国家工程建设消防技术标准。

禁止在具有火灾、爆炸危险的场所吸烟、使用明火。因施工等特殊情况需要使用明火作业的，应当按照规定事先办理审批手续，采取相应的消防安全措施；作业人员应当遵守消防安全规定。进行电焊、气焊等具有火灾危险作业的人员和自动消防系统的操作人员，必须持证上岗，并遵守消防安全操作规程。

生产、储存、装卸易燃易爆危险品的工厂、仓库和专用车站、码头的设置，应当符合消防技术标准。易燃易爆气体和液体的充装站、供应站、调压站，应当设置在符合消防安全要求的位置，并符合防火防爆要求。已经设置的生产、储存、装卸易燃易爆危险品的工厂、仓库和专用车站、码头，易燃易爆气体和液体的充装站、供应站、调压站，不再符合规定要求的，地方人民政府应当组织、协调有关部门、单位限期解决，消除安全隐患。

生产、储存、运输、销售、使用、销毁易燃易爆危险品，必须执行消防技术标准和管理规定。进入生产、储存易燃易爆危险品的场所，必须执行消防安全规定。禁止非法携带易燃易爆危险品进入公共场所或者乘坐公共交通工具。

《消防法》规定，任何单位、个人不得损坏、挪用或者擅自拆除、停用消防设施、器材，不得埋压、圈占、遮挡消火栓或者占用防火间距，不得占用、堵塞、封闭疏散通道、安全出口、消防车通道。人员密集场所的门窗不得设置影响逃生和灭火救援的障碍物。

负责公共消防设施维护管理的单位，应当保持消防供水、消防通信、消防车通道等公共消防设施的完好有效。在修建道路以及停电、停水、截断通信线路时有可能影响消防队灭火救援的，有关单位必须事先通知当地公安机关消防机构。

(2) 对消防组织的有关规定

《消防法》规定，下列单位应当建立单位专职消防队，承担本单位的火灾扑救工作：

● 大型核设施单位、大型发电厂、民用机场、主要港口；

● 生产、储存易燃易爆危险品的大型企业；
● 储备可燃的重要物资的大型仓库、基地；
● 火灾危险性较大、距离公安消防队较远的其他大型企业；
● 距离公安消防队较远、被列为全国重点文物保护单位的古建筑群的管理单位。

机关、团体、企业、事业等单位以及村民委员会、居民委员会根据需要，建立志愿消防队等多种形式的消防组织，开展群众性自防自救工作。

(3) 对灭火救援的有关规定

《消防法》规定，任何人发现火灾都应当立即报警。任何单位、个人都应当无偿为报警提供便利，不得阻拦报警。严禁谎报火警。人员密集场所发生火灾，该场所的现场工作人员应当立即组织、引导在场人员疏散。任何单位发生火灾，必须立即组织力量扑救，邻近单位应当给予支援。

对因参加扑救火灾或者应急救援受伤、致残或者死亡的人员，按照国家有关规定给予医疗、抚恤。

火灾扑灭后，发生火灾的单位和相关人员应当按照公安机关消防机构的要求保护现场，接受事故调查，如实提供与火灾有关的情况。

(4) 对监督检查的有关规定

《消防法》规定，公安机关消防机构应当对机关、团体、企业、事业等单位遵守消防法律、法规的情况依法进行监督检查。公安机关消防机构在消防监督检查中发现火灾隐患的，应当通知有关单位或者个人立即采取措施消除隐患；不及时消除隐患可能严重威胁公共安全的，公安机关消防机构应当依照规定对危险部位或者场所采取临时查封措施。

(5) 对法律责任的有关规定

《消防法》规定，单位违反本法规定，有下列行为之一的，责令改正，处五千元以上五万元以下罚款：

● 消防设施、器材或者消防安全标志的配置、设置不符合国家标准、行业标准，或者未保持完好有效的；

● 损坏、挪用或者擅自拆除、停用消防设施、器材的；

● 占用、堵塞、封闭疏散通道、安全出口或者有其他妨碍安全疏散行为的；

● 埋压、圈占、遮挡消火栓或者占用防火间距的；

● 占用、堵塞、封闭消防车通道，妨碍消防车通行的；

● 人员密集场所在门窗上设置影响逃生和灭火救援的障碍物的；

● 对火灾隐患经公安机关消防机构通知后不及时采取措施消除的。

个人有上述第二项、第三项、第四项、第五项行为之一的，处警告或者五百元以下罚款。

《消防法》规定，生产、储存、经营易燃易爆危险品的场所与居住场所设置在同一建筑物内，或者未与居住场所保持安全距离的，责令停产停业，并处五千元以上五万元以下罚款。生产、储存、经营其他物品的场所与居住场所设置在同一建筑物内，不符合消防技术标准的，依照上述规定处罚。

《消防法》规定，有下列行为之一的，依照《中华人民共和国治安管理处罚法》的规定处罚：

● 违反有关消防技术标准和管理规定生产、储存、运输、销售、使用、销毁易燃易爆危险品的；

● 非法携带易燃易爆危险品进入公共场所或者乘坐公共交通工具的；

● 谎报火警的；

● 阻碍消防车、消防艇执行任务的；

● 阻碍公安机关消防机构的工作人员依法执行职务的。

《消防法》规定，有下列行为之一的，处警告或者五百元以下罚款；情节严重的，处五日以下拘留：

● 违反消防安全规定进入生产、储存易燃易爆危险品场所的；

● 违反规定使用明火作业或者在具有火灾、爆炸危险的场所吸烟、使用明火的。

有下列行为之一，尚不构成犯罪的，处十日以上十五日以下拘留，可以并处五百元以下罚款；情节较轻的，处警告或者五百元以下罚款：

● 指使或者强令他人违反消防安全规定，冒险作业的；

● 过失引起火灾的；

● 在火灾发生后阻拦报警，或者负有报告职责的人员不及时报警的；

● 扰乱火灾现场秩序，或者拒不执行火灾现场指挥员指挥，影响灭火救援的；

● 故意破坏或者伪造火灾现场的；

● 擅自拆封或者使用被公安机关消防机构查封的场所、部位的。

《消防法》规定，人员密集场所发生火灾，该场所的现场工作人员不履行组织、引导在场人员疏散的义务，情节严重，尚不构成犯罪的，处五日以上十日以下拘留。

《消防法》所称公众聚集场所，是指宾馆、饭店、商场、集贸市场、客运车站候车室、客运码头候船厅、民用机场航站楼、体育场馆、会堂以及公共娱乐场所等。人员密集场所，是指公众聚集场所，医院的门诊楼、病房楼，学校的教学楼、图书馆、食堂和集体宿舍，养老院，福利院，托儿所，幼儿园，公共图书馆的阅览室，公共展览馆、博物馆的展示厅，劳动密集型企业的生产加工车间和员工集体宿舍，旅游、宗教活动场所等。

11.《消防监督检查规定》相关要点

2009 年 4 月 30 日，公安部部长办公会议通过修订后的《消防监督检查规定》（公安部令第 107 号），自 2009 年 5 月 1 日起施行。

2004 年 6 月 9 日发布的《消防监督检查规定》（公安部令第 73 号）同时废止。

《消防监督检查规定》分为六章四十条，各章内容为：第一章总则，第二章消防监督检查的形式和内容，第三章消防监督检查的程序，第四章公安派出所日常消防监督检查，第五章执法监督，第六章附则。制定本规定的目的，是依据《中华人民共和国消防法》，为了加强和规范消防监督检查工作，督促机关、团体、企业、事业等单位（以下简称单位）履行消防安全职责。本规定适用于公安机关消防机构和公安派出所依法对单位遵守消防法律、法规情况进行消防监督检查。

（1）对消防监督检查的形式和内容的有关规定

《消防监督检查规定》规定，对单位履行法定消防安全职责情况的监督抽查，应当根据单位的实际情况检查下列内容：

● 建筑物或者场所是否依法通过消防验收或者进行消防竣工验收备案，公众聚集场所是否通过投入使用、营业前的消防安全检查；

● 建筑物或者场所的使用情况是否与消防验收或者进行消防竣工验收备案时确定的使用性质相符；

● 单位消防安全制度、灭火和应急疏散预案是否制定；

● 建筑消防设施是否定期进行全面检测，消防设施、器材和消防安全标志是否定期组织检验、维修，是否完好有效；

● 电气线路、燃气管路是否定期维护保养、检测；

● 疏散通道、安全出口、消防车通道是否畅通，防火分区是否改变，防火间距是否被占用；

● 是否组织防火检查、消防演练和员工消防安全教育培训，自动消防系统操作人员是否持证上岗；

● 生产、储存、经营易燃易爆危险品的场所是否与居住场所设置在同一建筑物内；

● 生产、储存、经营其他物品的场所与居住场所设置在同一建筑物内的，是否符合消防技术标准；

● 其他依法需要检查的内容。

对大型的人员密集场所和其他特殊建设工程的施工工地进行消防监督检查，应当重点检查施工单位履行下列消防安全职责的情况：

● 是否制定施工现场消防安全制度、灭火和应急疏散预案；

● 对电焊、气焊等明火作业是否有相应的消防安全防护措施；

● 是否设置与施工进度相适应的临时消防水源，安装消火栓并配备水带水枪，消防器材是否配备并完好有效；

● 是否设有消防车通道并畅通；

● 是否组织员工进行消防安全教育培训和消防演练；

● 员工集体宿舍是否与施工作业区分开设置，员工集体宿舍是否存在违章用火、用电、用油、用气现象。

（2）对消防监督检查程序的有关规定

《消防监督检查规定》规定，公安机关消防机构在消防监督检查中发现火灾隐患，应当通知有关单位或者个人立即采取措施消除；对具有下列情形之一，不及时消除可能严重威胁公共安全的，应当对危险部位或者场所予以临时查封：

● 疏散通道、安全出口数量不足或者严重堵塞，已不具备安全疏散条件的；

● 建筑消防设施严重损坏，不再具备防火灭火功能的；

● 人员密集场所违反消防安全规定，使用、储存易燃易爆危险品的；

● 公众聚集场所违反消防技术标准，采用易燃、可燃材料装修装饰，可能导致重大人员伤亡的；

● 其他可能严重威胁公共安全的火灾隐患。

临时查封期限不得超过一个月。但逾期未消除火灾隐患的，不受查封期限的限制。

(3) 对公安派出所日常消防监督检查的有关规定

《消防监督检查规定》规定，公安派出所对单位进行日常消防监督检查，应当检查下列内容：

● 建筑物或者场所是否依法通过消防验收或者进行消防竣工验收备案，公众聚集场所是否依法通过投入使用、营业前的消防安全检查；

● 是否制定消防安全制度；

● 是否组织防火检查、消防安全宣传教育培训、灭火和应急疏散演练；

● 消防车通道、疏散通道、安全出口是否畅通，室内消火栓、疏散指示标志、应急照明、灭火器是否完好有效；

● 生产、储存、经营易燃易爆危险品的场所是否与居住场所设置在同一建筑物内。

公安派出所对居民委员会、村民委员会进行日常消防监督检查，应当检查下列内容：

● 消防安全管理人是否确定；

● 消防安全工作制度、村（居）民防火安全公约是否制定；

● 是否开展消防宣传教育、防火安全检查；

● 是否对社区、村庄消防水源（消火栓）、消防车通道、消防器材进行维护管理；

● 是否建立志愿消防队等多种形式的消防组织。

公安派出所民警在日常消防监督检查时，发现被检查单位有下列行为之一的，应当责令依法改正：

● 未制定消防安全制度，未组织防火检查和消防安全教育培训、消防演练的；

● 占用、堵塞、封闭疏散通道、安全出口的；

● 占用、堵塞、封闭消防车通道，妨碍消防车通行的；

● 埋压、圈占、遮挡消火栓或者占用防火间距的；

● 室内消火栓、灭火器、疏散指示标志和应急照明未保持完好有效的；

● 人员密集场所在门窗上设置影响逃生和灭火救援的障碍物的；

● 违反消防安全规定进入生产、储存易燃易爆危险品场所的；

● 违反规定使用明火作业或者在具有火灾、爆炸危险的场所吸烟、使用明火的；

● 生产、储存和经营易燃易爆危险品的场所与居住场所设置在同一建筑物内的；

● 未对建筑消防设施定期进行全面检测的。

公安派出所发现被检查单位的建筑物未依法通过消防验收，或者进行消防竣工验收备案，擅自投入使用的；公众聚集场所未依法通过使用、营业前的消防安全检查，擅自使用、营业的，应当在检查之日起五个工作日内书面移交公安机关消防机构处理。

公安派出所在日常消防监督检查中，发现存在严重威胁公共安全的火灾隐患，应当在责令改正的同时书面报告乡镇人民政府或者街道办事处和公安机关消防机构。

（4）对执法监督的有关规定

《消防监督检查规定》规定，公安机关消防机构应当健全消防监督检查工作制度，建立执法档案，定期进行执法质量考评，落实执法过错责任追究。公安机关消防机构及其工作人员进行消防监督检查，应当自觉接受单位和公民的监督。

（5）对火灾隐患的有关规定

《消防监督检查规定》规定，具有下列情形之一的，应当确定为火灾隐患：

● 影响人员安全疏散或者灭火救援行动，不能立即改正的；

● 消防设施未保持完好有效，影响防火灭火功能的；

● 擅自改变防火分区，容易导致火势蔓延、扩大的；

● 在人员密集场所违反消防安全规定，使用、储存易燃易爆危险品，不能立即改正的；

● 不符合城市消防安全布局要求，影响公共安全的；

● 其他可能增加火灾实质危险性或者危害性的情形。

12.《重大火灾隐患判定方法》相关要点

《重大火灾隐患判定方法》（GA 653—2006）于 2006 年发布，自 2007 年 1 月 1 日起实施。如何判定重大火灾隐患，是消防工作中经常遇到的问题。《重大火灾隐患判定方法》以保护公民人身和公私财产的安全为目标，为公民、法人、其他组织和公安消防机构提供了科学判定重大火灾隐患的方法，也为消防安全评估提供了依据。本标准是依据消防法律法规，在调查研究、总结实践经验、参考和借鉴国内外有关资料、广泛征求意见的基础上制定的。

《重大火灾隐患判定方法》规定了重大火灾隐患的判定原则，提供了重大火灾隐患的判定方法，适用于在用工业与民用建筑（包括人民防空工程）及相关场所因违反或不符合消防法规而形成的重大火灾隐患的判定。

（1）重大火灾隐患直接判定

下列重大火灾隐患可以直接判定：

● 生产、储存和装卸易燃易爆化学物品的工厂、仓库和专用车站、码头、储罐区，未设置在城市的边缘或相对独立的安全地带；

● 甲、乙类厂房设置在建筑的地下、半地下室；

● 甲、乙类厂房、库房或丙类厂房与人员密集场所、住宅或宿舍混合设置在同一建筑内；

● 公共娱乐场所、商店、地下人员密集场所的安全出口、楼梯间的设置形式及数量不符合规定；

● 旅馆、公共娱乐场所、商店、地下人员密集场所未按规定设置自动喷水灭火系统或火灾自动报警系统；

● 易燃可燃液体、可燃气体储罐（区）未按规定设置固定灭火、冷却设施。

(2) 重大火灾隐患的综合判定

1) 总平面布置

● 未按规定设置消防车道或消防车道被堵塞、占用。

● 建筑之间的既有防火间距被占用。

● 城市建成区内的液化石油气加气站、加油加气合建站的储量达到或超过国家标准 GB50156 对一级站的规定。

● 丙类厂房或丙类仓库与集体宿舍混合设置在同一建筑内。

● 托儿所、幼儿园的儿童用房及儿童游乐厅等儿童活动场所，老年人建筑，医院、疗养院的住院部分等与其他建筑合建时，所在楼层位置不符合规定。

● 地下车站的站厅乘客疏散区、站台及疏散通道内设置商业经营活动场所。

2) 防火分隔

● 擅自改变原有防火分区，造成防火分区面积超过规定的50％。

● 防火门、防火卷帘等防火分隔设施损坏的数量超过该防火分区防火分隔设施数量的50％。

● 丙、丁、戊类厂房内有火灾爆炸危险的部位未采取防火防爆措施，或这些措施不能满足防止火灾蔓延的要求。

3) 安全疏散及灭火救援

● 擅自改变建筑内的避难走道、避难间、避难层与其他区域的防火分隔设施，或避难走道、避难间、避难层被占用、堵塞而无法正常使用。

● 建筑物的安全出口数量不符合规定，或被封堵。

● 按规定应设置独立的安全出口、疏散楼梯而未设置。

● 商店营业厅内的疏散距离超过规定距离的25％。

● 高层建筑和地下建筑未按规定设置疏散指示标志、应急照明，或损坏率超过30％；其他建筑未按规定设置疏散指示标志、应急照明，或损坏率超过50％。

● 设有人员密集场所的高层建筑的封闭楼梯间、防烟楼梯间门的损坏率超过 20%，其他建筑的封闭楼梯间、防烟楼梯间门的损坏率超过 50%。

● 民用建筑内疏散走道、疏散楼梯间、前室室内的装修材料燃烧性能低于 B1 级。

● 人员密集场所的疏散走道、楼梯间、疏散门或安全出口设置栅栏、卷帘门。

4）消防给水及灭火设施

● 未按规定设置消防水源。

● 未按规定设置室外消防给水设施，或已设置但不能正常使用。

● 未按规定设置室内消火栓系统，或已设置但不能正常使用。

● 未按规定设置除自动喷水灭火系统外的其他固定灭火设施。

● 已设置的自动喷水灭火系统或其他固定灭火设施不能正常使用或运行。

5）消防电源

● 消防用电设备未按规定采用专用的供电回路。

● 未按规定设置消防用电设备末端自动切换装置，或已设置但不能正常工作。

6）其他

● 违反规定在可燃材料或可燃构件上直接敷设电气线路或安装电气设备。

● 易燃易爆化学物品场所未按规定设置防雷、防静电设施，或防雷、防静电设施失效。

● 易燃易爆化学物品或有粉尘爆炸危险的场所未按规定设置防爆电气设备，或防爆电气设备失效。

● 违反规定在公共场所使用可燃材料装修。

13.《国务院关于加强和改进消防工作的意见》相关要点

2011 年 12 月 30 日，为进一步加强和改进消防工作，国务院下发《国务院关于加强和改进消防工作的意见》(国发〔2011〕46号)。《意见》指出，"十一五"以来，各地区、各有关部门认真贯彻国家有关加强消防工作的部署和要求，坚持预防为主、防消结合，全面落实各项消防安全措施，抗御火灾的整体能力不断提升，火灾形势总体平稳，为服务经济社会发展、保障人民生命财产安全作出了重要贡献。为进一步加强和改进消防工作，现提出以下意见：

(1) **指导思想、基本原则和主要目标**

● 指导思想。以邓小平理论和"三个代表"重要思想为指导，深入贯彻落实科学发展观，认真贯彻《中华人民共和国消防法》等法律法规，坚持政府统一领导、部门依法监管、单位全面负责、公民积极参与，加强和创新消防安全管理，落实责任，强化预防，整治隐患，夯实基础，进一步提升火灾防控和灭火应急救援能力，不断提高公共消防安全水平，有效预防火灾和减少火灾危害，为经济社会发展、人民安居乐业创造良好的消防安全环境。

● 基本原则。坚持政府主导，不断完善社会化消防工作格局；坚持改革创新，努力完善消防安全管理体制机制；坚持综合治理，着力夯实城乡消防安全基础；坚持科技支撑，大力提升防火和灭火应急救援能力；坚持以人为本，切实保障人民群众生命财产安全。

● 主要目标。到2015年，消防工作与经济社会发展基本适应，消防法律法规进一步健全，社会化消防工作格局基本形成，公共消防设施和消防装备建设基本达标，覆盖城乡的灭火应急救援力量体系逐步完善，公民消防安全素质普遍增强，全社会抗御火灾能力明显提升，重特大尤其是群死群伤火灾事故得到有效遏制。

(2) **切实强化火灾预防**

● 加强消防安全源头管控。制定城乡规划要充分考虑消防安全需要，留足消防安全间距，确保消防车通道等符合标准。建立建设工程消防设计、施工质量和消防审核验收终身负责制，建设、设计、施工、监理单位及执业人员和公安消防部门要严格遵守消防法律法规，严禁擅自降低消防安全标准。行政审批部门对涉及消防安全的事项要严格依法审批，凡不符合法定审批条件的，规划、建设、房地产管理部门不得核发建设工程相关许可证照，安全监管部门不得核发相关安全生产许可证照，教育、民政、人力资源和社会保障、卫生、文化、文物、人防等部门不得批准开办学校、幼儿园、托儿所、社会福利机构、人力资源市场、医院、博物馆和公共娱乐场所等。对不符合消防安全条件的宾馆、景区，在限期改正、消除隐患之前，旅游部门不得评定为星级宾馆、A级景区。对生产、经营假冒伪劣消防产品的，质检部门要依法取消其相关产品市场准入资格，工商部门要依照消防法和产品质量法吊销其营业执照；对使用不合格消防产品的，公安消防部门要依法查处。

● 强化火灾隐患排查整治。要建立常态化火灾隐患排查整治机制，组织开展人员密集场所、易燃易爆单位、城乡结合部、城市老街区、集生产储存居住为一体的"三合一"场所、"城中村""棚户区"、出租屋、连片村寨等薄弱环节的消防安全治理，对存在影响公共消防安全的区域性火灾隐患的，当地政府要制定并组织实施整治工作规划，及时督促消除火灾隐患；对存在严重威胁公共消防安全隐患的单位和场所，要督促采取改造、搬迁、停产、停用等措施加以整改。要严格落实重大火灾隐患立案销案、专家论证、挂牌督办和公告制度，当地人民政府接到报请挂牌督办、停产停业整改报告后，要在7日内作出决定，并督促整改。要建立完善火灾隐患举报、投诉制度，及时查处受理的火灾隐患。

● 严格火灾高危单位消防安全管理。对容易造成群死群伤火灾的人员密集场所，生产、储存易燃易爆危险品的单位和场所，以及高层、地下公共建筑等高危单位，要实施更加严格的消防安全监管，督促其按要求配备急救和防护用品，落实人防、物防、技防措施，提高自防自救能力。要建立火灾高危单位消防安全评估制度，由具有资质的机构定期开展评估，评估结果向社会公开，作为单位信用评级的重要参考依据。火灾高危单位应当参加火灾公众责任保险。省级人民政府要制定火灾高危单位消防安全管理规定，明确界定范围、消防安全标准和监管措施。

● 严格建筑工地、建筑材料消防安全管理。要依法加强对建设工程施工现场的消防安全检查，督促施工单位落实用火用电等消防安全措施，公共建筑在营业、使用期间不得进行外保温材料施工作业，居住建筑进行节能改造作业期间应撤离居住人员，并设消防安全巡逻人员，严格分离用火用焊作业与保温施工作业，严禁在施工建筑内安排人员住宿。新建、改建、扩建工程的外保温材料一律不得使用易燃材料，严格限制使用可燃材料。住房和城乡建设部要会同有关部门，抓紧修订相关标准规范，加快研发和推广具有良好防火性能的新型建筑保温材料，采取严格的管理措施和有效的技术措施，提高建筑外保温材料系统的防火性能，减少火灾隐患。建筑室内装饰装修材料必须符合国家、行业标准和消防安全要求。相关部门要尽快研究提高建筑材料性能，建立淘汰机制，将部分易燃、有毒及职业危害严重的建筑材料纳入淘汰范围。

● 加强消防宣传教育培训。要认真落实《全民消防安全宣传教育纲要（2011—2015）》，多形式、多渠道地开展以"全民消防、生命至上"为主题的消防宣传教育，不断深化消防宣传进学校、进社区、进企业、进农村、进家庭工作，大力普及消防安全知识。注意加强对老人、妇女和儿童的消防安全教育。要重视发挥继续教育的作用，将消防法律法规和消防知识纳入党政领导干部及公务员培训、职业培训、科普和普法教育、义务教育内容。报刊、广播、电视、网络等新闻媒体要积极开展消防安全宣传，安排专门时段、版块刊播消防公益广告。中小学要在相关课程中落实好消防教育，每年开展不少于 1 次的全员应急疏散演练。居（村）委会和物业服务企业每年至少组织居民开展一次灭火应急疏散演练。充分依托公安消防专业院校加强人才培养。国家鼓励高等学校开设与消防工程、消防管理相关的专业和课程，支持社会力量开展消防培训，积极培养社会消防专业人才。要加强对单位消防安全责任人、消防安全管理人、消防控制室操作人员和消防设计、施工、监理人员及保安、电（气）焊工、消防技术服务机构从业人员的消防安全培训。

（3）着力夯实消防工作基础

● 完善消防法律法规体系。要及时制定消防法实施条例，完善消防产品质量监督和市场准入、社会消防技术服务、建设工程消防监督审核和消防监督检查等方面的制度、法规和技术标准规范。有立法权的地方要针对本地消防安全突出问题，及时制定、完善地方性法规、地方政府规章和技术标准。直辖市、省会市、副省级市和其他大城市要从建设工程防火设计、公共消防设施建设、隐患排查整治、灭火救援等方面制定并执行更加严格的消防安全标准。

● 加强公共消防设施建设。要科学编制和严格落实城乡消防规划，对没有消防规划内容的城乡规划不得批准实施。要合理布设生产、储存易燃易爆危险品的单位和场所，确保城乡消防安全布局符合要求，消防站、消防供水、消防通信、消防车通道等公共消防设施建设要与城乡基础设施建设同步发展，确保符合国家标准。负责公共消防设施维护管理的部门和单位要加强公共消防设施维护保养，保证其能够正常使用。商业步行街、集贸市场等公共场所和住宅区，要保证消防车通道畅通。任何单位和个人不得埋压、圈占、损坏公共消防设施，不得挪用、挤占公共消防设施建设用地。

● 大力发展多种形式的消防队伍。要逐步加强现役消防力量建设，加强消防业务技术骨干力量建设。要按照国家有关规定，大力发展政府专职消防队、企业事业单位专职消防队和志愿消防队。多种形式的消防队伍要配备必要的装备器材，开展相应的业务训练，不断提升战斗力。继续探索发展和规范消防执法辅助队伍。要确保非现役消防员工资待遇与当地经济社会发展和所从事的高危险职业相适应，将非现役消防员按规定纳入当地社会保险体系；对因公伤亡的非现役消防员，要按照国家有关规定落实各项工伤保险待遇，参照有关规定评功、评烈。省级人民政府要制定专职消防队伍管理办法，明确建队范围、建设标准、用工性质、车辆管理、经费保障和优惠政策。

● 规范消防技术服务机构及从业人员管理。要制定消防技术服务机构管理规定，严格消防技术服务机构资质、资格审批，规范发展消防设施检测、维护保养和消防安全评估、咨询、监测等消防技术服务机构，督促消防技术服务机构规范服务行为，不断提升服务质量和水平。消防技术服务机构及从业人员违法违规、弄虚作假的要依法依规追究责任，并降低或取消相关资质、资格。要加强消防行业特有工种职业技能鉴定工作，完善消防从业人员职业资格制度，探索建立行政许可类消防专业人员职业资格制度，推进社会消防从业人员职业化建设。

● 提升灭火应急救援能力。县级以上地方人民政府要依托公安消防队伍及其他优势专业应急救援队伍加强综合性应急救援队伍建设，建立健全灭火应急救援指挥平台和社会联动机制，完善灭火应急救援预案，强化灭火应急救援演练，提高应急处置水平。公安消防部门要加强对高层建筑、石油化工等特殊火灾扑救和地震等灾害应急救援的技战术研究和应用，强化各级指战员专业训练，加强执勤备战，不断提高快速反应、攻坚作战能力。要加强消防训练基地和消防特勤力量建设，优化消防装备结构，配齐灭火应急救援常规装备和特种装备，探索使用直升机进行应急救援。要加强灭火应急救援装备和物资储备，建立平战结合、遂行保障的战勤保障体系。

（4）全面落实消防安全责任

● 全面落实消防安全主体责任。机关、团体、企业事业单位法定代表人是本单位消防安全第一责任人。各单位要依法履行职责，保障必要的消防投入，切实提高检查消除火灾隐患、组织扑救初起火灾、组织人员疏散逃生和消防宣传教育培训的能力。要建立消防安全自我评估机制，消防安全重点单位每季度、其他单位每半年自行或委托有资质的机构对本单位进行一次消防安全检查评估，做到安全自查、隐患自除、责任自负。要建立建筑消防设施日常维护保养制度，每年至少进行一次全面检测，确保消防设施完好有效。要严格落实消防控制室管理和应急程序规定，消防控制室操作人员必须持证上岗。

　●依法履行管理和监督职责。坚持谁主管、谁负责，各部门、各单位在各自职责范围内依法做好消防工作。建设、商务、文化、教育、卫生、民政、文物等部门要切实加强建筑工地、宾馆、饭店、商场、市场、学校、医院、公共娱乐场所、社会福利机构、烈士纪念设施、旅游景区（点）、博物馆、文物保护单位等消防安全管理，建立健全消防安全制度，严格落实各项消防安全措施。安全监管、工商、质检、交通运输、铁路、公安等部门要加强危险化学品和烟花爆竹、压力容器的安全监管，依法严厉打击违法违规生产、运输、经营、燃放烟花爆竹的行为。环境保护等部门要加强核电厂消防安全检查，落实火灾防控措施。

　●各单位因消防安全责任不落实、火灾防控措施不到位，发生人员伤亡火灾事故的，要依法依纪追究有关人员的责任；发生重大火灾事故的，要依法依纪追究单位负责人、实际控制人、上级单位主要负责人和当地政府及有关部门负责人的责任；发生特别重大火灾事故的，要根据情节轻重，追究地市级分管领导或主要领导的责任；后果特别严重、影响特别恶劣的，要按照规定追究省部级相关领导的责任。

14.《危险化学品重大危险源监督管理暂行规定》相关要点

　2011 年 7 月 22 日，国家安全生产监督管理总局局长办公会议审议通过《危险化学品重大危险源监督管理暂行规定》（国家安全生产监督管理总局令第 40 号），自 2011 年 12 月 1 日起施行。

　《危险化学品重大危险源监督管理暂行规定》分为六章三十六

条，各章内容为：第一章总则，第二章辨识与评估，第三章安全管理，第四章监督检查，第五章法律责任，第六章附则。制定本规定的目的，是根据《中华人民共和国安全生产法》和《危险化学品安全管理条例》等有关法律、行政法规，为了加强危险化学品重大危险源的安全监督管理，防止和减少危险化学品事故的发生，保障人民群众生命财产安全。

(1) 总则中有关原则问题的规定

在第一章总则中，对相关原则问题作了规定。

本规定适用于从事危险化学品生产、储存、使用和经营的单位（以下统称危险化学品单位）的危险化学品重大危险源的辨识、评估、登记建档、备案、核销及其监督管理。

本规定所称危险化学品重大危险源（以下简称重大危险源），是指按照《危险化学品重大危险源辨识》（GB18218）标准辨识确定，生产、储存、使用或者搬运危险化学品的数量等于或者超过临界量的单元（包括场所和设施）。

危险化学品单位是本单位重大危险源安全管理的责任主体，其主要负责人对本单位的重大危险源安全管理工作负责，并保证重大危险源安全生产所必需的安全投入。

重大危险源的安全监督管理实行属地监管与分级管理相结合的原则。县级以上地方人民政府安全生产监督管理部门按照有关法律法规、标准和本规定，对本辖区内的重大危险源实施安全监督管理。

(2) 有关辨识与评估的相关规定

在第二章辨识与评估中，对相关事项作了规定。

危险化学品单位应当按照《危险化学品重大危险源辨识》标准，对本单位的危险化学品生产、经营、储存和使用装置、设施或者场所进行重大危险源辨识，并记录辨识过程与结果。

危险化学品单位应当对重大危险源进行安全评估并确定重大危险源等级。重大危险源根据其危险程度，分为一级、二级、三级和四级，一级为最高级别。重大危险源分级方法由本规定附件 1 列示（略）。

重大危险源有下列情形之一的，应当委托具有相应资质的安全评价机构，按照有关标准的规定采用定量风险评价方法进行安全评估，确定个人和社会风险值：

● 构成一级或者二级重大危险源，且毒性气体实际存在（在线）量与其在《危险化学品重大危险源辨识》中规定的临界量比值之和大于或等于 1 的；

● 构成一级重大危险源，且爆炸品或液化易燃气体实际存在（在线）量与其在《危险化学品重大危险源辨识》中规定的临界量比值之和大于或等于 1 的。

重大危险源安全评估报告应当客观公正、数据准确、内容完整、结论明确、措施可行，并包括下列内容：

● 评估的主要依据；

● 重大危险源的基本情况；

● 事故发生的可能性及危害程度；

● 个人风险和社会风险值（仅适用定量风险评价方法）；

● 可能受事故影响的周边场所、人员情况；

● 重大危险源辨识、分级的符合性分析；

● 安全管理措施、安全技术和监控措施；

● 事故应急措施；

● 评估结论与建议。

（3）有关安全管理的规定

在第三章安全管理中，对相关事项作了规定。

危险化学品单位应当建立完善重大危险源安全管理规章制度和安全操作规程，并采取有效措施保证其得到执行。

危险化学品单位应当根据构成重大危险源的危险化学品种类、数量、生产、使用工艺（方式）或者相关设备、设施等实际情况，按照下列要求建立健全安全监测监控体系，完善控制措施：

● 重大危险源配备温度、压力、液位、流量、组分等信息的不间断采集和监测系统以及可燃气体和有毒有害气体泄漏检测报警装置，并具备信息远传、连续记录、事故预警、信息存储等功能；一级或者二级重大危险源，具备紧急停车功能。记录的电子数据的保存时间不少于 30 天。

● 重大危险源的化工生产装置装备满足安全生产要求的自动化控制系统；一级或者二级重大危险源，装备紧急停车系统。

● 对重大危险源中的毒性气体、剧毒液体和易燃气体等重点设施，设置紧急切断装置；毒性气体的设施，设置泄漏物紧急处置装置。涉及毒性气体、液化气体、剧毒液体的一级或者二级重大危险源，配备独立的安全仪表系统（SIS）。

● 重大危险源中储存剧毒物质的场所或者设施，设置视频监控系统。

● 安全监测监控系统符合国家标准或者行业标准的规定。

通过定量风险评价确定的重大危险源的个人和社会风险值，不得超过本规定附件 2（略）列示的个人和社会可容许风险限值标准。超过个人和社会可容许风险限值标准的，危险化学品单位应当采取相应的降低风险措施。

危险化学品单位应当按照国家有关规定，定期对重大危险源的安全设施和安全监测监控系统进行检测、检验，并进行经常性维护、保养，保证重大危险源的安全设施和安全监测监控系统有效、可靠运行。维护、保养、检测应当做好记录，并由有关人员签字。

危险化学品单位应当明确重大危险源中关键装置、重点部位的责任人或者责任机构，并对重大危险源的安全生产状况进行定期检查，及时采取措施消除事故隐患。事故隐患难以立即排除的，应当及时制订治理方案，落实整改措施、责任、资金、时限和预案。

危险化学品单位应当对重大危险源的管理和操作岗位人员进行

安全操作技能培训，使其了解重大危险源的危险特性，熟悉重大危险源安全管理规章制度和安全操作规程，掌握本岗位的安全操作技能和应急措施。

危险化学品单位应当在重大危险源所在场所设置明显的安全警示标志，写明紧急情况下的应急处置办法。

危险化学品单位应当将重大危险源可能发生的事故后果和应急措施等信息，以适当方式告知可能受影响的单位、区域及人员。

危险化学品单位应当依法制定重大危险源事故应急预案，建立应急救援组织或者配备应急救援人员，配备必要的防护装备及应急救援器材、设备、物资，并保障其完好和方便使用；配合地方人民政府安全生产监督管理部门制定所在地区涉及本单位的危险化学品事故应急预案。

危险化学品单位应当对辨识确认的重大危险源及时、逐项进行登记建档。重大危险源档案应当包括下列文件、资料：

● 辨识、分级记录；
● 重大危险源基本特征表；
● 涉及的所有化学品安全技术说明书；
● 区域位置图、平面布置图、工艺流程图和主要设备一览表；
● 重大危险源安全管理规章制度及安全操作规程；
● 安全监测监控系统、措施说明、检测、检验结果；
● 重大危险源事故应急预案、评审意见、演练计划和评估报告；
● 安全评估报告或者安全评价报告；
● 重大危险源关键装置、重点部位的责任人、责任机构名称；
● 重大危险源场所安全警示标志的设置情况；
● 其他文件、资料。

（4）有关监督检查和法律责任的规定

在第四章监督检查和第五章法律责任中，对相关事项作了规定。县级人民政府安全生产监督管理部门应当建立健全危险化学品重大危险源管理制度，明确责任人员，加强资料归档。

县级以上地方各级人民政府安全生产监督管理部门应当加强对存在重大危险源的危险化学品单位的监督检查，督促危险化学品单位做好重大危险源的辨识、安全评估及分级、登记建档、备案、监测监控、事故应急预案编制、核销和安全管理工作。

安全生产监督管理部门在监督检查中发现重大危险源存在事故隐患的，应当责令立即排除；重大事故隐患排除前或者排除过程中无法保证安全的，应当责令从危险区域内撤出作业人员，责令暂时停产停业或者停止使用；重大事故隐患排除后，经安全生产监督管理部门审查同意，方可恢复生产经营和使用。

危险化学品单位有下列行为之一的，由县级以上人民政府安全生产监督管理部门责令限期改正；逾期未改正的，责令停产停业整顿，可以并处2万元以上10万元以下的罚款：

● 未按照本规定要求对重大危险源进行安全评估或者安全评价的；

● 未按照本规定要求对重大危险源进行登记建档的；

● 未按照本规定及相关标准要求对重大危险源进行安全监测监控的；

● 未制定重大危险源事故应急预案的。

危险化学品单位有下列行为之一的，由县级以上人民政府安全生产监督管理部门责令限期改正；逾期未改正的，责令停产停业整顿，并处5万元以下的罚款：

● 未在构成重大危险源的场所设置明显的安全警示标志的；

● 未对重大危险源中的设备、设施等进行定期检测、检验的。

危险化学品单位有下列情形之一的，由县级以上人民政府安全生产监督管理部门给予警告，可以并处5 000元以上3万元以下的罚款：

● 未按照标准对重大危险源进行辨识的；

● 未按照本规定明确重大危险源中关键装置、重点部位的责任人或者责任机构的；

● 未按照本规定建立应急救援组织或者配备应急救援人员，以及配备必要的防护装备及器材、设备、物资，并保障其完好的；

● 未按照本规定进行重大危险源备案或者核销的；

● 未将重大危险源可能引发的事故后果、应急措施等信息告知可能受影响的单位、区域及人员的；

● 未按照本规定要求开展重大危险源事故应急预案演练的；

● 未按照本规定对重大危险源的安全生产状况进行定期检查，采取措施消除事故隐患的。

企业开展事故隐患排查工作相关政策法规评述

《安全生产"十二五"规划》所确定的重要任务之一，就是建立事故隐患排查治理体系，这是落实和完善安全生产制度，严格安全生产标准，提高企业安全水平和事故防范能力的必经之路。

企业事故隐患排查治理工作，总的讲就是要以党中央、国务院关于加强安全生产工作的重大决策部署和重要指示精神为指导，坚持科学发展、安全发展，贯彻落实"安全第一、预防为主、综合治理"的方针，突出治大隐患、防大事故，以建立健全安全隐患排查治理体系为抓手，加强领导、落实责任，健全制度、完善机制，统筹兼顾、有机结合，深入开展隐患排查治理攻坚战，努力建立长效治理机制。

事故隐患排查治理工作的内容主要包括：

(1) 加强领导，形成合力，强力推进隐患排查治理工作

企业要认真学习贯彻党中央、国务院关于加强安全生产工作的重大决策部署和重要指示精神，切实加强对隐患排查治理和安全生产工作的组织领导；要在对本企业一个时期来隐患排查治理工作进行回顾总结的基础上，针对目前存在的薄弱环节，突出重点行业领域和重大隐患问题，研究制订深化排查治理的具体工作方案，并认真贯彻实施；要充分发挥企业安全管理部门的组织、协调和指导作用，充分调动企业员工的积极性，形成"各司其职，各尽其能，齐抓共管"的工作局面，实现隐患排查治理无缝化管理；要加强监督检查，确保隐患排查治理工作有部署、有检查、有实效。

(2) 着眼于排查隐患，在有效防范事故上见到切实的成效

隐患客观上是有大小和轻重、缓急之分的。在排查治理工作中，必须牢牢盯住那些可能引发重特大事故的重大隐患，下决心进行治理。要深刻吸取本行业、本企业事故教训，进一步加大煤矿瓦斯与水害、危险化学品管道和道路运输、冶金企业铁水装置和煤气管道、易燃品仓储等方面的隐患排查治理。存在重大隐患的，要立即采取整改措施，包括停产停业停运、限期整改；规定期限内不能整改到位的，要依法予以关闭。对因隐患排查治理工作不力而引发事故的，要依法按高限查处，严肃追究有关人员的责任。

(3) 学习先进经验，加快建立健全隐患排查治理体系

按照国家安全生产监督管理总局的初步设想，通过大力推广北京市顺义区等地的经验，争取用2～3年时间，在全国各地基本建立起先进适用的安全隐患排查治理体系，促进隐患排查治理和事故防范工作的科学化、制度化和规范化，把预防为主、综合治理真正落到实处。隐患排查治理体系建设也要坚持抓基层、打基础，从企业这个安全生产责任主体和安全生产基础单元抓起，先把企业内部的隐患排查治理信息系统建立起来，然后逐级扩大联网，扩大覆盖面，最终形成地区范围内健全完善的排查治理体系。排查治理隐患是企业的职责和本分，各类企业尤其是中央企业、省（市）属企业，要做安全生产的表率，加大安全投入，率先把企业内部隐患排查治理系统建立起来，接受政府和相关部门的监管监控。

(4) 加强制度建设，构建隐患排查治理的长效机制

要抓住修订《安全生产法》的重大契机，争取把近年来在隐患排查治理方面的成功经验、有效做法和得力措施，上升为由国家意

志力强制实行的安全生产法律规范。各地区、各单位要在严格执行
已经建立的重大隐患公示、挂牌督办、跟踪治理、效果评价和整改
销号等制度的同时，结合建立健全隐患排查治理体系，进一步建立
完善相关规章制度，把隐患排查、登记、检测监控、挂牌督办、整
改、评价、销号、上报、统计、检查和考核等工作，全部纳入严格
健全的制度规范。要加强对隐患排查治理制度执行情况的监督检查，
增强制度的执行力、约束力和公信力。要以贯彻落实《安全生产
"十二五"规划》为契机，推动各地将隐患排查治理以及体系建设纳
入地方安全生产规划布局，明确隐患排查治理政策措施、重点项目、
资金渠道等，从规划上保障这方面工作的顺利开展。

（5）坚持统筹兼顾，搞好"五个结合"

安全隐患排查治理是安全生产工作的有机组成部分，必须统筹
兼顾，共同促进，共同提高。一是与深入开展"打非"专项行动紧
密结合起来。把非法违法生产经营建设行为作为当前最严重的安全
隐患，加大打击和治理力度，坚决扭转非法违法生产经营建设造成
事故多发的严重态势。二是与深化重点行业领域安全专项整治紧密
结合起来。把严重影响安全生产、有可能引发重特大事故的隐患和
问题作为行业领域专项整治的重点，紧紧抓住不放，务必落实整治
措施。三是与企业安全生产标准化建设紧密结合起来。隐患排查治
理是企业安全生产标准化建设的重要基础。要通过建立健全隐患排
查治理体系，进一步规范企业安全生产行为，推动企业达标创优。
四是与组织实施《安全生产"十二五"规划》，加强安全监管监察能
力建设和安全生产信息化建设紧密结合起来。要把安全隐患排查治
理体系建设作为安全生产信息化建设的重要内容，推进"金安"二
期工程的建设和应用，引导地方、部门、企业加大投入，通过信息
化建设为安全隐患排查治理体系提供重要的技术支撑。"金安"信息
化工程建设必须立足于用，切实用在隐患排查治理、重大危险源监
控、抢险救援和应急处置等关键环节上。五是与加强安监队伍建设

紧密结合起来。通过狠抓隐患排查治理，推动各级安全监管机构和广大安监人员进一步转变作风、真抓实干，关口前移、重心下移，寓监管于服务之中，及时发现隐患、解决问题，更加扎实有效地推动安全生产工作。

二、企业开展事故隐患排查工作的
做法与经验

事故源于隐患，隐患是滋生事故的土壤和温床。对于企业来讲，必须要提高思想认识，切实增强排查治理事故隐患的自觉性和主动性。一是要从贯彻落实"安全第一、预防为主、综合治理"方针的高度，充分认识做好隐患排查治理工作的重要性。坚持预防为主、综合治理，就是要主动排查、综合采取各种有效手段，治理各类隐患和问题，把事故消灭在萌芽状态。从这个意义上说，排查治理隐患是落实安全生产方针的最基本任务和最有效途径。二是要从防范遏制重特大事故的现实需要，充分认识做好隐患排查治理工作的重要性。重特大事故造成的生命财产损失惨重，社会影响恶劣。有效防范、坚决遏制重特大事故发生，是现阶段安全生产工作最紧要、最迫切的任务。重特大事故往往是安全隐患长期存在、最终发作的结果。要防范、遏制重特大事故，必须及时发现各类事故隐患，按照相关规定的要求，投入资金，认真治理切实抓紧抓好。

（一）冶金与有色金属企业开展事故隐患排查工作的做法与经验

1. 成都钢钒公司应用墨菲定律进行事故隐患排查的做法

攀钢集团成都钢钒有限公司是由原攀钢集团成都无缝钢管公司与原成都钢铁厂于 2002 年 5 月联合重组设立的钢铁联合企业，经营范围包括无缝钢管、棒线材等冶金产品的生产、销售，冶金设备设计制造等业务，目前具备年产铁 150 万 t、钢 180 万 t、钢材 212 万 t 的生产能力，是国内品种规格齐全、生产规模较大的无缝钢管生产企业和西南地区建筑钢材骨干生产企业之一。

近几年来，成都钢钒有限公司按照攀钢集团公司的要求，积极开展隐患排查治理工作，并在隐患排查治理工作中应用墨菲定律，始终坚持"隐患不除，安全不保"的理念，全面深入排查治理隐患，做到了早发现早排除，建立了以落实岗位隐患排查治理责任制为核心的常态化管理模式，持续提升了公司安全生产管理水平，使安全生产走上了良性发展之路。

成都钢钒公司应用墨菲定律进行事故隐患排查的做法主要是：

(1) 制订隐患排查治理方案，有序开展隐患排查工作

墨菲定律告诉我们，只要有隐患存在，就一定会发生事故。换言之，隐患不除，安全不保。这是公司开展隐患排查治理工作的理论依据。

根据国家有关法律法规的规定和集团公司的要求，按照公司制订的隐患排查治理工作方案，并结合公司安全生产实际和隐患排查治理工作的要求，同时也为日常化的隐患排查治理工作建立程序化的管理平台，公司制定了隐患排查治理程序。

公司通过所制订的隐患排查治理方案，排查治理了一些老旧隐患，其间还消除了个别重大隐患。例如，公司于 2008 年年初投产的 70 t 电炉的 220 KVA 站的 3 根电线杆、职工食堂和澡堂与成都华明玻璃纸股份公司的二硫化碳〔有毒物质，被列入《重大危险源辨识》(GB18218)〕储库和克劳斯装置间（早于 2008 年前建成）因安全距离不足造成了重大隐患，被列入 2008 年四川省政府第二批限期整改的重大隐患项目。这是一起非常典型的因规划设计不当而造成的重大隐患。

在成都市安监局的主持下，公司主管部门牵头，多次协调、组织有关部门会同成都市电业主管部门、成都电力工程设计有限公司和成都华明玻璃纸股份公司，按照市安监局和专家组确定的隐患整改方案，历时 4 个月、投入资金 510 余万元，对安全距离不符合规范要求的 3 根电线杆进行了移位处理，搬迁了职工食堂和澡堂以及成都华明玻璃纸股份公司的克劳斯装置，安全转移了二硫化碳储库，通过了市、区安监部门和专家组的验收，成功消除了这一重大隐患。

(2) 应用墨菲定律，指导企业隐患排查治理

众所周知，事故隐患是指作业场所、设备及设施的不安全状态、人的不安全行为和管理上的缺陷，可能导致人身伤害或者经济损失的潜在危险，是引发生产安全事故的直接原因。因而事故隐患实质上是有危险的、不安全的、有缺陷的"状态"。

在应用墨菲定律指导公司隐患排查治理工作中，获得了以下启示：

● 大量研究表明，造成人的不安全行为和物的不安全状态的主要原因有技术原因、教育原因、管理原因、身体原因和态度原因等。墨菲定律认为，针对这些原因，宜采取 5 类对策措施：安全文化、安全法制、安全责任、安全投入、安全科技，即安全生产"五要素"。这样才能有效地控制、消除隐患，进而减少并预防事故发生，从而实现安全生产。

● 古人云：千里之堤，毁于蚁穴。大量事故统计表明，事故的发生不仅有必然性和偶然性存在，而且还存在事故隐患的量积累到一定程度时事故必然发生的现象，隐患与事故间的关系符合辩证法中量变与质变规律。墨菲定律认为，要把隐患当成事故一样认真处理，只有消除了隐患，事故才能根除，工作环境才能保证安全。

● 事故预防技术认为，事故是由隐患造成的，事后控制不如事中控制，事中控制不如事前控制。而事前控制的核心就是消除事故隐患。墨菲定律认为，从安全系统的角度讲，对事故隐患的控制，可以采取三种防治对策，即工程技术对策、教育培训对策和法制经济对策，即"3E 原则"。只有消除了事故隐患，才能实现安全和可持续发展。

● 应该认识到，抓经济建设是政绩，抓安全生产同样也是政绩。安全经济学的基本定量规律显示，1 元钱的事前预防等于 5 元钱的事后投资，也就是说，预防性"投入产出比"的效率远远高于事故

"整改产出比"。墨菲定律认为，从安全经济学的角度讲，设计（策划）时考虑 1 分的安全性，相当于加工和制造（实施）时的 10 分安全性效果，而能达到运行时的 1 000 分安全性效果。这也体现了抓隐患源头治理、抓关口前移的安全理念。

● 墨菲定律认为，隐患是可知的，那么事故就是可以预测、预防和预控的，而起到关键性作用的是人。因为隐患是客观存在的，排查治理隐患是人的主观行为。隐患排查治理越全面越彻底，事故发生的可能性就越小，这与人的主观能动性有直接关系。所以，事故可控成败的关键在于人，人是安全管理工作的核心，有效激励员工长期参与隐患排查治理工作的积极性，是墨菲定律发挥作用的关键所在。

（3）持续开展隐患排查治理，取得显著成效

成都钢钒公司在生产过程中，始终坚持"落实责任，防范事故，治理隐患，安全发展"的隐患排查治理总要求，根据隐患排查治理程序和方法，持续开展隐患排查治理和应急防范工作，按照隐患排查治理"四定"和"四不推"原则，做到了不走形式、不留盲区、不留死角、全面整改，杜绝了重大事故的发生，生产安全事故持续下降，安全生产形势逐年好转，并取得了以下主要绩效：

● 自 2007 年以来，每年均完成了隐患排查治理工作，实现了安全生产工作目标，生产安全事故连年下降，安全生产呈良性发展态势。尤其是 2009 年，仅轻伤 3 人次，取得了公司自成立以来最好的安全生产业绩。

● 生产作业现场标准化管理水平持续提高，安全文明、和谐有序的适宜工作环境初步建成。自 2007 年以来，公司先后有 340 连轧管厂、棒材厂、电炉炼钢厂、159 连轧管厂、508 周期轧管厂、铁路运输部、金堂分公司、四川省冶金机械厂、三利公司和动力厂等单位成为公司定置管理示范单位。其中，340 连轧管厂和 159 连轧管厂成为当地政府和攀钢集团公司推出的工业旅游项目，并成功举办了

攀钢集团公司生产现场规范化管理经验交流会，受到了当地政府和攀钢集团公司的高度评价。

● 员工参与隐患排查治理工作的积极性持续高涨，安全自主管理意识、危机意识、责任意识和应对突发事件的能力不断增强。在"汶川"特大地震灾害面前，公司员工沉着应对，严格按照事故应急预案和程序的要求，有序应对地质灾害。在整个抗震救灾过程中，公司仅发生了 5 人次轻伤事故，未发生重大生产和设备事故。自开展隐患排查治理工作以来，公司治理隐患 3 567 项，奖励有功人员 35 人次，计 3 万余元。

● 安全管理制度体系不断完善，安全培训和贯章贯制力度不断加大，员工安全意识和安全技能不断提升。根据隐患排查治理的要求，公司建立健全了安全生产组织体系、制度体系、责任体系、风险控制体系、教育培训体系、监督保证体系、应急管理体系、重大隐患监控体系等，分层次、全覆盖地开展了全员安全生产教育培训工作，按月开展安全生产贯章贯制情况专项（跟踪）检查和总结工作，形成了强大的安全生产合力，持续有效地提升了公司安全生产保障能力。

● 建立健全了以"一岗双责"为核心的事故隐患排查治理责任制，按照"检查不留死角，整改不留余地，处罚不留情面"的要求，创造了"零隐患"安全管理模式。

任何事故的发生都不是偶然的，有其固有的必然性和内在的规律性。应用墨菲定律，通过持续开展事故隐患排查治理工作，采取动态管理与防控，将事故隐患排查治理固化为日常安全管理工作内容。只有事故隐患排除了，生产才会有实实在在的安全保障。（吴宁、卓红）

2. 柳钢公司采取危险源分级管理完善隐患排查治理的做法

广西柳州钢铁（集团）公司自 1958 年创建以来，现已发展成为拥有资产总额超过 220 亿元的国有特大型钢铁联合企业，铁、钢、材均具备 600 万 t 的年综合生产能力，拥有焦化、烧结、球团、炼铁、炼钢、轧钢等 12 个主体生产厂和相应的辅助配套设施，形成了以钢铁为主，包括工程设计、建筑安装、机械制造、汽车运输等产业的（集团）公司。现有在岗职工 1.4 万人，各类专业技术人员 3 000 余人。

柳钢公司在安全生产管理上，认真贯彻落实"安全第一，预防为主，综合治理"的方针，严格执行《安全生产法》等法律法规，完善各项安全管理制度，加大安全投入，采取危险源分级管理的方式，加强安全检查和隐患排查治理，把安全生产责任落到实处，安全状况基本稳定，连续几年事故总量呈降低趋势，对安全生产管理起到了很好的推动作用。

柳钢公司采取危险源分级管理完善隐患排查治理的做法主要是：

（1）实施危险源分级管理，夯实安全生产基础工作

柳钢公司根据实施职业健康安全管理体系的要求，对危险源进行辨识、评价，在此基础上确定危险源级别，从而制定有针对性的风险控制措施。这是确保职工在劳动过程中的健康与安全，避免各类事故发生的有效手段，也是抓好安全生产管理的最关键要素之一。

公司把确定危险源分级管理作为安全生产管理的基础管理措施，具体做法如下：

● 明确管理职责。由公司生产安全部组织实施危险源分级管理工作，公司各职能部门负责涉及本专业的重要危害因素的审核及检查，各单位负责人对本单位的危险源管理负全面领导责任，各单位负责实施本单位内的危险源辨识、风险评价和风险控制。

● 确定危险源辨识的范围。危险源辨识的范围包括各单位生产场所、设备、设施及其作业活动，还包括风险因素的三种状态（正常、异常和紧急）、三个时态（过去、现在、将来）。

● 确定危险源辨识程序。危险源辨识程序是：危险源辨识—重大危险源（按照工艺流程、区域划分辨识单元）—按照国家标准

（GB18218）确定辨识单元—风险识别—风险评价—制定风险控制措施—确定危险源的控制级别—本单位危险源审核汇总上报。

● 对危险源辨识流程进行分解。①确认本单位危险物质数量，如超过临界量，就可以确定本单位存在重大危险源。②属重大危险源的，直接识别重大危险源范围内的各项风险，填写在"岗位、班组危险源辨识表"的"风险描述"栏。③不构成重大危险源的，可根据辨识的需要，结合现有的管理模式，按工艺流程系统或区域进行分解后，再识别其范围内的各项风险，填写在"岗位、班组危险源辨识表"的"风险描述"栏。④对识别的风险进行风险评价，填写在"岗位、班组危险源辨识表"的"风险评价"栏。

● 风险评价方法。对辨识出的风险，采用 LEC 法进行风险评价，并给出优先顺序的排列。根据风险评价的结果，将危险源分为四个级别：A 级危险源、B 级危险源、C 级危险源、D 级危险源，划分原则如下：①危险源范围内的最高风险级别作为该危险源的级别。②重大危险源，不管其范围内的风险级别如何，都定为 A 级危险源。③可能在一次事故中造成 3 人以上死亡（含 3 人，交通事故除外）或 10 人以上（含 10 人）急性职业病的危险源，定为 A 级危险源。

● 制定风险控制措施。根据风险级别和特性制定风险控制措施。风险控制就是根据风险评价分级的结果，采取有针对性的措施进行风险控制，以取得良好的职业健康安全绩效，达到持续改进。风险控制方式主要有：①制订管理方案：是指危险源出现重大隐患，在未彻底整改消除前的控制措施。②制订应急计划：是指通过制定应急处理预案，加强对突发性事件的处理，减轻事故损失。③执行规程：是指通过对照现行的法律法规以及设计要求，制定管理规定、作业规程，并严格执行，达到控制和消除风险。④教育培训：是指通过教育培训来提高职工的技术水平和安全意识。一般应有培训计划并保留培训记录。⑤加强检查：是指除日常运行监控外，通过增加检查频次来达到控制和消除风险。⑥警示标志：是指通过设立安全警示标志来达到控制和消除风险。⑦其他方法：除以上控制方法以外的其他方法。

● 危险源的上报及审核。各单位根据危险源辨识、风险评价和风险控制的结果，按危险源级别的大小用"单位危险源辨识汇总表"汇总，经各单位相关专业人员审核完善后上报，由公司生产安全部组织相关部门和专业人员对 A 级危险源进行审核。

(2) 确定危险源的分级管理措施，规范管理和日常检查工作

柳钢公司在事故隐患排查中，采取确定危险源的分级管理措施，规范管理，并且做好日常检查工作。

● 根据危险源等级、运行形式和防范要求，除单位负责人对危险源管理负全面责任外，按其级别明确相关责任人员（见危险源分级管理责任表）。

● 各级危险源在运行和监督检查过程中，发现隐患，立即采取措施整改，或采取临时监控补救措施，确保安全后方可作业。对 A 级危险源要对照法律、法规、标准及设计要求列出主要的控制措施，属重大危险源的应按照重大危险源管理规定建立健全档案。A 级危险源出现隐患，应立即逐级上报，出现重大隐患由生产安全部根据专业性质确定牵头处理部门，牵头处理部门指导、监督二级厂制订管理方案。

● 危险源的挂牌标识控制。为了规范管理和日常检查工作，达到群防群治，根据风险等级的划分，对 A 级危险源必须建立危险标志牌，并悬挂在明显处（其他各级危险源，各单位根据实际情况参照执行）。

● 危险源的动态管理。危险源辨识、风险评价和风险控制是一个持续改正的过程，生产安全部每年组织一次危险源辨识、风险评价和风险控制年审工作，各单位根据生产工艺、设备、环境等变化进行更新。

危险源分级管理责任表

危险源级别	相关责任人员	管理职责
A	班组（岗位）责任人员	对本危险源运行操作、日常检查、现场管理负直接责任
	工段（车间）责任人员	对本危险源负具体的管理责任
	单位责任人员/公司监督责任人员	对本危险源负管理责任/对本危险源负监督责任
B	班组（岗位）责任人员	对本危险源运行操作、日常检查、现场管理负直接责任
	工段（车间）责任人员	对本危险源负管理责任
	单位监督责任人员	对本危险源负监督责任
C	班组（岗位）责任人员	对本危险源的管理负直接责任
	工段（车间）责任人员	对本危险源负监督责任
D	班组（岗位）责任人员	对本危险源的管理负直接责任

（3）完善安全检查和隐患整改工作，避免各类事故发生

开展安全检查并及时整改各类隐患，是有效避免事故、改善安全生产环境最有效的措施之一。柳钢公司通过多年实践经验的积累，不断完善对安全检查和隐患整改的管理工作，形成了较为系统化的做法，可操作性较强。首先对职责进行明确，按照法规（《安全生产法》第十七条）和标准（GB/T28001《职业健康安全管理体系标准》）的要求，通过修订完善安全生产责任制，把安全检查和隐患整改的职责逐级分解落实，明确公司领导、主管及分管部门和各二级单位负责人直至全体员工的安全检查及隐患管理职责，明确全员参与、逐级负责的安全检查和隐患管理模式。

安全检查和隐患管理的三种模式具体做法如下：

● 对危险源的分级检查。根据危险源年度排查结果，审核、辨识、评价公司范围内的危险源，识别其特性，评价其风险程度，定出危险源级别，从而制定有针对性的风险控制措施。对可能达到A

级的危险源，规定由六个专业部门的专业人员（危化品、机械、电气、仪控、工艺和特种设备）审定并签字确认，由二级单位领导最终审核签字后报公司确认备案。对识别出来的危险源存在风险进行控制最重要的方法（六种）之一是加强检查，对检查有明确的要求（见危险源检查责任表），并最终形成对危险源逐级落实安全检查的动态管理机制。目前，柳钢公司共辨识出 A 级危险源 36 项，B 级危险源 210 项，C 级危险源 550 项，D 级危险源 241 项，每月均按检查要求落实检查并保留检查记录。

危险源检查责任表

责任岗位	风险级别	检查周期
班组	A，B，C，D	每班按岗位责任制执行，检查要有记录
工段（车间）	A，B，C	每周，并要求了解班组每天的检查情况，要有记录
厂矿（单位）	A，B	每月，要有记录
公司	A	每月，要有记录

● 开展长期或阶段性的安全专项整治工作。柳钢公司开展长期或阶段性的安全专项整治工作，是结合实际，针对长期或阶段性安全管理的重点，组织各有关部门按照各自职能，制定整治方案或标准，采取有效措施，整治各类突出隐患，进一步规范和完善安全生产管理。专项整治工作的重点之一就是要和安全生产大检查结合起来，加强安全生产监督检查，排查事故隐患，落实整改措施，遏制重、特大事故和突发事件的发生。柳钢公司近年来先后开展了厂内交通、消防安全、危险化学品、特种设备（压力容器）、职业卫生及环境六个方面整治。

● 日常安全检查和隐患整改做到横到底、纵到边，改形成闭环。柳钢公司根据《职业健康安全管理体系标准》（GB/T28001）的要求，制定《职业健康安全检查办法》，该办法明确了安全检查内容和隐患整改的要求，规定了日常安全生产综合检查内容 100 条，和 25

个由分管专业部门或人员负责检查的专项检查项目〔每个项目的检查内容约 20 条（一些项目可以调整），共 500 条〕，综合检查和专业检查内容共 600 条，落实到各安全主管和分管部门每月进行检查并汇总。公司下属各二级单位参照公司检查要求制定本厂、车间及班组的检查规定，形成公司每月抽查、二级厂每月检查、车间每周检查、班组每天检查、专业管理部门不定期抽查的安全检查系统，对检查出来的隐患，严格按照"三定四不推"原则落实整改。"三定"即定整改责任单位（或人）、定整改时间和定整改措施；"四不推"即岗位能整改的不推到班组，班组能整改的不推到车间，车间能整改的不推到厂部，分厂能整改的不推到公司。

（4）不断总结归纳，形成隐患排查治理专项行动方案

柳钢公司在原有加强危险源分级管理、安全检查和隐患管理工作的基础上，为进一步强化隐患排查治理工作效果，不断总结归纳，结合自身实际情况，专门制订了《安全生产隐患排查治理专项行动方案》，明确了隐患排查治理的重点，主要包括：①安全生产基础管理；②熔融金属（渣）非正常溢流；③煤气与易燃易爆等危险化学品；④建筑施工；⑤交通运输（包括铁路）；⑥人员密集场所与火灾重点防范部位消防；⑦特种设备；⑧供电、发电、配电系统；⑨矿山及尾矿库安全；⑩职业卫生。在《安全生产隐患排查治理专项行动方案》中，还专门列出了 85 个单项隐患排查内容，把隐患排查治理分工到六个主要安全专业部门分头负责落实，从而形成责任层层分解落实，横到边、纵到底的隐患排查治理格局。

柳钢公司还通过积极的宣传动员，发动全公司员工进行隐患排查，并严格按要求及时报送排查情况信息，对自查出的各类隐患，进行彻底整改或采取控制措施并加紧推进整改。如根据高温炎热及施工实际，重点开展对建筑施工进行专项排查，开展安全互检和防暑降温情况的安全检查，并要求每个建筑项目设立"施工现场隐患监控信息牌"，每天进行重点隐患的排查，并把排查责任人名单、联系电话号码上墙等。

柳钢公司近年来为减少事故发生，针对危险源分级管理和隐患排查治理做了上述一些有益的尝试，是贯彻《安全生产法》等法律法规和落实安全生产企业主体责任的有效实践，通过不断努力探索、扎实工作，强化了安全生产基础管理、法制管理，创造了平安和谐的安全生产环境，进而加快了公司的科学管理步伐，提高了企业的整体素质。

3. 太钢第二炼钢厂开展危险预知训练活动排查隐患的做法

太原钢铁（集团）有限公司第二炼钢厂于 1965 年动工兴建，1970 年正式投产，经过三十余年的技术改造和全体员工的不懈努力，现拥有 235 万 t 连铸坯的生产能力，生产品种主要有碳结钢、锅炉钢、热轧硅钢、冷轧硅钢、轴承钢、齿轮钢、车轴钢等 190 余种，处于全国同类企业前列。

近年来，太钢第二炼钢厂把安全生产作为企业发展的基础，构建起与企业战略目标相适应的安全生产管理格局，切实提高职工识别作业过程中动态危险的能力，有效地识别和排查生产作业隐患，预防各类人身伤害事故发生。公司于 2006 年 7 月首先在南区第一机械点检站进行危险预知训练活动试点，在取得实践经验和理想效果后，于 2007 年 9 月在全厂逐步推广，目前危险预知训练活动已覆盖至全厂 247 个班组，对识别和排查生产作业隐患发挥了重要作用，并显现出良好的效果。

太钢第二炼钢厂开展危险预知训练活动排查隐患的做法主要是：

（1）开展危险预知活动的背景

太钢第二炼钢厂在对本企业以往事故案例进行分析后发现，不论是管理人员的违章指挥还是职工个人的违章作业，大都是由于作业人员的安全意识淡薄，对作业过程中存在的危险因素辨识不清，对于危险的后果认识不足引起的。常见的一些习惯性违章，虽然有职工个人麻痹、侥幸心理作祟的原因，但另一个更为重要的原因就是部分职工由于受自身知识水平、技术能力所限，只看到工作的表面，错误地认为工作很简单，没什么危险，对潜在的危险因素没有正确的认识。

太钢第二炼钢厂由于冶炼工艺复杂，立体交叉作业频繁，同一个岗位不同作业项目存在着不同的危险因素。炼钢厂开展危险预知训练活动的基础是，首先把所有人的作业活动都看成是危险的，然后分析人员在作业中怎样操作可能导致什么样的事故发生，最后在危险辨识的基础上制定合理有效的预防措施来保证人员作业时的安全。也就是要让职工认识到，在工作中的任何一项操作都存在不安全的因素，都存在发生事故的可能，因此必须在工作前将这些危险因素找出来，并制定可靠的预防措施方能继续工作，消除由于危险不认识、作业不规范、动作不标准而造成的各类人身伤害事故。正是基于上述认识，太钢第二炼钢厂将危险预知训练活动作为安全管理的重点工作，在全厂强势推行。

（2）开展危险预知活动的目标

危险预知训练是针对生产的特点和作业工艺的全过程，以其危险性为对象，以作业班组为基本组织形式而开展的一项安全教育和技能训练活动，是太钢第二炼钢厂安全管理的重要组成部分。通过训练，职工们可以把岗位上或作业过程中潜在的危险因素事先辨识出来，并进行控制和解决，从根本上防止事故的发生。

太钢第二炼钢厂开展危险预知活动的目标是：

● 总体目标。利用3～4年时间，使全厂所有班组全面掌握作业前危险预知训练活动的有关知识、流程和方法，能够在生产及检修作业中认真开展，有效消除因有危险不认识、作业不规范、动作不标准而造成的人身伤害事故。

● 具体目标。通过对岗位职工进行系统的危险预知培训和经常性的模拟训练，培养职工在任何一个作业项目作业前、过程中和作业后均要先进行危险辨识的意识，确保职工全面掌握危险预知流程，熟练掌握危险预知各阶段的主要操作方法，达到短时间内能够全面识别作业中的危险点和重要危险因素，有针对性地提出解决关键问题的措施并严格实施，确保不发生事故。

整个推进活动共分为导入试点阶段、扎实推进行阶段、巩固提高阶段和全面规范阶段，设定 KYT 员工培训率、培训目标达成率、作业覆盖率、岗位覆盖率、班组合格率 5 项指标作为开展 KYT 效果的评价指标，并把作业覆盖率和岗位覆盖率作为关键绩效考评指标。

（3）开展危险预知活动的推进流程

开展危险预知活动，分为宣传培训、项目选择、辨识方法、训练总结四个阶段，也是四个推进流程。

● 宣传培训。首先是提高各级管理人员的认识，培训指导大家掌握方法。2008 年先后组织三次全厂安全员互动交流会，两次作业区主管参加的推进会，一次主管、作业长、安全员参加的季度交流推进会。其次，厂统一规定班组作业前危险预知活动的格式，统一印刷后下发作业区，大多数作业区每月给班组制定一项作业活动，由班组长组织开展，厂和作业区安全专业人员指导，月末作业区组织交流评比，然后再由作业区组织管理人员和生产骨干修改完善后反馈到班组，循序渐进，不断提升该项活动水平。2009 年一季度又组织全厂 300 多名班组长，由安全科长分 11 批次进行授课，对危险预知活动怎样开展和训练进行详细培训和指导。

● 项目选择。重点以危险性较大的作业项目、作业频次较高的作业项目、对生产影响比较大的作业项目进行辨识和训练。

● 辨识方法。拟定项目后班组长利用班前会和周安全活动组织集体讨论，先把作业步骤一步步列出来，寻找作业步骤中存在的不足。然后对作业步骤根据作业环境逐条进行分析，组员发言共同找出其中潜在的危险因素和可能导致的后果，并提出具体防范措施。讨论中把作业项目中最容易发生事故的步骤重点描述，引起所有成员重视。班组长汇总所有人提出的意见，形成初步的危险预知训练表。

● 训练总结。日常工作中将辨识结果运用到操作中，树立起日常每一次操作都是训练，班组长有意识拿危险预知表观察职工实际操作过程中存在的不足，再次进行修订汇总，形成比较完善的危险预知训练表。作业区每月要对班组开展危险预知训练活动的情况进行评价，按照危险预知训练的思路和方法，对现有作业标准的可靠性进行分析，对那些不能确保职工作业安全的条款进行修订完善，以此促进安全生产标准化工作。

(4) 开展危险预知活动的管理流程

开展危险预知活动的管理流程主要是：

● 活动评价。作业区每月对班组危险预知活动进行评价，并专门印制《班组作业前危险预知训练活动评价表》，以利于活动评价，并对好的班组进行奖励，差的班组进行处罚。

● 经验交流。作业区每月组织危险预知活动经验交流，好的班组对活动开展情况进行经验介绍，促进差的班组改进活动方法。厂每季度组织作业区之间进行一次经验交流，开展好的作业区制作幻灯片由作业区主管进行经验介绍，通过相互之间的学习，促进活动的深入开展。

● 奖惩机制。厂里把危险预知活动纳入安全管理重点工作，在厂安全评价占较大分值（20分），并设立危险预知专项奖，奖励开展好的作业区班组。作业区每月将危险预知活动开展情况纳入班组评价，且权重较大，结果与班组长和全体组员岗薪挂钩。

几年来，太钢第二炼钢厂通过开展危险预知活动取得了良好的效果，一是事故率逐年下降，2006年发生2起2人轻伤事故，2007年发生1起1人轻伤事故，2008年发生1起1人轻伤事故，2009年发生1起1人微伤事故；二是作业区和班组对危险预知活动有了深入的理解和认识，职工的安全意识得到明显提升，在生产作业中能够做到及时发现隐患、及时处理，不留疑点，从而对保证安全生产

发挥了积极的作用。（刘亮、杨小虎、温泉）

4. 中国铝业中州分公司推行全员参与事故隐患排查的做法

中国铝业股份有限公司中州分公司位于河南省焦作地区，邻近铝土矿、煤炭和水源供应地，资源丰富、交通便利，具有发展铝工业得天独厚的优势，是中国铝业股份有限公司下属的六大氧化铝生产基地之一，氧化铝实际年产量已超过 80 万 t，现有员工 4 549 人。

近几年来，中州分公司坚决贯彻执行"安全第一、预防为主"的方针，始终把安全生产工作作为头等大事来抓，形成层层管理、层层监督、横向到边、纵向到底的安全管理模式，积极推行全员参与事故隐患排查的做法，并通过安全检查及时发现生产现场的不安全行为及潜在的职业危害，采取措施纠正，改善劳动条件，提高安全生产管理水平，防止各类伤亡事故和职业病的发生。

中国铝业中州分公司推行全员参与事故隐患排查的做法主要是：

(1) 全员事故隐患排查的依据

要让员工真正地排查出事故隐患，首先要让员工掌握事故隐患的分类和内容，认识到周围存在的风险。因为只有员工认识到自身和周围存在的风险，并感到不安时，出于自我保护的本能，他才会自觉地去排查和消除事故隐患。这是全员事故隐患排查的前提。为此，公司根据国家和行业的安全标准，编纂了《安全检查表汇编》等，并利用班组"两会"（班前会和班组安全日）等各种途径组织员工学习掌握。

《安全检查表汇编》人手一本，编纂于 2003 年 8 月，共 8 章 71 种，作为员工排查事故隐患和开展危险源辨识的重要依据。

《劳动安全手册》人手一本，收集了 574 种常见的物的不安全状态和人的不安全行为，教育员工不违章，并监督他人遵章守纪。

《劳动保护》杂志和《中国安全生产报》，一个班组一份（本），通过学习，让员工知道本岗位上的安全缺陷。

中州平安网发布国家标准和事故案例，更新安全知识，以便让员工及时发现本单位的事故隐患，同时通报事故隐患的排查结果，接受员工举报。此外，公司还印发了《公民安全常识读本》《常见习惯性违章表现形式及其纠正与预防》，人手一本。

(2) 全员事故隐患排查的方式

公司为员工搭建了以安全需求卡为主线，多种排查方式并举的事故隐患排查平台。

● 员工安全需求卡。关爱员工的安全健康是企业领导义不容辞的责任，也是"以人为本"的具体体现。不断地培育员工的安全需求，持续满足员工的安全需求，让员工切身感受到来自领导的安全关怀，员工自然就会踊跃地投身到事故隐患排查工作中，这是全员事故隐患排查的保证。公司为员工发放了《安全需求卡》。如果员工认为周围的事故隐患或风险已对自己的人身安全构成威胁，就可以填写此卡，及时投入指定位置，车间主管或安全工程师每天会到指定位置收取《安全需求卡》，安排对事故隐患进行整改。如果员工的安全需求没有得到满足，也可以直接向 HSE 委员会办公室举报。通过这样一种全员参与的危险源动态辨识方式，确保了各类危险源始终处于受控状态。在倡导员工积极参与全员事故隐患排查的同时，公司还鼓励员工在危险源动态辨识的基础上，自己动手起草本岗位的《安全作业标准》。通过这些做法，努力做到"全员排查隐患、人人控制风险"。

● 外来施工单位和人员风险控制表。外来施工单位和人员作为建设"平安中州"的一支重要力量，肩负着检修施工项目事故隐患排查的任务。在进驻中州企业之前，必须事先对所要从事的检修施工项目进行风险辨识，并制定风险控制措施。检修施工过程中，要确保风险控制措施落实到位，实现"施工无违章、竣工无隐患"。公司的目标不仅仅是要确保在岗员工的平安，而是要保证整个中州地区的平安。

除此之外，公司还建立了安全合理化建设和持续改进成果申报制度，随时受理员工提出的事故隐患及整改建议。各二级单位也通过不同的方式来调动员工参与事故隐患排查的积极性，氧化铝厂根据事故隐患排查的结果，修订了《清理检修作业风险控制措施》，并将员工的心得和体会汇编成《安全文萃》；第二氧化铝厂建立了风险动态辨识记录，将员工排查出的事故隐患和习惯性违章制作成 VCD 光盘，将员工在事故隐患排查工作中积累的经验和体会汇编成册，编纂印刷了《撑起一片蓝天》一书；热电厂锅炉车间建立了隐患排查记录，热电厂供水车间开办了"安全大家谈"，共同查找事故隐患，并探讨解决方案；技术中心将员工排查出的事故隐患和习惯性违章制作成挂图，悬挂在班组操作室，时刻提醒员工，并汇编了《危险化学品安全技术说明书》。

中州分公司期望通过这些不同的方式，形成"班组成员天天查、安全工程师随时查、各级领导带头查、部门各司其职查"的全员事故隐患排查氛围。

(3) 事故隐患的整改落实

中州分公司深知，对事故隐患如果"重查轻改"，一旦员工的安全需求无法得到满足，将会极大地削弱员工排查事故隐患的积极性。在事故隐患的整改上，公司坚持"查改并重、贵在落实"的方针，对于员工排查出来的事故隐患，公司遵照《危险源辨识、风险评价、风险控制管理程序》《安全检查管理规定》敦促落实整改，明确各级第一责任人亲自抓、负总责。班组建立"HSE 检查台账"，安全部门建立"安全举报记录"。

领导承诺：事故隐患或合理化建议 24 小时内答复，重大隐患 3 日内整改，并按月向员工发表《安全讲话》。

安全公开：二级单位、车间、班组按月公开事故隐患的整改结果，接受员工监督。

整改资金：分公司明确规定，事故隐患整改投入资金低于 10 万元的，由各二级单位成本解决；高于 10 万元的，从分公司资本性支出和大修理费用中解决。初步统计，2003 年投入 420 万元，2004 年投入 1 820 万元，2006 年投入 1 300 万元，对生产现场的事故隐患分批进行治理，并购置了一氧化碳多功能气体监测仪、防毒面具、呼吸器、洗眼器、测厚仪等安全装备。

（4）全员事故隐患排查的动力

为了将全员事故隐患排查工作长期持久地开展下去，中州分公司还完善了激励和监督机制，从而促进全员事故隐患排查的不断深入。

公司所制定的《事故隐患有奖举报管理规定》明确规定：对员工排查出来的事故隐患，经查证属实，根据隐患的性质、情节和后果，按《事故隐患举报奖励标准》可获得 50～1 000 元的奖金；此外，安全环保部每月从当月参与事故隐患排查的所有员工中抽取 10％进行特别奖励。

公司所制定的《安全奖惩规定》明确规定：对检举揭发违章违纪、隐报瞒报事故的有功人员，奖励 300 元/人次；对分公司下达的事故隐患未能及时落实整改的，处罚 1 000 元。

目前，中州分公司已初步形成了"以安全为最高利益"的企业安全文化，全员参与事故隐患排查的氛围日益浓厚，培育安全的员工、使用安全的设备、提供安全的场所已成为全公司员工的共识。（王永红）

5. 梅山矿业公司建立视频网络监控系统排查隐患的做法

宝钢集团梅山矿业公司是我国重点黑色金属矿山企业之一，其前身梅山铁矿于 1959 年 10 月筹建，1975 年建成投产。经过 40 多年的建设和发展，目前公司已经成为具备年采选综合生产能力 400 万 t 的国有大型矿业企业，2009 年实现销售收入 9.86 亿元，2010 年更名为南京梅山冶金发展有限公司矿业分公司。

梅山矿业公司坚持以人为本的发展理念，积极践行企业的社会责任，构筑员工成长阶梯，并于 1990 年开始信息化建设，通过应用企业管理标准化、自动化、网络化、集成化技术，初步实现了生产过程可视化、管理控制一体化。目前，已形成数字矿床勘查系统、数字配矿系统、数字选矿系统、安全监测预警系统、管理信息和决策支持系统五大系统，并应用在控制、执行、管理三个层面，特别是通过建立视频网络监控系统，能够排查和监测事故隐患，对于保证安全生产具有重要的作用。

梅山矿业公司建立视频网络监控系统排查隐患的做法主要是：

(1) 着重动态监控，进行自主信息化建设

不同于常规的办公系统、财务系统、采购系统、人力资源管理系统等，梅山矿业公司所建立的生产数据管理信息系统，着重在于对生产信息、产品质量、安全生产、环境监测等的实时传输和动态监控。

● 生产数据管理系统。梅山矿业公司建立了以生产工艺为主线的生产数据管理控制系统，该系统能同步反映物耗、能耗、产量、质量、设备状态、安全状态和环境监测等信息，通过对生产管理过程中技术数据、设备运行、经济要素等进行综合分析，实现对工作过程的高效控制，为企业优化管理与决策提供数据支持。梅山矿业公司还根据矿山开采的具体应用需求，以 SURPAC（全球著名的三维矿业软件）作为数字矿体的建模平台，开发建立矿床的块体模型和矿山开采所涉及的实体模型，在计算机系统中对矿体结构、工程进度、采矿区域进行三维仿真模拟，以便从空间尺度获取数据，为采矿生产提供更准确、更全面的信息。

此外，针对井下生产过程中，工人用纸张记录数据存在随意性大、数据不及时、不准确等问题，梅山矿业公司着手开发手持数据采集系统，目前该系统已经在回采出矿进行了试点使用。通过这一系统，能够实现对回采出矿量（车辆）数据的自动统计和传输，对标准化作业指导书内容进行终端传输，对现场安全检查和隐患整改信息进行现场确认传输，从而实现井下工作流程标准化、工作内容标准化、业务数据标准化、数据内容真实化，同时为安全生产过程监管发挥了较好的作用。

● 检修管理信息系统。为进一步规范设备的检修管理，梅山矿业公司还建立了检修管理信息系统，通过计算机检修管理信息平台，能及时、快捷地下达生产检修任务，明确检修职责，同时，各级领导能及时掌握生产系统各单元设备的检修情况，为安全生产和调度指挥提供了保障。

（2）结合井下安全避险，开发和整合信息网络平台

梅山矿业公司在数字化矿山的建设过程中，结合井下安全避险"六大系统"的要求，充分利用现有的信息网络平台。针对井下采矿生产流程和生产管理的实际需要，公司实行网络资源的开发和整合，先后投入建设了"井下通信系统""井下人员定位系统"。此外，公司还进一步完善了"多级机站通风计算机远程监控系统"和"视频网络监控系统"等子系统，大大提高了井下采矿的安全性和自动化水平。

● 井下通信系统。井下通信系统是地下矿山安全避险"六大系统"之一，梅山矿业公司安装使用的"EICS-K 企业信息通信系统"，可以实现对井下、井上有线固定话站、无线终端的全面调度，具有呼叫、强插、强拆、紧呼、一键到位、大型会议等调度功能。井下通信系统的建立，可为实施及时、灵活、准确的生产调度和突发事件的应急指挥提供可靠的保障。

根据安全风险等级和生产调度的需要，梅山矿业公司对井下水泵房、配电房、风机站、火工材料库、油库等井下重要的生产区域，采用固话覆盖与无线覆盖相结合的方式进行重点覆盖，井下覆盖区域达90％以上，确保了重要生产岗位和安全要害部位的通信畅通；对部分次要巷道，通过无线方式进行补充覆盖。公司井下的无线通信系统具有较强的抗干扰性，可以提供与有线接入相同的通话质量保证，而且终端手机轻巧精美，员工携带方便，手机的发射功率只有 10 mW，对人体的健康安全无伤害。实践表明，在梅山矿业公司无线信号覆盖的巷道内，无线用户可以正常、可靠地使用终端手机，为实现灵活、方便的生产调度发挥了重要的作用。

❷ 井下人员定位系统。井下人员定位系统是集井下人员考勤、定位、硬件设备维护、日常管理于一体的综合性系统。梅山矿业公司的井下人员定位系统采用的是国际最新的射频识别（RFID）技术，能够及时、准确地将井下各个区域的人员及设备的动态情况反映到地面计算机系统，使管理人员能够动态掌握井下人员的分布状况和行踪，以便进行更加合理的调度管理。特别是当事故发生时，救援人员也可以根据系统提供的数据快速了解相关人员的位置情况，开展迅速有效的救援活动，提高应急救援工作的效率。经实际使用，公司的井下人员定位系统识别率为 100％，人员动态漏检率为零。

● 井下通风系统。井下通风系统是矿山安全生产的重要保障措施之一，通风效果直接关系到员工的职业健康安全。梅山矿业公司采用多级机站通风计算机远程监控系统，利用通信电缆将位于地表调度室的主控计算机和通风管理部门的监视计算机（备用主控机）与置于井下的被控风机变电所的智能模块相连，通过主控计算机对每一台风机进行远程控制，包括集中启停控制和对风速、风压、风量、一氧化碳浓度等进行实时监测。检测数据表明，多级机站通风系统的风量分配合理，有效风量率高，节能效果显著，而且提高了井下的粉尘合格率，有效地改善了井下工作环境，保障了员工的职业健康安全。

（3）视频网络监控系统，保障员工职业健康安全

梅山矿业公司的视频网络监控系统是生产管理的辅助系统，可以对生产过程中的重要设备、井下要害岗位、作业环境较差的岗位以及重要的生产工艺控制点进行实时视频监控。

梅山矿业公司的采矿视频监控系统是模拟信号和数字信号双系统的工业电视网，在稳定可靠的基础上，双系统能够最大限度地实

现图像的清晰和网络的扩张。整个工业电视系统的前端设备包括可控摄像机、定焦摄像机、电源信号箱和多对光视频收发器；终端设备包括电脑、液晶电视和大屏幕监视器（在梅山矿业公司调度室、二级单位调度室均已安装），能够实施动态监控和视频切换。采矿视频监控系统既可以在模拟信号网内观看、控制前端设备，也可以在数字图像网内观看并控制前端设备以及录像、拍照等其他监控功能。

目前，梅山矿业公司的视频监控设备分布在主井、副井、盲竖井、西南井、东区电梯井、西区电梯井、主斜坡道等区域，监控终端则分布在厂调度室、安全环保管理部门。并且该系统采用不间断电源集中供电，能有效地完成视频信息的存取，为生产工艺事故、设备运行事故和人员伤害事故的调查取证提供客观依据。

梅山矿业公司视频网络监控系统的建立，使员工可以远程操控设备，远离职业危害因素（如高噪声、高粉尘等），保障了员工的职业健康安全。此外，通过视频监控系统，梅山矿业公司进一步规范了员工的操作行为，而且通过对关键设备、生产工艺实施视频网络监控，保障了设备的正常运行和人员的安全，为实施正确的生产调度指挥提供了直接的依据。（苏加林）

6. 湖北三鑫金铜公司采取双管齐下排查治理水患的做法

湖北三鑫金铜股份有限公司位于湖北省大冶市，是以采选金铜为主业的矿业公司。三鑫公司年处理矿石量可达 100 万 t，年产黄金近 1.4t、矿山铜 1.3 万 t。

由于矿区周边存在桃花湖、鲤泥湖、清水河等众多湖泊水系，给矿区的水患防治工作带来极大的挑战。近几年来，三鑫公司的矿区发生过大大小小的地质塌陷 10 余次，井下突水、突沙现象严重，使企业的安全生产受到严重威胁。特别是矿区周边的民采区（采矿权为民营企业所有），井下巷道四通八达，有的巷道已经连通到三鑫公司的采空区，万一民采区突水，将会殃及三鑫公司，造成严重后果。

面对这种情况，三鑫公司成立了防治水工作领导小组，由总经理任组长，总工程师全面负责防治水工程措施的制定和实施，又分别成立了规划设计小组、水文技术小组和防治水工程监管小组。三鑫公司还外聘一名经验丰富的水文地质专家，组织带领技术人员对矿区水文条件、老采空区（建矿初期未充填的采空区）、民采空区、塌陷区和井巷的现状进行调查、梳理和分析，采取双管齐下排查治理水患的做法，并根据实际情况对采空区和塌陷区的地表水、地下水采取不同措施进行综合治理。

湖北三鑫金铜公司采取双管齐下排查治理水患的做法主要是：

（1）采取帷幕注浆防地表水的措施

三鑫公司拥有的鸡冠嘴和桃花嘴两大矿床，是长江中下游铜录山矿田的重要组成部分。这两处矿床资源丰富，十几年前，民采蜂拥而上，乱采乱挖，留下许多不为人知的采空区和巷道。由于民采区部分采场巷道垮塌，使三鑫公司的技术人员无法准确摸清民采空区的位置以及存水量。同时，因三鑫公司一期、二期、三期工程的快速建设，企业发展较快，导致一期工程的副斜井一采区充填不够，留有许多井下采空区，也积存一定的水量。

为消除水患威胁，2010 年 6 月，三鑫公司组织技术人员编制了《三鑫公司井下综合防透水措施规划与应急预案》，包括近地表溶洞裂隙水透水的防治措施与规划、老窿水透水的防治措施与规划、地表透水引发淹井的防治措施与规划等。预案出台后，通过了中国黄金集团公司安环部组织的专家评审。

三鑫公司的防治水工程采用当前比较先进的帷幕注浆方式，预算投资总计 1 800 万元，分为地表、井下两大类 12 分项，涉及地表围堤、副斜井注浆止水及近地表老采空区岩溶钻孔充填、一采区 −160 m 以上封堵、一采区老采空区充填等工程。各分项工程分别编制工程进度表，明确设计单位、施工单位、监理单位、完成时间及责任人，确保防治水工程在规定工期内保质保量完成。

帷幕注浆是利用液压或气压的方式,将可凝固的浆液按设计的浓度通过特设的注浆钻孔压送到规定的岩土层中,填补岩土体中的裂缝或孔隙,旨在改善注浆对象的物理力学性质,以满足各类工程的需要。按其功能不同,可分为防渗注浆和加固注浆。防渗注浆是为增强各种基础抗渗能力而被广泛采用的一种方法,它是在具有合理孔距的钻孔中注入浆液,使各孔中注浆体相互搭接,形成一道类似帷幕的混凝土防渗墙,以此截断水流,从而达到防渗堵漏的目的。

地面帷幕注浆工程是先用钻机探明采空区所在位置,然后再进行注浆充填。三鑫公司的这项工程共分三期,投入资金400万元。一期是"副斜井注浆止水工程",二期是"民采区注浆帷幕堵水工程",三期是"一采区采空区和民采盲井注浆堵水工程"。目前,一、二期工程均已完成,累计完成钻孔深度3 000 m、注浆量4 000 m³。

一期"副斜井注浆止水工程"完工后,副斜井两侧形成了长约70 m、宽约10 m、高约15 m的地下挡水坝,-100 m以上民采空区和一采区的老采空区积水涌入井下深部的通道被切断。二期"民采区注浆帷幕堵水工程"完工后,在民采空区与三鑫公司一采区之间形成一道帷幕墙,将民采区域与三鑫公司一采区之间的水力联系切断。目前,三期"一采区采空区和民采盲井注浆堵水工程"即将完成。据监测,一采区-160 m、-130 m水平和副斜井主要出水点水量明显减少,表明注浆止水达到预期的效果。

帷幕注浆工程于2011年8月完工后,彻底切断了民采区浅部涌水与桃花嘴矿区深部涌水的联系通道,井下-370 m中段桃花嘴4~6线之间原民采老巷道出水点的水量逐渐减小,现已基本无涌水,证明注浆封堵效果很好。三期工程全部完成后,地表水涌入井下的通道将被层层切断,较好地解决了地表水带来的安全隐患。

(2) 采取物探技术疏导地下水的措施

三鑫公司在地面采取帷幕注浆的方法之后,地表水和民采区的老采空区水进入井下的通道被彻底切断,确保了地表水不会影响井下的安全生产。但由于三鑫公司鸡冠嘴和桃花嘴两大矿体周围水系发达，涌水量较大，地下水在很大程度上也给三鑫公司的安全生产带来了潜在的威胁。为彻底消除水患，三鑫公司在井下开展地下水综合防治措施，从源头上制止水害的发生。

三鑫公司对地下水害的治理分为两个方面。一方面是对一期工程一采区的老巷道、老空区用混凝土防水隔墙和充填料进行封堵和充填。一采区−160 m 中段以上老采空区用分级尾砂加胶固料进行充填，共充填 2.5 万 m³，防止采空区变形垮落与地表形成导水裂隙，地表水通过这些裂隙涌入井下，造成突水、透水事故。同时，在井下老巷道共使用 480 m³ 混凝土修筑 26 座防水密闭墙，修复加固 9 座老防水密闭墙，这些防水密闭墙及其他封堵防水工程，可将地下涌水安全地封闭在有限的空间内，进行有控制性的疏导，即使发生突水、透水时，也可最大限度地控制涌水流量，使涌水顺利流入井下各排水泵站，合理有序地抽排至地表。目前，三鑫公司已经完成一采区老空区的全部充填工作。

另一方面是采用高科技的物探技术，探测井下空区和溶洞的含水情况。物探技术主要分为电法探测、磁法探测和地震法探测。三鑫公司采用的是电法探测，电法探测是根据所研究的地质对象的电性差异，通过仪器测量电场的大小，进而研究电场的分布规律，以了解地下深处地质体的状况，从而达到勘探目的。目前，电法探测在岩土工程勘察和水文地质调查中，是应用广、解决问题多、取得效果好的方法之一。三鑫公司还分别聘请北京科技大学和中南地勘局对近地表（−100 m 以上部分）和地下两部分的空区和溶洞进行物探，经过探测，确定了可能存在空区、溶洞或裂隙发育区的区域，使三鑫公司对未知区域水的赋存情况有了一定程度的了解，公司生产技术部门在设计探放水工程时，将优先考虑这些区域。

超前探水是生产过程中避免突水、透水最有效的措施。三鑫公司通过对物探结果的分析，在日常生产或安全监控方面对这些圈定的区域非常重视，督促各生产单位积极在井下开展超前探水工作。在采掘作业接近老采空区区域时，通过坑内钻探以及用 5 m 钎杆施工探水等措施，提前发现隐患并进行超前探放水，以减少突发性透水事故的发生。

截至 2011 年 8 月，三鑫公司的防治水工程已投资 1 600 余万元，完成了 12 个防治水工程，封堵治理涌水点 4 处，减少了井下涌水量，切断了地表塌陷区地表水的补给以及地表水、民采老采空区的水与井下的联系通道，同时利用物探和钻探结合的手段进行空区探测和超前探水。各项防治水工程的综合实施，有效地保障了井下作业的安全，为三鑫公司的安全生产和可持续发展提供了有力保障。（黄国强、院雷）

冶金与有色金属企业开展事故隐患排查工作的做法与经验评述

冶金与有色金属企业的突出特点，是企业规模大，生产工艺和流程复杂，高温、高压、有毒有害及易燃易爆等危险因素多，生产人员众多，在安全生产管理上稍有疏忽，就会造成设备事故或者人员伤害事故。因此，加强安全生产管理，及时排查生产过程中的事故隐患，消除不安全因素，是保证企业安全生产的重要环节。

（1）冶金与有色金属企业安全生产的主要特点

冶金与有色金属行业是我国国民经济重要的基础产业，经过 50 多年的建设，目前已经形成包括由矿山、烧结、焦化、炼铁、炼钢、轧钢以及相应的铁合金、耐火材料、碳素制品和地质勘探、工程设计、建筑施工、科学研究等部门构成的完整工业体系，较好地满足了国内对钢铁产品的需求，为国民经济的快速发展作出了较大贡献。

我国冶金与有色金属企业生产的主要特点是，企业规模庞大，生产工艺流程长，从金属矿石的开采，到产品的最终加工，需要经过很多工序，其中一些主体工序的资源、能源消耗量很大。我国冶金与有色金属行业在发展中，由于传统生产工艺技术发展的局限性，以及多年来基本上延续以粗放生产为特征的经济增长方式，整体工艺技术和装备水平比较落后，人均生产效率较低，并且生产环境的污染影响也较为严重。同时，由于冶金与有色金属企业生产工序繁多，工艺流程复杂，人员众多，安全生产管理工作任务繁重，保障职工安全健康的难度较大。

在国民经济快速增长的拉动下，冶金与有色金属生产呈现出快速发展的态势，我国钢产量连续多年保持世界第一。在冶金与有色金属行业的快速发展中，重点大中型冶金与有色金属企业正在向大型化、集约化方向发展，全行业的产业集中度正在提高，在钢铁产量中，37 家大企业占了全国的一半。

在冶金与有色金属行业快速发展的同时，钢材品种结构继续调整，国民经济发展所需要的特殊品种和高附加值品种大幅增长；工艺技术水平和生产效率不断提高，技术经济指标进一步改善。通过技术改造、新建项目，建成投产了一批大型烧结机、大型现代化高炉、铁水预处理、大型转炉、炼钢精炼、棒线材连轧生产线、热轧酸洗线、冷连轧生产线、薄板坯连铸连轧生产线、镀锌生产线、彩涂生产线等大型先进项目，使钢铁行业的技术装备水平又有了新的提高。

（2）冶金与有色金属企业安全生产隐患排查治理工作实施意见

2008 年 2 月 8 日，国家安全生产监督管理总局印发《金属和非金属矿山、尾矿库、冶金有色、石油天然气开采、危险化学品、烟花爆竹、机械制造等行业（领域）企业 2008 年安全生产隐患排查治理工作实施意见》（安监总协调〔2008〕35 号）。在《实施意见》中，对冶金与有色金属企业排查治理生产事故隐患的主要内容、排查重点等提出要求。

生产事故隐患排查治理的主要内容有：

● 新建、改建、扩建项目的设计单位是否有设计资质，项目是否履行立项申请、审查、审批和严格执行建设项目安全设施"三同时"制度，是否存在私自变更设计、擅自改变工艺布局和增减设备的情况。

● 建设项目的生产工艺、设备选型、水、油、汽等系统配置是否进行了安全风险辨识，是否落实了控制重大危险源的工程技术方案和措施。

● 冶炼、铸造等生产环节冷却水是否及时排放，起重和吊运铁水、钢水、铜水、锅水等液态金属专用设备的设计单位资质、选型配套、制造企业资质、安装、运行和安全管理，是否达到安全规程要求。

● 冶炼、铸造生产过程中，熔融金属和高温物质与水、油、汽等物质的隔离防爆措施是否落实到位，设备设施有缺陷的是否整改消除。

● 高炉风口平台、炉身、炉顶等区域煤气泄漏、冷却壁损坏、炉皮开裂、炉顶设备装料系统、制粉喷煤系统及热风炉等重大危险部位和区域，是否处于受控安全状态。

● 转炉、精炼炉、均热炉的炉体冷却、倾翻、烟气回收等工艺环节是否处于受控安全状态，是否严格执行煤气生产、储存、输送、使用环节防止泄漏、中毒窒息、爆炸的安全管理制度，煤气柜、管线监控和防护设施的配置和运行是否符合相关安全规程要求。

● 冶金、有色金属冶炼过程中涉及氧气、氢气、二氧化硫、氮气、氯气、氨气等气体的生产、储存、输送、使用，预防泄漏、中毒、窒息、爆炸等防范制度的执行情况，各种监控和防护设施的配置和运行是否符合相关安全规程的要求。

● 冶金、有色金属生产过程中涉及高温、高压、强碱、强酸使用环节，预防爆炸、烧烫伤、中毒、外泄等防范制度的执行情况，各种监控和防护设施的配置和运行是否符合相关安全规程的要求。

● 作业现场设置防范各类机械伤害事故的安全防护设施、安全警示标志、监控报警、连锁和自动保护装置的情况。

(3) 加强冶金行业安全生产工作的指导意见

近几年，为了加强冶金行业的安全监管工作，促进冶金企业提高安全生产管理水平，遏制各类安全生产事故的发生，实现冶金行业的安全生产稳定好转，国家安全生产监督管理总局先后下发文件，对加强冶金行业安全生产工作提出指导意见和相关规章，工作重点主要是：各冶金企业要认真贯彻执行《安全生产法》和《国务院关于进一步加强安全生产工作的决定》等有关法律法规和规程、标准的规定，切实履行安全生产主体责任。要做好以下工作：

● 健全安全生产管理机构。各冶金企业包括下属各独立法人单位应设立相对独立的安全管理机构，配备满足安全管理工作需要的工作人员。

● 完善安全生产制度。依据国家有关法律法规的规定，结合本单位实际情况，完善以安全生产责任制为核心的企业内部各项安全生产规章制度和各岗位操作规程。

● 加强对从业人员进行安全生产教育和培训。保证从业人员具备必要的安全生产知识，熟悉有关的安全生产规章制度和安全操作规程，掌握本岗位的安全操作技能。未经安全生产教育和培训合格的从业人员，不得上岗作业。采用新工艺、新技术、新材料或者使用新设备，必须采取有效的安全防护措施，并对从业人员进行专门的安全生产教育和培训。特殊工种人员必须持证上岗。

● 认真执行"三同时"规定。新建、改建、扩建工程项目的安全设施，必须与主体工程同时设计、同时施工、同时投入生产和使用。安全设施投资应当纳入建设项目概算。

● 加强对重大危险源的监控。对重大危险源登记建档，进行定期检测、评估、监控，并制定应急预案，告知从业人员和相关人员在紧急情况下应当采取的应急措施。将本单位重大危险源及有关安全措施、应急措施报地方人民政府负责安全生产监督管理的部门和有关部门备案。

● 强化日常检查。安全生产管理人员应当根据本单位的生产工艺特点，对安全生产状况进行经常性检查。对检查中发现的安全问题，应当立即处理；不能处理的，应当及时报告本单位有关负责人。检查及处理情况应当记录备案。对安全设备进行经常性维护、保养，并定期检测，保证正常运转。维护、保养、检测应当做好记录，并由有关人员签字。在有较大危险因素的生产经营场所和有关设施、设备上，设置明显的安全警示标志。

● 保障安全生产投入。冶金企业应保障必要的安全生产投入，使企业具备《安全生产法》及有关法律、行政法规和国家标准或者行业标准规定的安全生产条件。

● 加强相关方（生产协作单位、外来施工单位等）及外来务工人员的安全管理。明确相关方的安全生产责任和义务，做好资质审查和安全培训，加强工程施工安全监管，将外来施工单位和外来务工人员的安全管理落到实处。

● 积极构建企业安全文化。各冶金企业要学习和借鉴国内外先进企业安全管理的成功经验，为我所用，尽快形成适合本企业的安全管理模式和企业安全文化。

（二）煤矿企业开展事故隐患排查工作的做法与经验

7. 张家口矿业集团实施三级事故隐患排查治理管控体系的做法

张家口矿业集团有限公司位于张家口市下花园区，组建于2007年3月，是河北冀中能源集团的子公司。该矿业集团主要是以矿产开发、利用、科研为一体的国有煤炭企业，集团下属宣东矿、康保矿等六个生产矿区，主营业务有煤炭生产、煤炭洗选加工、金属材料、建筑材料、橡胶制品、煤砖产品、化工产品、机械设计与制造、矿用产品的生产销售等，现有职工11 400名。

近年来，张家口矿业集团公司始终坚持"安全第一，预防为主，综合治理"的安全生产方针，从源头上防止安全生产事故发生，实现全员、全方位、全过程的安全管理。公司从 2005 年 10 月开始对煤矿事故隐患排查进行探索研究，制定出"煤矿三级事故隐患排查治理管控体系"，建立了一套完整、严密、闭合的安全管理流程，形成了隐患排查治理长效机制。

张家口矿业集团实施三级事故隐患排查治理管控体系的做法主要是：

(1) 针对存在问题，建立煤矿三级事故隐患排查治理管控体系

张家口矿业集团针对煤矿隐患排查治理工作开展不扎实、不到位和事故隐患防控能力不足等问题，根据事故轨迹交叉理论，将人的不安全行为（人）、物的危险状态（机）、环境的恶化（环境）称为直接隐患，将管理的缺陷（管理）称为间接隐患。其中，环境的不安全状态在煤矿井下难以消除；物的不安全状态（例如设备）可以消除；人的不安全行为可以采用制度规范、培训教育等方法消除或避免。由于事故的发生是人的不安全行为与物和环境的不安全状态交叉后酿成的，由此经多方研究、实践运行、分析提炼，总结出了集团公司、煤矿、区队相互监督、相互制约的煤矿三级事故隐患排查治理管控体系，概括为"44541"，即：在隐患管理方面建立"四个体系"；在隐患排查治理中坚持"四个报告"；在隐患治理过程中确立"五定"原则；在治理措施上落实"四项措施"；事故隐患排查治理体现"一个一"。

"44541"的具体内容是：

● 在隐患管理方面建立"四个体系"：安全管理责任体系、安全监督检查体系、安全责任追究体系、安全管理制约体系。

● 在隐患排查治理中坚持"四个报告"：隐患排查治理报告、隐患监督检查报告、隐患治理验收报告和月度安全评价报告。"四个报告"分别对应"四个体系"。

● 在隐患治理过程中确立"五定"原则：定项目（具体隐患）、定负责人、定措施、定时间、定资金。项目、措施、资金、时间、

负责人是隐患排查治理工作的五大要素，缺一不可。

● 在治理措施上落实"四项措施"：隐患治理的安全技术措施，治理过程中的安全保证措施（包括应急措施），强制执行措施，操作人员的专业技能培训措施。

● 在隐患的排查治理体现"一个一"："安全第一，预防为主，综合治理"的安全生产方针。

（2）在隐患管理方面建立"四个体系"

张家口矿业集团在推行煤矿三级事故隐患排查治理管控体系时，在隐患管理方面建立"四个体系"，即：安全管理责任体系、安全监督检查体系、安全责任追究体系、安全管理制约体系。"四个体系"明确了隐患排查治理的责任，建立了督促隐患排查治理的机构，形成了隐患排查治理的约束机制，确立了责任追究的依据。

● 安全管理责任体系的含义与内容：

安全管理责任体系的含义：①从集团公司、部门，到矿井、区队、班组，每一级都有明确的安全管理责任，由下至上逐级负责。②从集团公司领导、管理人员到每一位职工，每一个岗位都有排查治理隐患的责任，并对本岗、本职的安全工作负责。③强化安全第一、生产第二，管生产必须管安全的理念，要做到管生产必须管隐患排查治理。生产现场的隐患排查治理工作首先是生产管理人员和职工的职责，安全管理部门的首要责任是监督、检查隐患排查治理工作的落实执行情况。

安全管理责任体系的内容：①单人操作岗位要对岗位安全状况进行确认，集中生产作业场所由班组长负责本班的隐患排查治理，交班后提交隐患排查治理表；跟班区长要对单人岗和流动作业人员进行巡查，排查"三违"等不安全因素，并提交当班的巡查记录。②当班排查出来的隐患问题和生产过程中的不安全因素，按治理权限，能够当班治理的必须治理解决，不能够及时治理的要上报到区队，由区队负责整改解决。③区队每天要对所辖范围内的生产地区、设备、设施、人员的安全状况和行为进行排查治理，并向矿安全监察部门提交每天的隐患排查治理报告；区队无法及时整改解决的事故隐患，要按照"五定原则"，制定"四项措施"，上报到矿级主管部门。④矿接到上报事故隐患，由矿级领导或部门提出整改限期，并派出专职或兼职安监员负责专盯，安监员要提交专盯报告；矿无法及时治理完成的隐患，或者治理上有困难的，要上报到集团公司。⑤上报到集团公司的事故隐患，由集团公司负责联合主管部门，组织相关专家，拿出整改方案协助矿解决。⑥所有的隐患治理完成后，矿或集团公司安监部门要进行验收，并提交验收报告。

● 安全监督检查体系的含义与内容：

安全监督检查体系的含义：①集团公司总经理负责监督检查各副总经理、集团公司各部门、各矿的隐患排查治理情况。②主管副总经理监督检查本专业隐患排查治理情况和部门工作完成情况。③集团公司业务部门负责监督检查所辖专业范围内的隐患排查治理完成情况。④矿级领导负责监督检查本矿各部门和区队，矿级职能部门监督检查区队，区队监督检查班组。

安全监督检查体系的内容：①集团公司安全监察部全面负责各矿的隐患排查治理监督检查工作，包括隐患排查情况，治理情况，档案的建立，资料的整理、分类、汇总、上报等情况。②各矿安全管理部门全面负责本矿的隐患排查治理监督检查，检查区队对隐患的排查治理情况，负责对隐患治理情况的验收，并及时把区队上报的隐患分类整理，汇总上报。③每一级漏查、漏报了隐患或者对存在的隐患不积极整改治理的，都由上一级监督检查，促进整改，并进行处罚。

● 安全责任追究体系的含义与内容：

安全责任追究体系的含义：一是按照三级事故隐患排查治理办法要求，以人查事，以事查人，逐级追究责任。二是对责任人既有经济责任追究，又包括行政责任追究。

安全责任追究体系的内容：一是隐患排查治理过程中，哪一级漏查漏报了隐患，或者查出了隐患不积极治理的，就要由上级对下级进行责任追究；由于隐患治理不到位而造成事故的，要根据事故发生的原因，从下向上一级一级地追查。二是既通过对人员的追查来查找责任，查清哪一级人员对所负责的工作没有落实到位，又通过事反过来一级一级查找责任人。

● 安全管理制约体系的含义与内容：

安全管理制约体系的含义：保证管理人员和职工都能自觉履行职责的最好方法就是建立制约体系。一是各级管理人员及职工排查出的隐患都有义务和责任上报，不上报的就要追究责任；下一级上报的隐患，上一级必须给出治理措施，否则就是失职。二是下级对上级给出的隐患治理措施发现不切合实际的，有责任提出异议，及时上报；上级有责任督促下一级及时治理隐患，对有意延误的，有权给予处罚。

安全管理制约体系的内容：对于某一项具体隐患，有多个层面的责任人在按照各自的体系承担责任，哪个层面缺失，就会被其他层面发现，形成了多层面的制约机制。

(3) 在隐患排查治理中需要坚持的相关事项

● 在隐患排查治理中坚持"四个报告"：隐患排查治理报告、隐患监督检查报告、隐患治理验收报告和月度安全评价报告。"四个报告"分别对应"四个体系"。①隐患排查治理报告包括各级每日隐患排查治理报告和月度隐患排查治理情况报告。班组长每班要对本班作业现场的隐患排查治理结果向井口、区（队）报告（报表），井口主任、区（队）长每天把所辖范围的隐患排查治理结果向矿井安全管理科报告（报表）。②跟班区长、副区长每班必须对单人操作岗位、流动作业人员进行巡查，并留有记录；矿井安全管理科将区队、井口每天的隐患排查治理资料收集、筛选、存档、上报，并把当日收集的隐患报告（报表）传送到矿有关业务科室和主管领导、分管领导，同时对排查治理过程中存在的问题提出整改意见。③集团公司安全监察部负责对隐患排查治理工作的组织协调管理，每旬通报隐患排查治理情况，提出整改意见，监督各矿井进行隐患排查治理工作，每月写出隐患排查治理情况报告，并实行专项检查，严格奖罚。④治理隐患时，实行安监员或兼职安监员监督制度，安监员或兼职安监员需要提交隐患治理监督检查报告。⑤排查出的隐患治理完成后，必须由上一级安全部门或业务主管部门组织验收，并提交验收报告。⑥矿井专业负责人，每月对本专业的安全状况进行评价，包含本专业的隐患排查治理内容在内，写出月度安全评价报告，并把评价报告报给集团公司安全监察部，公司安全副总经理进行审阅、批示。

● 在隐患治理过程中确立"五定"原则：定项目（具体隐患）、定负责人、定措施、定时间、定资金。项目、措施、资金、时间、负责人是隐患排查治理工作的五大要素，缺一不可。提出"五定"，实际上是强调每一项隐患治理工作都必须将这五方面落到实处。①定项目：把每一个隐患当作项目去对待；②定责任人：明确隐患的具体负责人；③定措施：确定具体的"四项措施"；④定时间：确定隐患治理的开始与结束时间；⑤定资金：保证隐患治理所需资金。

● 在治理措施上落实"四项措施"：隐患治理的安全技术措施，治理过程中的安全保证措施（包括应急措施），强制执行措施，操作人员的专业技能培训措施。一是安全技术措施：载明了治理工作的实施办法，也是具体治理的操作方案。安全技术措施包括隐患治理的施工时间、地点、影响范围，隐患治理前的准备工作，治理对象涉及的规格、规定、质量要求，隐患治理工作的实施工序，隐患治理工作过程中的操作技术要求等。二是安全保证措施：对技术措施提出安全保证要求，同时明确了隐患治理的组织者、实施者、指导者和监督者，隐患治理的安全防护及注意事项等。安全保证措施是在安全技术措施的基础上采取的保证措施。三是强制执行措施：隐患治理过程中必须贯彻执行的措施，包括一些与本隐患治理过程看似无直接联系，其实有很大关联性的措施。强制执行措施进一步强化了隐患治理工作的执行力度，体现了隐患排查治理工作的严肃性。四是操作人员的专业技能培训措施：每一项治理都会面临新情况和新问题，对操作人员的素质都会提出新要求，针对具体的隐患治理技术措施，对治理人员要进行专门的技能培训。

● 隐患的排查治理体现"一个一"："安全第一，预防为主，综合治理"的安全生产方针。

(4) 推行煤矿三级事故隐患排查治理管控体系的效果

张家口矿业集团在推行煤矿三级事故隐患排查治理管控体系以来，安全生产状况有了明显改观，干部、职工的安全责任明确了，开创了隐患人人自觉排查治理，安全措施人人自觉严格执行的良好局面。

● 实行分级管理，保证了安全责任的层层分解和压力的逐级传递。确立了集团公司、煤矿、区队三级事故隐患排查治理管控体系，形成了一级抓一级，下一级对上一级负责的机制，把安全工作责任层层进行分解，压力逐级进行传递，充分调动全体人员参与到安全管理工作中，在生产过程中排查治理隐患，保证了隐患排查治理的及时全面。

● 前追后究责任体系，促进了隐患排查治理工作深入落实。由集团公司到矿、区队，对漏查隐患或隐患治理不认真、不及时等情况，一级一级追究责任。从职工到管理人员，哪一级没有把该负责的工作落实到位，都要受到处罚和追究，从而有力地促进了各项工作的落实。

● 翔实的隐患认定标准，使隐患排查有据可依，确保了排查工作的全面及时。按照国家安全生产法律、法规，以及《煤矿安全规程》、国家行业标准的有关规定，融合企业自身的实际情况和安全质量标准化的相关要求，制定了涵盖采煤、掘进、机电、运输、通风和地测防治水六大专业的煤矿安全生产隐患认定标准，并把特殊生产工艺、人的行为因素、环境的安全状况、设备的完好情况、管理上存在的薄弱环节等，全部纳入事故隐患排查治理范围，为全面、准确地排查事故隐患奠定了坚实的基础。

● 严密的治理程序，确保了隐患的消除和治理过程的安全。安全生产隐患排查出来后，当班能够治理整改的，要积极组织整改治理，治理难度较大或者短时间内无法治理的，要报区队进行治理；区队整改不了的，报矿进行治理；矿一时整改不了或治理存在困难的，报集团公司，由集团公司协助治理。对于治理难度较大、技术要求较强的隐患，严格执行"五定原则"，制定"四项措施"进行治理，并派安监员进行盯守，确保隐患及时治理消除和治理过程的安全。

● 全面及时的信息反馈系统，为分析研究治理措施、超前控制防范隐患提出了可靠的依据。排查出的隐患，经过治理，消除了隐患的威胁。继而各级管理人员通过排查治理工作反馈回来的大量信息，深入分析、研究隐患发生、发展的规律，摸索治理和预防隐患的经验，制定科学、合理、切实可行的技术措施，从人、机、环境等各个方面改善生产现场条件，超前治理和防范，从源头上控制隐患的发生，达到"安全第一、预防为主"的目的。

● 功能强大的计算机管理软件，为各级管理人员及时掌握隐患排查治理情况提供了便捷的途径。为进一步提高隐患排查治理工作水平，集团研发了计算机管理软件，建立了事故隐患排查治理信息平台，实现了信息电子化办公。各矿事故隐患排查治理信息通过登录信息平台，利用网络实现隐患上传、隐患查询、在线提示、责任纠察、领导批示、统计汇总、制度文件查询等功能。各级管理人员能够按照权限，履行对隐患的认定、审查和批示的职责。通过信息平台，哪个矿井存在什么隐患，治理到什么程度，各级管理人员都能够及时了解和掌握，为及时做出决策提供了便捷的途径和真实、可靠的依据，提高了隐患排查治理工作的时效性。

8. 晋城煤业集团健全制度建立三级隐患排查网络的做法

山西晋城无烟煤矿业集团有限责任公司是我国优质无烟煤重要的生产基地，现有 55 个控股子公司、12 个分公司，企业总资产 1 101 亿元，省内员工 6.9 万人、省外员工 5 万人。企业拥有 12 对生产矿井，5 000 万 t/年煤炭生产能力；有 18 家煤化工企业，1 200 万 t/年总氨产能，1 000 万 t/年尿素产能，10 万 t/年煤制油品规模；有 2 300 余口地面煤层气抽采井群，15 亿 m³/年抽采能力，11.5 亿 m³/年利用能力，建成了世界最大的 120 MW 煤层气发电厂，拥有 97 台瓦斯发电机组，形成了煤层气勘探、抽采、输送、压缩、液化、化工、发电、燃气汽车、居民用气等完整的产业链。

多年以来，晋城煤业集团始终把安全生产放在第一位，把隐患排查工作作为基础工作常抓不懈，逐步使隐患排查工作规范化、制度化、网络化，不仅起到了及时发现各种不安全因素、改进工艺方法和提高管理水平的重要作用，而且也使广大员工逐步树立了事故预防的观念，养成了生产、工作前对所面临的操作过程和生产环境进行分析排查的良好习惯，有效地防止了各种事故的发生。

晋城煤业集团健全制度建立三级隐患排查网络的做法主要是：

（1）制定并细化隐患系列分类标准，健全隐患排查制度

为了使排查隐患有据可循，晋城煤业集团结合岗位作业标准和矿井质量标准，在原煤炭部隐患分类标准的基础上，制定并细化了适合本企业的隐患系列分类标准。在隐患排查制度基础上又补充制定了"隐患旬跟踪制度""周汇报制度""事故隐患举报制度""隐患排查工作考核办法"，并将事故隐患排查纳入矿（处）长、区队长的安全责任评估范围。各矿还规范了以安全副矿长为核心的隐患排查会议制度和以矿主要领导为核心的隐患整改制度，每月由安全副矿长组织各业务部门和单位负责人召开一次隐患排查专业会议，各业务部门和单位根据收集到的和在日常现场检查中发现的隐患情况，比照所制定的隐患系列标准，对所辖范围内的重大隐患汇总整理，对提出的 A、B 级隐患逐条进行项目、措施、资金、负责人、时间"五落实"。建立了事故隐患跟踪检查验收制度，安检部门对业务科室上报的隐患按照"五落实"的要求进行跟踪检查，落实考核隐患整改完成情况，并将结果每周向集团公司汇报。同时，集团公司各业务处室指派专人负责隐患排查工作，根据各矿上报的 A、B 级隐患，一方面督促各矿严格按"五落实"要求整改，另一方面在每月 3日定期召开隐患排查研讨会，重点针对需集团公司解决的 A 级隐患，研究隐患的整改方案，使隐患排查的专项资金及时到位。

(2) 建立三级隐患排查组织机构，健全三级隐患排查网络

晋煤集团结合自身实际，建立健全了集团公司、矿、区队三级隐患排查组织机构和运行网络，在集团公司、矿两级成立隐患排查领导小组，组长由集团公司（矿）行政一把手担任，对集团公司（矿）隐患排查工作全面负责。领导小组成员，集团公司由公司副总及各业务处室负责人组成，矿由副总以上领导组成，各分管副总经理（副矿长）、总工程师对分管范围内的隐患排查工作负主要管理责任。各业务处室和各矿（单位）业务部门负责本专业范围内的隐患排查工作，对本专业范围内的隐患排查负直接管理责任。成立隐患排查办公室，负责隐患排查的综合管理。各矿结合各自情况在主要业务科室和区队建立隐患排查组，未设隐患排查组的单位设 1～2 名隐患排查专职管理人员。在安检科设信息组，负责全矿隐患的收集、筛选、确认、复查、统计、上报，并进行考核和奖惩工作，从而形成了自上而下的隐患排查网络。

针对隐患排查主要是现场管理的特点，晋煤集团重点抓了区队一级的隐患排查网络建设，建立了区队隐患排查网络，设立了隐患排查信息组，具体明确由安全副队长专门负责。隐患排查任务进行逐级分工，形成内部小三级格局：最下一级是建立排查隐患包岗制，要求每个职工按照岗位作业标准作业，及时排查身边的隐患，并分工种进行岗位竞赛，看谁的隐患少，谁的安全状况好；中间一级是班组，要对当班隐患做到了如指掌，现场能够排除的要及时处理，不能及时处理的要汇报；最上一级是区队，负责对队里能处理的 C 级隐患进行排除，对 A、B 级隐患及时上报安检科及对口业务处室，从而使隐患排查责任层层得到落实。

(3) 各矿结合本矿特点，规范隐患排查程序

为了使隐患排查达到"封闭管理"，各矿结合本矿特点对隐患的排查，A、B 级隐患的确认上报，隐患的处理，隐患的复查和奖励处罚都做了明确规定。如成庄矿在对隐患的处理中规定：A、B 级隐患上报集团公司，由集团公司和矿共同制定防范措施，严格监督执行；B 级隐患由矿有关业务部门和分管副矿长负责，督促有关单位排计划、列资金、定措施、购设备，安排队伍尽快整改；需要"三定"处理的 C 级隐患，每天由信息组通知区队领导到约定地点进行"三定"，区队及时组织整改，隐患未处理完毕，不准进行下一道工序。

对于隐患的复查和奖罚，集团公司规定：各种检查排查出来的隐患，能当场处理的要当场处理；不能当场处理的，由安检科组织复查，并要根据扣分情况和在全公司排名情况进行奖罚。各单位自查出的问题，由各单位自己组织复查，并按本单位制定的办法进行奖罚。其他隐患由安检科按安全检查发现问题"三定表"上限定的期限组织复查，复查不合格的，由信息组二次通知有关单位到约定地点进行再次"三定"，同时按每条隐患标准进行处罚，并组织二次复查，复查不合格的，进行第三次落实，并加倍处罚，同时下达事故追查单，按事故论处。对隐患复查者不负责任，弄虚作假，视情节轻重、隐患大小给予 20～100 元的处罚。

(4) 认真落实隐患排查制度，加大隐患排查的考核力度

晋煤集团认真落实隐患排查制度，采用了经常性、多样性、多层次的安全检查形式，如集团公司特别小分队、矿特别小分队、各职能处室专业小分队定期、不定期的动态检查，矿安全监察队跟班

检查验收，检查活动覆盖整个生产头面和运输巷道。同时，加大了特别小分队活动的处罚力度，月度动态、季度检查与单位月安全工作绩效挂钩。为避免隐患和"三违"事故的重复发生，古书院矿修订完善了《对"三违"人员和事故责任者的处罚规定》。《规定》对"三违"人员处罚实行递进制考核，即对"三违"人员建立档案，对其发生次数逐次进行统计累加，对其考核也以等差数列递增，如第一次扣款 30 元，第二次扣款 50 元，第三次扣款 70 元，次数可限定为 2～3 次，发生第三次或第四次就停工学习，接受培训，履行帮教程序。对屡教不改的，可劝换工种岗位或调离岗位。隐患排查落实到人头就是要将查出的隐患具体到个人，并对其罚款，改变以往罚集体不罚个人的做法，使个人认清责任，吸取教训，更好地按规程措施、岗位标准操作。

9. 新查庄矿业公司超前防范强化事故隐患排查治理的做法

山东新查庄矿业有限责任公司的前身为山东肥城矿业集团公司查庄煤矿，1970 年建设投产，1977 年达到产煤 130 万 t，超翻番水平，1978 年被授予查庄煤矿大庆式企业称号。1990 年采掘机械化程度达到 98.20%，在册职工 6 050 人，固定资产原值为 6 243 万元。公司先后荣获全国质量标准化安全创水平特级矿井、全国煤炭系统文化示范矿、全国煤炭行业"十佳煤矿"等荣誉称号，连续四年被评为煤矿安全程度评估 A 级矿井。

近年来，新查庄矿业公司积极倡导以人为本、依法治矿的安全管理理念，突出安全生产责任制落实这个关键，创新安全工作思路，强化安全"双基"建设，夯实安全根基，有力地促进了企业和谐发展。在安全生产管理上，公司积极采取超前防范的方式，强化事故隐患排查治理，加大了监督检查和考核力度，全面夯实安全基础，促进了安全生产。

新查庄矿业公司超前防范强化事故隐患排查治理的做法主要是：

（1）坚持以人为本，强化安全教育培训

新查庄矿业公司坚持从强化职工安全意识、提升职工安全素质入手，不断加强安全宣传和安全培训，建立健全了特种作业人员培训档案，按时足额派员培训，确保特种作业人员持证上岗。按照培训考核到基层、到现场、到岗位的要求，公司采取集中考核与随机考核相结合、全员考核与个别抽考相结合、理论考核与实践考核相结合的方式，严格结果考核，形成全过程动态培训和结果考核新机制。公司所属职工学校教学人员，坚持每天深入区队开展班前安全讲评、班前应知应会提问、班前安全宣誓、薄弱人物排查、全员考试、一日一题等有针对性的安全教育活动。自 2008 年以来，公司共举办各类安全教育培训 18 期，培训干部职工 1 426 人次，对不及格的干部职工累计罚款 1.7 万元，对达到 95 分以上的干部职工奖励1.5 万元。

在此基础上，公司坚持典型引导，扎实开展了岗位工种带头人评选、职工技能大赛等活动，对评选出的岗位工种带头人和技能大赛获奖者实行年度津贴，按月兑现，充分调动了全矿干部职工学技术、学业务的积极性。同时，狠抓典型事故案例教育，深入开展"反事故斗争"活动，针对"历史上的今天"事故案例、全国重特大事故案例，组织开展"大讨论"，动员广大干部职工立足本职岗位，结合自身实际，查找事故原因，剖析事故教训，举一反三，制定安全措施，人人写出安全保证书，立下安全军令状，进一步提高了广大干部职工对安全工作重要性的认识，为安全生产工作的开展提供了智力支持。

（2）坚持管理创新，强化安全监督检查

创新是发展的不竭动力。自 2008 年以来，新查庄矿业公司以提高全员素质、提升管理水平为目的，以培育和倡树具有新查庄特色的管理理念为导向，大力推行编码管理、走动式管理和缺陷管理"三位一体"精细化管理模式，树立"任何一件事、任何一个人、任何一件物，都记录在案，有据可查"的意识，做到人人有事做、事事有人做、事事有考核、考核有兑现，使生产管理中的一切活动都有编码标示可以核查，实现了人人、事事、时时、处处有管理、有考核。各级管理人员从办公室走出来，在现场进行不间断的走动式巡查纠错，发现问题、提出问题、分析问题和解决问题，进一步增强了管理的针对性，体现了管理的系统性，激活了职工的能动性，充分发挥了管理的最佳效能，有效地堵塞了管理漏洞。在此基础上，他们不断加大对薄弱地点、薄弱时间、薄弱人物、薄弱专业、薄弱单位、薄弱干部（"六个薄弱"）的检查力度，不定时间、不定地点，哪里薄弱就到哪里，发现问题及时解决，并积极推行"安全预想管理模式"，实现了安全管理由"事后处理"到"事前防范"的转变。

（3）坚持超前防范，强化事故隐患治理

隐患治理是煤矿安全管理工作的重中之重。新查庄矿业公司坚持党政领导亲自抓，分管领导层层抓，职能部门盯上抓，落实职责，落实考核。他们不断深化细化事故隐患排查治理责任制，认真执行重大事故隐患项目负责制，层层明确各级事故隐患排查治理第一责任者的责任，企业主要负责人对矿井事故隐患排查治理工作全面负责，总工程师对矿井重大事故隐患具体负责，分管领导分工负责，不断完善矿、专业科室、基层区队、生产班组四级事故隐患排查治理责任体系。建立健全了从公司董事长到总工程师、业务技术部门负责人、基层区队技术员的事故隐患排查责任网络，从董事长到安全生产副总经理、基层区队长、班组长的事故隐患治理网络，从董事长到安监处长、主任工程师、安监员的事故隐患排查治理监督网络，"三个网络"各负其责，各司其职，相互监督。逐步建立了严密的安全隐患排查防控体系，严格落实"五环六步"隐患防控机制（"五环"即岗位隐患防控、班组隐患防控、区队隐患防控、专业科室隐患防控、矿井隐患防控，"六步"即每一个环节都包括排查、记录、汇报、整改、验收、考核六个步骤），把隐患排查治理延伸到各

个岗位和每名职工，从岗位、班组、区队、专业到矿井五级排查，层层落实责任，形成五个循环、环环相扣，每环六步、步步闭合的分级闭环，建成了多层级、全过程控制的隐患排查治理和防控体系。进一步完善事故隐患治理销号制度，实行谁治理谁负责，谁负责谁销号，谁销号谁签字，严格项目、人员、时间、资金、考核"五落实"，对A、B级事故隐患必须严格按程序进行治理。各项制度的严格落实，使矿井事故隐患排查治理工作走上了程序化、规范化的发展轨道，为矿井实现安全生产提供了有力的组织保证。

职工是安全行为的主体，只有消除人的不安全行为，才能促进安全生产。自2008年以来，新查庄矿业公司进一步加大了薄弱人物的排查帮教力度，建立了薄弱人物排查"零汇报"制度，对本单位干部职工的家庭生活状况进行了深入调查了解，对各类薄弱人物进行分类排查分析，并将具体情况书面反馈调度室、安监处，建立全员安全档案，按照"十种薄弱人物"的标准，坚持天天班班排查薄弱人物，每班由值班干部和跟班干部进行排查，对排查出的薄弱人物一律停止工作，参加"三违"培训班。进一步增强了职工的安全意识，实现了从"要我安全"到"我要安全""我会安全"的根本性转变，促进了安全生产工作顺利进行。（李明欣）

10. 木城涧煤矿运用信息化带动精细化实施隐患排查的做法

木城涧煤矿是北京昊华能源集团所属最大的生产矿井，于1952年建成投产，至今已有50多年的发展历史，现辖千军台、木城涧坑、大台井三个生产矿井，井田面积63.2 km²，共有员工7 100多名，年产优质无烟煤250万t，工业总产值6.5亿元。所产无烟煤具有特低硫、低磷、低氮等特点，是洁净、环保、优质的无烟煤，产品广泛应用于冶金、电力、化工、建材等工业行业，除供应国内市场外，产品还远销日本、韩国、巴西等国际市场。

近年来，木城涧煤矿积极推进科技兴安、装备强安、文化创安三大工程建设，不断加大科技投入力度，积极引进适合本矿特点的先进的采煤方法和施工工艺，推广应用综合机械化采煤法，降低了职工的劳动强度，增强了安全系数，提高了工作效率，并且还运用信息化带动精细化，实施隐患排查，进一步提升企业安全生产条件和安全管理水平，逐步实现矿井的本质安全。

木城涧煤矿运用信息化带动精细化实施隐患排查的做法主要是：

（1）信息化带动精细化，实现科技兴安

在木城涧煤矿的安全生产调度指挥信息中心，首先映入眼帘的是一面墙大小的电子显示屏。在电子显示屏上，标注着科段的隐患、隐患级别、隐患确定时间、隐患整改负责人等信息。据了解，这是木城涧煤矿的隐患排查治理信息系统。当某科段现场排查出隐患，工作人员将隐患录入隐患排查系统，然后指定整改负责人，整改期限，整改完之后进行闭合。隐患排查信息系统有两个作用：一是能够把隐患分类，并做到公示。每个单位的值班室门口都有一个电视屏，调度室的这个电视屏是最大的。煤矿把科段每天查出的隐患、治理措施、整改负责人、治理情况等，通过调度室的电视屏进行公示，对隐患治理过程进行全方位监控。二是通过每天的科段排查，每半月的矿排查，将隐患消除在萌芽状态，以实现安全生产工作。这套系统对保证安全生产工作起到了一定的效果。

木城涧煤矿近年来建立逐级隐患排查治理责任体系和隐患排查治理责任追究体系，系统部署到公司及所属京西各矿，实现对科段、矿井、公司分级排查出的隐患进行有效管理。利用信息化技术提升了煤矿隐患排查工作水平，规范超前预防安全管理，建成了面向安全生产现场的信息管理平台，保证隐患信息的可靠性，提高隐患排查的效率和整改的及时性，保证生产安全。

在木城涧煤矿的安全生产指挥信息系统电子显示屏上，可以看到一个个不断运动的小人，这是 2010 年 4 月刚刚安装调试好的人员定位系统。通过演示，人员定位一清二楚：早上 6 点 35 分，井下人员是在坑口 1 500 m 的地方，于 6 点 48 分离开。通过人员定位系统，地面人员对井下人员所处位置一目了然。木城涧煤矿在井下巷道、工作面等重要地段共安装了 77 台定位分站和 230 台定位器，共铺设光缆、485 电线 92 km。木城涧煤矿的每位员工身上都有一个识别卡，只要在信号范围内，就会产生信号。当入井员工进入安装在井下各采掘工作面及巷道的任何一个分站的作用范围时，佩戴在员工身上的个人信息卡就会发出具有代表身份特征的射频信号，经井下分站接收，再发送到地面监控计算机。监控计算机形成不同标识、模拟图形和数据，实时显示人员在井下的活动模拟轨迹，方便地面人员随时掌握井下生产作业人数和所在的区域，并进行全面监控。

人员定位系统除有监控作用之外，还有报警功能。通过设定员工的出入井时间，对下井超时的人员指示报警。在抢险救灾时，工作人员能立即从计算机上查询事故现场的人员位置分布情况、被困人员数量、遇险人员撤退线路等信息，为事故抢险提供科学依据。

除了人员定位系统之外，木城涧煤矿还将安全监测监控系统、通信联络系统、矿压监测系统、运输系统、主通风机集控系统、压风机集控系统、应急救援系统、调度指挥系统，以及正在建设完善的压风自救系统、供水施救系统和紧急避险系统进行整合，集中监控，实现重点生产环节视频覆盖，逐步完成在线实时视频传输，实现调度指挥的信息化。

(2) 配备先进装备，实现装备强安

木城涧煤矿因为地质条件过于复杂，其他煤矿安装一个工作面可能会采几年，而该矿安装好工作面之后，采几个月就不得不搬家，但是在这样困难的条件下，还是在 2006 年安装了第一个综合大型机械化采煤工作面，在保证人员安全方面起到了很好的作用。现在又遇到了新的问题：因为煤层条件复杂，三柱以上的综采在全国还不是很多，倾角多在 45°以上。对于比较复杂的煤层来说，虽然安装大型综采工作面具有推广意义，但是在煤层发生变化时候，随着倾角度数变大，在技术参数的设定和现场管理上，还需要继续摸索和研究。

推动装备强安工程，加大安全装备投入，最终的目的只有一个，就是实现矿山的安全生产标准化的目标，即到 2011 年年底，京西煤矿 50％以上达到北京市安全生产标准化二级；到 2012 年年底，50％以上达到北京市安全生产标准化一级；到 2013 年年底，全部达到北京市安全生产标准化一级；到"十二五"末，全部达到安全生产标准化国家级。由三级到二级到一级再到国家级，木城涧煤矿期望利用 5 年时间实现跨越式发展。

（3）推进安全建设，实现文化创安

在企业的生产作业过程中，员工的"三违"行为（违章指挥、违章操作、违反劳动纪律）是伤亡事故多发的根源。在以前，木城涧煤矿虽然一直向员工灌输安全理念，纠正违章行为，但是效果并不明显。在总结经验教训的基础上，木城涧煤矿开始积极推进文化创安工程，开展了安全观念文化建设、安全制度文化建设、安全教育文化建设、安全行为文化建设、安全警示文化建设和班组安全文化建设六大文化建设。通过建设，完善了安全管理制度、安全监管制度、各级安全生产岗位责任制。通过加强安全可控，推动安全观念文化建设向安全生产各系统和经营管理流程进行延伸和融合，营造自觉认同公司发展战略、自觉落实公司发展战略、自觉履行企业文化、自觉执行企业管理制度的文化氛围，打造职业化的管理队伍和专业化的员工队伍，使"安全可控，事在人为"的核心安全理念深入人心。

目前木城涧煤矿的一线井下工人有 3 000 多人，其中 80％左右都是外地人，而且 80 后的年轻工人越来越多。加大 80 后矿工的培育力度，成为摆在木城涧煤矿面前的一大课题。为了满足年轻工人多样化需求，丰富业余文化生活，木城涧煤矿不间断组织篮球联赛、足球联赛、运动会，还组织各种各样的演唱会、学习讨论会，使员工每天的业余生活多姿多彩。木城涧煤矿还用亲情文化触动员工心灵，让员工在井下自觉地遵章守纪，保证安全工作。煤矿在大台井建一条文化长廊，从井口开始一直延伸到井下－510 m，总长度大约3 000 m，将警示语贴在巷道两侧，使员工真正将安全融入自身工作中。

11. 唐山矿业公司工会积极开展群众性安全隐患排查的做法

唐山矿业分公司是开滦集团公司所属的大型生产矿井之一，始建于1878 年，是中国最早采用西方先进工业技术开凿、使用机械开采的大型矿井，素有"中国第一佳矿"之称，享有"中国北方工业摇篮"的盛誉。煤矿资源条件优越，煤炭储量丰富，井田面积37. 28 km^2。

近年来，唐山矿业公司工会坚决贯彻执行上级领导关于安全生产工作的重要指示，紧密围绕公司安全管理工作的部署，不断探索和完善群众性安全工作的方式和方法，在全公司范围内组织开展了群众性安全隐患排查和合理化建议有奖征集活动，取得了一定效果，为实现公司安全生产发挥了应有的作用。

唐山矿业公司工会积极开展群众性安全隐患排查的做法主要是：

(1) 提高认识，转变观念，开展群众性安全隐患排查工作

事实证明：在煤矿安全生产管理过程中，对安全隐患的排查，可以有效地避免安全事故的发生。那么，发现和控制安全隐患的主体，除了安全管理专业人员以外，广大职工群众才是最大、最根本的力量。这里边有一个思想观念转变的问题。因为，安全管理人员从精力和人力上来说总是有限的，井下现场条件千变万化，不可能做到时时处处有安全管理专业人员，而广大职工群众遍布在井下生产一线的各个角落，在生产实践过程中，能及时直接地发现安全隐患，从而成为安全管理网络中最基础、最重要的一环，广大职工群众在安全管理过程中的作用发挥如何，将直接影响公司的安全生产状况和安全管理水平。

公司开展的群众性安全隐患排查和合理化建议有奖征集活动，就是坚持了群防群治的原则，立足于调动广大职工群众的积极性，使职工主动地参与到安全管理之中，及时发现和消除各种安全隐患，实现了全员参与安全管理，形成了人人为公司的安全生产献计献策的浓厚的安全生产氛围，对扭转公司安全生产严峻形势，有效避免安全事故的发生，发挥了重要的推动作用。

(2) 广泛发动，确保群众性安全隐患排查工作机制的有效运转

群众性安全隐患排查和合理化建议征集工作，实际上是一套工作机制。在具体组织过程中，公司工会做到了"三个到位"，确保了这个工作机制的正常、有效运转。

● 宣传发动到位。在活动开展之初，公司工会和安管部分别召开了由安全区长和工会主席参加的动员会议，明确了由基层各单位安全副职、工会主席负责，利用三班班前会、群众安全会、安全技术培训会等多种形式，对广大职工进行宣传发动，讲清了安全隐患排查和合理化建议征集活动的目的意义、评选方法及奖励政策，充分调动了职工群众参与的积极性。在活动的组织上，工会采取了以下的流程：一是职工群众在发现安全隐患后，填写"安全隐患排查有价值信息表"一式两份，一份由本单位安全副职签字确认后上报公司安管部，一份本单位留档。如果是临时性安全隐患，由职工本人找到班队长向值班室和安管部值班室汇报备案，待处理完结后可补填有价值信息表。二是由公司职能部门对上报的信息和建议进行核实、确认，对确实能消除事故隐患或有价值的合理化建议进行分类、建档。三是公司工会会同公司安管部，对排查出的有价值的隐患信息和安全建议进行评选，并报主管副总，对价值高、建议好的信息给予奖励。

● 信息的质量把关到位。如何保证员工上报信息的质量，公司工会采取了以下两个方法：一是建立了循环闭合机制，即"职工群众开展安全隐患排查（提合理化建议）—形成有价值信息—基层安全副职、工会主席、党政正职把关—安管部分类建档、核实确认—职能部门评选—公司工会公示—最后兑现奖励"的循环闭合机制。二是各单位在推荐过程中,单位正职和安全副职、工会主席要严格把关,保证质量,把那些有价值的信息筛选出来再上报,避免应付、凑数现象的发生。对明显存在应付和不实的信息,一经查出,对单位安全副职、工会主席一次不少于各 300 元罚款,对单位正职一次不少于 200 元罚款。同时,还确定了两个评选原则:一是宁缺毋滥的原则;二是有隐患先行处理的原则,不能为了评奖认定而延误问题处理时机。

● 奖励政策到位。对职工群众提出的有价值信息,公司工会在奖励标准上一共设置了四个奖项,其中,特等奖奖励 1 000 元,评选标准是:由安管部门认定为影响公司安全生产的重大安全隐患,经过治理可避免重大安全事故的安全隐患问题或者是可以明显提升公司安全管理水平和能力的有价值的合理化建议。一等奖奖励 500 元,二等奖奖励 200 元,三等奖奖励 100 元,也分别都有评选标准。除以上奖励外,对获奖的有价值信息提供者,在安全生产百分考核中享有加分奖励,其中特等奖一次加 30 分,一等奖一次加 20 分,二等奖一次加 10 分,三等奖一次加 5 分。需要说明的是,公司安全生产百分考核直接与员工收入挂钩,达到规定分值后,按采掘一线单位每人每季 400 元、辅助单位每人每季 300 元、地面单位每人每季 150 元的标准兑现。从活动开展以来,公司工会对上百名员工的近千条有价值信息进行了奖励。这种奖励力度确实不小,职工群众的积极性得到鼓舞,参与程度非常高。

(3)协调联动,确保群众性安全隐患排查活动的整体效果

开展群众性安全隐患排查,并不是孤立开展的一项活动,而是与公司的安全管理工作融为了一体。应该说,唐山矿业公司的安全隐患排查工作,已经有了一套比较成熟的机制。比如,公司实施的"三级隐患排查""两级安全确认"。"三级隐患排查",是指公司组织的隐患排查、各专业小组组织的安全排查以及各区科组织的安全排查；"两级安全确认"，是指班组长和员工要分别在开工前、作业中和收工后进行安全确认，实际上也是一个安全隐患排查的过程。而群众性安全隐患排查，是对公司安全管理工作的有效加强和补充，更加完善了安全隐患排查网络的建设，进一步扩大了安全隐患排查的覆盖面，提高了公司的安全管理水平。

从实际效果来看，通过活动的开展，广大职工群众的安全责任意识和工作积极性得到明显提高。同时，公司工会还把这项活动与"全国安全月"活动相结合，与群众安全监督工作相结合，对提升公司安全管理水平起到了有力的推动作用。

12. 宣东二号煤矿实施事故隐患排查治理追究制度的做法

河北冀中能源张矿集团宣东二号煤矿，位于张家口市宣化城东南 10 km 处的宣化县顾家营镇境内，是一座新崛起的现代化矿井，矿井设计能力 90 t/年，经过矿井扩能技改，扩展生产能力为 150 t/年。企业先后荣获张家口市文明单位、全国煤炭行业级安全高效矿井、全国煤炭行业文明矿、冀中能源企业文化建设示范单位等多项殊荣。

近几年来，宣东二号煤矿以建设中澳安全健康示范矿井为主线，以夯实安全质量标准化为基础，以安全高效矿井建设为重点，以提高经济效益为中心，以先进企业文化为支撑，积极与澳方进行广泛技术交流与合作，建立了符合宣东矿实际的安全健康管控体系，并实施事故隐患排查治理追究制度，积极排查事故隐患，预防各类事故的发生，实现了安全生产。

宣东二号煤矿实施事故隐患排查治理追究制度的做法主要是：

（1）明确职责，确定班组长是班组隐患排查负责人

宣东二号煤矿根据集团公司要求，在煤矿所属各区建立了区隐患排查治理组织机构，制定了相应的制度，明确了职责。各区隐患排查治理组织机构由区队长、班组长和特殊岗位人员组成，班组长是班组隐患排查负责人，即班组安全第一责任者。

班组每天根据值班队长交班情况及安全注意事项，到作业场所后，当班组长与下班组长、当班岗位与下班岗位进行现场交接班，做到交清问明，全面了解工作现场的安全状况及存在的问题。然后班组长对当班作业场所进行全面隐患排查，每班坚持进行班前、班中、班后不少于 3 次的排查，先排查后生产，对排查出的问题立即组织进行处理，处理完隐患后方进行施工作业；对当班不能及时处理且不会直接影响安全生产的问题，记录在班组《隐患排查治理表》上，上报到区队，由值班区队长协调安排治理。同时岗位人员隐患排查，将工作面各环节的事故隐患都排查出来，对排查出的问题立即组织进行处理，处理完隐患后方可进行施工作业；对当班不能及时处理且不会直接影响安全生产的问题，及时汇报给当班班组长，由班组长协调解决。

这样，在班组安全管理过程中，"班前检查不能少、班中巡回排查不能少、班后复查不能少"的一班三检隐患排查治理办法，较好地解决了班组在施工过程中生产与安全的关系，真正使班组全体职工做到了不安全不生产、隐患不排除不生产，将"要我安全"到"我要安全"的安全理念深入每一名职工心中。

（2）逐级检查，严格落实事故隐患排查治理追究制度

宣东二号煤矿推行区队查班组，班组查岗位，逐级检查漏查漏报问题，逐级督察问题落实整改情况，是对责任者一种行之有效的管理办法。

在班长隐患排查工作中，发现单人岗位及流动岗位存在未及时填写隐患排查表、排查内容不全或有漏排、能及时治理而未治理等违反隐患排查治理要求的行为，给予批评指正并责令其立即改正。发现 3 次未及时进行隐患排查按期治理的问题，或同种现象再三发生的，班组长给予该责任人调离原工种处理，同时降低该责任人当班得分。

　　通过以上事故隐患排查治理追究制度的实行与落实，为煤矿班组现场安全生产提供了又一道安全屏障，同时对违规现象的处理与追究，奖优罚劣，对相关班组人员的安全管理工作起到了良好的促进作用。

(3) 加强班组建设，推行三级事故隐患排查治理管控体系

　　宣东二号煤矿在未推行煤矿三级事故隐患排查治理管控体系以前，安全管理只是上级管理人员和少部分人的事，跟其他人员无关，各管一摊、各行其是，安全管理只停留在口头上，没有真正落实到现场，落实到每一个人身上，谁都不想出事故，但事故总是反复发生。

　　自三级事故隐患排查治理管控体系在宣东二号煤矿运行以来，区队领导班子成员多次召开区务会，对照自己，查找不足，统一思想，共促共进；组织全区人员在班前班后会、碰头会、安办会上认真学习《煤矿三级事故隐患排查治理办法》，让全区每一个人都正确认识到安全不是一个人的问题，而是你中有我、我中有你，讲安全决不能搞形式主义，而是要真正落实内容上的安全。通过不断学习，全区职工统一了思想，提高了认识。大家认识到，只有每位职工在工作过程中相互监督、相互提醒、相互检查，查找漏洞和薄弱环节，才能减少不安全因素的存在。

　　现在全矿安全工作有两个转变，一是实现了从部分人参与到全员参与的根本转变，二是实现了从"要我安全"到"我要安全"的安全理念的根本转变。在工作中严格按照《三级隐患排查治理办法》规定的程序运行，在全矿推行班组长"班前检查不能少、班中巡回排查不能少、班后复查不能少"的工作面一班三检隐患排查程序，不流于形式，不走过场。全方位、全过程、不间断地加大隐患排查治理力度，对查出的隐患或问题，落实责任，限期整改；同时加大现场安全管理与监督检查力度，明确区队干部跟班的重点就是查落实，真正做到"职工三班倒，班班见领导"，及时解决安全生产中遇到的急、难、需问题，保持安全的作业环境，杜绝各类事故的发生。

通过隐患排查工作在班组、现场的有效运行，全矿各项工作都有了不同程度的进步，各项生产井然有序进行，巷道平整清洁，图板清晰，管线吊挂齐整，物料摆放有序，顶帮锚杆支护横竖成行，顶板管理、瓦斯治理取得了可喜的成果。

在顶板管理方面，采掘区队和班组认真落实煤矿安全规程及作业规程中的相关规定，支护前首先进行隐患排查，看割煤后是否进行临时支护，是否进行敲帮问顶，是否对周围环境进行排查，是否按要求排查后开始进行施工作业。在支护过程中，从锚梁网的搭接、联网到绑扎，从确定顶眼位置到打顶板眼，直至锚注，严格按照规程要求执行。特别是在顶板破碎的情况下，能按照规程要求及时调整排间距，加强支护，确保了安全生产。

煤矿企业开展事故隐患排查工作的做法与经验评述

煤矿生产具有很大的危险性，属于典型的危险性作业，易发生人员伤亡事故，尤其是重特大伤亡事故。近几年，通过加快煤矿安全法制建设，完善和实施一系列煤矿安全生产法规标准，开展了煤矿安全专项治理整顿，加大了煤矿安全投入，制定和实施了一些有利于煤矿安全生产的经济政策，从而加强了煤矿安全生产工作，对防范和降低人员伤亡事故的发生起到了积极的作用。

（1）煤矿安全生产的主要任务

我国煤矿绝大多数是井工矿井，地质条件复杂，灾害类型多，分布面广，在世界各主要产煤国家中开采条件最差、灾害最严重。在煤矿生产中，所遇到的灾害主要有：瓦斯灾害、水害、自然发火危害、煤尘灾害、顶板灾害、冲击地压危害、热害等。

面对煤矿灾害，煤矿企业安全生产主要任务是：

● 大力推进煤矿瓦斯治理。坚持"先抽后采、监测监控、以风定产"的煤矿瓦斯治理工作方针，采取综合措施，加大煤矿瓦斯治理力度。企业要严格执行《煤矿安全规程》《防治煤与瓦斯突出细则》，推广应用《煤矿瓦斯治理经验五十条》，加强现场作业管理，加大瓦斯抽采力度，通过瓦斯治理示范项目建设，引导、鼓励和扶持瓦斯（煤层气）综合利用。井工煤矿要全部建立矿井安全监测监控系统，高瓦斯和煤与瓦斯突出矿井实现安全监测监控系统远程联网，国有重点煤矿企业实现矿务局（集团公司）内部联网，地方国有煤矿、乡镇煤矿实现县（区）范围内联网。加强矿井通风，必须保证瓦斯的浓度在1‰以下，严格按照矿井的通风能力，限定矿井的开采能力，并综合采掘工作面生产能力、提升能力、运输能力、供电能力、排水能力、地面生产系统能力、资源储量和服务年限的核定，取最小值确定生产能力，坚决杜绝超能力开采。

● 强化煤矿重大事故隐患排查治理。煤矿企业要建立隐患排查工作责任制，制订隐患排查整改方案，定期对煤矿存在重大事故隐患的作业场所、设施设备、重点环节、重点部位进行隐患排查，对排查出的事故隐患进行评估、分级和登记，明确隐患整改的期限和质量要求，实行动态管理。加大隐患治理投入力度，按照分级分期的原则，确保排查出的事故隐患得到及时有效的整改。对矿井通风系统、瓦斯抽采系统和采空区等存在重大事故隐患的设施、场所要重点治理，做到项目、资金、设备材料、责任人、进度五落实。煤矿企业要及时淘汰危及安全生产的落后设备、设施和工艺，提高安全生产技术水平和安全装备水平。

● 提升煤矿安全科技水平。开展煤矿瓦斯、水害、火灾、冲击地压等灾害探测、监测预警及治理关键技术攻关，在灾害机理、准确预测和有效治理方面取得新突破。开展矿井热害等职业危害防治技术、矿用产品安全性能检测技术、事故模拟仿真等煤矿安全管理、监察技术研究。构建矿井灾害事故预警和应急救援技术平台。研究制定煤矿安全准入、安全评价及分级管理等技术标准和管理规范。建立煤与瓦斯突出防治、瓦斯抽放、矿井水害防治、矿井火灾防治等技术示范工程。

● 加强煤矿安全教育培训。要强化对煤矿企业主要负责人、安全生产管理人员、专业技术人员和特种作业人员的培训，重点抓好农民工的培训，并建立培训档案，严格考核，加强劳动用工管理，规范劳动用工行为。煤矿企业要定期或经常组织开展岗位练兵、技术比武和安全警示教育活动。各级煤矿安全监管监察机构要加强对企业安全培训的指导和监督检查。

● 强化煤矿职业危害监察。建立健全职业危害监督管理工作机制，完善煤矿作业场所职业危害监察的法规标准体系，制定和修订煤矿作业场所粉尘、噪声等职业接触限值、职业危害因素监测、有毒有害气体快速检测等标准。制定煤矿职业危害监督检查、职业危害申报、事故调查处理的制度和办法，实行职业卫生安全许可证制度。

● 推进煤矿安全基础管理。各类煤矿企业要依法建立安全管理机构，配齐安全管理人员，建立和完善各项安全管理制度。落实企业法定代表人第一责任人的职责，健全以总工程师为核心的技术管理体系。加强"一通三防"、水害防治和设备管理等现场技术管理。坚持领导干部带班下井制度，强化基层区队班组建设，严格按照定编、定员、定额组织生产。建立完善入井人员位置监测及考勤系统，强化对入井人员的监督管理。积极推进安全质量标准化建设，推行作业现场精细化管理，制定每个工作环节的质量标准，全面开展安全质量标准评估、考核与评级，实现动态达标。

（2）煤矿企业事故隐患的排查治理

国家安全生产监督管理总局、国家煤矿安全监察局为了保证煤矿企业的安全生产，近几年先后颁发了《煤矿安全规程》《安全生产事故隐患排查治理暂行规定》《煤矿重大安全隐患认定办法（试行）》《煤矿隐患排查和整顿关闭实施办法（试行）》《国有煤矿瓦斯治理规定》《煤矿瓦斯治理经验五十条》《关于加强煤矿水害防治工作的指导意见》《关于加强国有重点煤矿安全基础管理的指导意见》等，这对于煤矿企业开展事故隐患排查治理工作提供了依据。

2005 年 9 月 26 日开始实施的《煤矿重大安全隐患认定办法（试行）》（安监总煤矿字〔2005〕133 号），针对煤矿企业的实际，明确事故隐患的具体表现形式，对于企业开展事故隐患排查治理工作具有指导意义。

煤矿重大安全生产隐患认定的相关内容如下：

●"超能力、超强度或者超定员组织生产"，是指有下列情形之一：①矿井全年产量超过矿井核定生产能力的；②矿井月产量超过当月产量计划 10% 的；③一个采区内同一煤层布置 3 个（含 3 个）以上回采工作面或 5 个（含 5 个）以上掘进工作面同时作业的；④未按规定制定主要采掘设备、提升运输设备检修计划或者未按计划检修的；⑤煤矿企业未制定井下劳动定员或者实际入井人数超过规定人数的。

●"瓦斯超限作业"，是指有下列情形之一：①瓦斯检查员配备数量不足的；②不按规定检查瓦斯，存在漏检、假检的；③井下瓦斯超限后不采取措施继续作业的。

●"煤与瓦斯突出矿井，未依照规定实施防突出措施"，是指有下列情形之一：①未建立防治突出机构并配备相应专业人员的；②未装备矿井安全监控系统和抽放瓦斯系统，未设置采区专用回风巷的；③未进行区域突出危险性预测的；④未采取防治突出措施的；⑤未进行防治突出措施效果检验的；⑥未采取安全防护措施的；⑦未按规定配备防治突出装备和仪器的。

●"高瓦斯矿井未建立瓦斯抽放系统和监控系统，或者瓦斯监控系统不能正常运行"，是指有下列情形之一：①1 个采煤工作面的瓦斯涌出量大于 5 m^3/min 或 1 个掘进工作面瓦斯涌出量大于 3 m^3/min，用通风方法解决瓦斯问题不合理而未建立抽放瓦斯系统的；②矿井绝对瓦斯涌出量达到《煤矿安全规程》第 145 条第二项规定而未建立抽放瓦斯系统的；③未配备专职人员对矿井安全监控系统进行管理、使用和维护的；④传感器设置数量不足、安设位置不当、调校不及时，瓦斯超限后不能断电并发出声光报警的。

●"通风系统不完善、不可靠"，是指有下列情形之一：①矿井总风量不足的；②主井、回风井同时出煤的；③没有备用主要通风机或者两台主要通风机能力不匹配的；④违反规定串联通风的；⑤没有按正规设计形成通风系统的；⑥采掘工作面等主要用风地点风量不足的；⑦采区进（回）风巷未贯穿整个采区，或者虽贯穿整个采区但一段进风、一段回风的；⑧风门、风桥、密闭等通风设施构筑质量不符合标准、设置不能满足通风安全需要的；⑨煤巷、半煤岩巷和有瓦斯涌出的岩巷的掘进工作面未装备甲烷风电闭锁装置或者甲烷断电仪和风电闭锁装置的。

●"有严重水患，未采取有效措施"，是指有下列情形之一：①未查明矿井水文地质条件和采空区、相邻矿井及废弃老窑积水等情况而组织生产的；②矿井水文地质条件复杂没有配备防治水机构或人员，未按规定设置防治水设施和配备有关技术装备、仪器的；③在有突水威胁区域进行采掘作业未按规定进行探放水的；④擅自开采各种防隔水煤柱的；⑤有明显透水征兆未撤出井下作业人员的。

●"超层越界开采"，是指有下列情形之一：①国土资源部门认定为超层越界的；②超出采矿许可证规定开采煤层层位进行开采的；③超出采矿许可证载明的坐标控制范围开采的；④擅自开采保安煤柱的。

●"有冲击地压危险，未采取有效措施"，是指有下列情形之一：①有冲击地压危险的矿井未配备专业人员并编制专门设计的；②未进行冲击地压预测预报、未采取有效防治措施的。

●"自然发火严重，未采取有效措施"，是指有下列情形之一：①开采容易自燃和自燃的煤层时，未编制防止自然发火设计或者未按设计组织生产的；②高瓦斯矿井采用放顶煤采煤法，采取措施后仍不能有效防治煤层自然发火的；③开采容易自燃和自燃煤层的矿井，未选定自然发火观测站或者观测点位置并建立监测系统，未建立自然发火预测预报制度，未按规定采取预防性灌浆或者全部充填、注惰性气体等措施的；④有自然发火征兆没有采取相应的安全防范措施并继续生产的；⑤开采容易自燃煤层未设置采区专用回风巷的。

●"使用明令禁止使用或者淘汰的设备、工艺"，是指有下列情形之一：①被列入国家应予淘汰的煤矿机电设备和工艺目录的产品或工艺，超过规定期限仍在使用的；②突出矿井在 2006 年 1 月 6 日之前未采取安全措施使用架线式电机车或者在此之后仍继续使用架线式电机车的；③矿井提升人员的绞车、钢丝绳、提升容器、斜井人车等未取得煤矿矿用产品安全标志，未按规定进行定期检验的；④使用非阻燃皮带、非阻燃电缆，采区内电气设备未取得煤矿矿用产品安全标志的；⑤未按矿井瓦斯等级选用相应的煤矿许用炸药和雷管，未使用专用发爆器的；⑥采用不能保证 2 个畅通安全出口采煤工艺开采（三角煤、残留煤柱按规定开采者除外）的；⑦高瓦斯矿井、煤与瓦斯突出矿井、开采容易自燃和自燃煤层（薄煤层除外）矿井采用前进式采煤方法的。

（三）化工企业开展事故隐患排查工作的做法与经验

13. 大化集团公司创建"无隐患岗位"提高本质安全化的做法

大化集团有限责任公司始建于 1933 年，是中国最大、最早的基本化工原料、化学肥料生产基地，主导产品以年产 30 万 t 合成氨为核心，形成年产 80 万 t 纯碱、50 万 t 氯化铵、30 万 t 复合肥、20 万 t 硫酸、22 万 t 焦炭、90 万 t 海盐及各种气体的生产能力，有年吞吐能力 200 万 t 的自营码头。全集团共有 33 个分、子公司，现有员工 7 000 人，总资产 110 亿元。

大化集团公司是拥有 70 多年历史的国有特大型化工企业，作为一个老化工企业，由于工艺落后、设备陈旧、腐蚀严重、作业环境差，给企业的安全生产工作带来了一定的难度。为了落实"安全第

一、预防为主"的安全生产方针，搞好事故隐患的整改工作，改善职工的作业环境，提高设备、场地安全化程度，公司从 2000 年开始，结合本企业的安全生产实际，有计划、有组织地开展创建"无隐患岗位"活动，通过这一活动的开展，使企业的安全生产条件得到了明显的改善，安全本质化程度得到了极大的提高，并进一步提高了安全生产水平。

大化集团公司创建"无隐患岗位"提高本质安全化的做法主要是：

(1) 转变观念，提高认识，加强领导

我国安全生产方针决定了安全管理工作的重点是预防为主，杜绝事故的发生，消除隐患则是达到万无一失的根本所在。事故致因理论揭示，一起工业伤害事故之所以能够发生，除了人的不安全行为之外，一定存在着某种不安全条件，并且不安全条件对事故发生作用更大一些。

在开展"无隐患岗位"的创建活动中，集团公司始终坚持做到"一个提高""两个转变""三个加强"。

●"一个提高"：就是提高对"无隐患岗位"创建工作重要性的认识，使广大职工真正明确创建工作对实现安全生产有着极其重要的意义。

●"两个转变"：一是从领导到职工彻底转变老厂、老设备、老环境，条件差点、缺陷多点没啥的观念；二是变"要我安全"为"我要安全"，利用创建活动为载体，把广大职工吸引到安全生产上来。

●"三个加强"：一是加强对"无隐患岗位"创建活动的领导；二是加强宣传和发动工作；三是加强对基层创建活动的指导工作。由于解决了思想上的难创观念，极大地调动了广大职工的安全生产积极性，职工们真正认识到，为了个人的安全与健康，必须从我做起，从岗位做起，才能保证岗位安全化、环境舒适化。

几年来，由于领导的重视，职工的参与，大化集团公司的"无隐患岗位"创建活动开展得有声有色。

(2) 层层发动，持之以恒，注重实效

创建"无隐患岗位"是全员参与安全大检查的产物，是一线职工参与隐患整改的一种具体形式。在创建"无隐患岗位"的活动中，大化集团公司贵在一个"坚持"，讲究一个"效"字，一切从本单位的实际出发，不做表面文章，讲究实效，避免了虎头蛇尾的现象。

在创建活动中，集团公司注重调动两个积极性，即安技人员的积极性和一线职工的积极性，形成一股合力，共同抓好此项工作。各基层单位首先从一线班组抓起，让职工自己动手对本岗位和周边作业环境进行整治，使职工在工作中有一个安全、舒适的工作环境，专心致志地搞好生产，全身心地投入精心操作中去。在企业资金十分紧张的情况下，许多职工自己动手解决岗位的安全缺陷，没有材料自己动手去找，修旧利废，改善安全设施，不少职工主动利用业余时间粉刷安全设施，整修操作室、地面等。有的单位是车间主任、工段长、班组长带头整治环境及设施。许多班组在创建"无隐患岗位"的活动中，认真开展"一班三检制"，即班前、班中、班后安全检查制，对查出的事故隐患，按照"三定四不推"的原则，在专业技术人员的指导下积极整改。因为，各单位的情况千差万别，各班组因地制宜，有针对性地采取措施，不照搬照套别人的经验，而是结合本班组、本岗位的具体实际，突出一个"创"字，重在一个"特色"，这样一来，职工们对自己创造出来的劳动成果倍加珍惜。

(3) 高标准，严要求，求精勿滥

在开展"无隐患岗位"的创建活动中，大化集团公司不搞形式、不走过场，而是从搞好安全生产的实际出发，坚持"高标准、严要求、求精勿滥"的原则，以点带面，积累经验，逐步扩大创建范围，使创建工作真正收到实效。

各单位按照集团公司制定的《无隐患岗位检查标准》，在自检的基础上，对具备条件达到标准的岗位，提出书面申请，报送集团公司安环部，由集团公司验收评审小组对申报的岗位进行逐项的打分评审，对于验收合格的达标岗位，由集团公司召开表彰命名大会，颁发牌匾、予以命名，并发给一定数额的奖金。对已命名的"无隐患岗位"不搞终身制，经复查发现问题不能按期整改的，要撤销"无隐患岗位"的命名，并收回"无隐患岗位"的牌匾。自 2000 年以来，大化集团公司共创建"无隐患车间" 2 个，"无隐患工段" 4 个，"无隐患岗位" 75 个，对保证安全生产起到了积极的推动作用。

实践证明，抓安全不能总是把希望寄托在靠人的行为来适应危害、从而减少事故的发生上，要保证本质安全化，"无隐患岗位"无疑是实现安全生产的一条捷径。（张恩涛）

14. 国泰化工公司深化事故隐患排查治理全员参与的做法

兖矿集团国泰化工有限公司位于山东省滕州市木石镇，是兖矿集团为了调整产业结构，与美国国泰煤化控股有限公司合资建设的大型高科技煤化工企业，投资总额 50 亿元，规划后续投资超过 210 亿元。现生产能力为年产 60 万 t 醋酸、30 万 t 甲醇、10 万 t 醋酸乙酯、联产 80 MW 发电，年销售收入 32 亿元，利税 12 亿元。

国泰化工公司创建以来，把安全生产管理的出发点和落脚点落实在生产现场，重点是加强安全管理的标准化和作业的标准化，同时加强人员培训，采取全员参与的方式，深化事故隐患排查治理，不断创新现场管理机制，规范管理体系，强化重点管理，加强生产作业全过程中对人、机、环境的持续有效监控，保持设备和作业环境的良好状态，做到人人职责清晰、事事标准明确、处处管理规范、时时监控有效。

国泰化工公司深化事故隐患排查治理全员参与的做法主要是：

（1）加强安全监督检查，实现现场动态化管理

安全检查是安全动态管理的基础。国泰化工公司从成立之初，就将安全检查列入日常的工作之中。安全检查采用定期与非定期检查相结合，普查与专业性检查相结合，自查、互查、抽查相结合，领导检查与群众检查相结合的原则。检查的形式多样，有日常检查、综合检查、专业性检查、季节性检查和特殊检查等。仅 2008 年，公司安全部门就组织了施工专项安全检查 200 多次，重大危险源监控检查 40 次，冬夏季"四防"专项检查 10 次，系统检修专项安全检查 15 次，综合性安全检查 39 次（坚持每周 1 次），发安监通报 39 期。各类安全检查共查出问题 500 余项，对责任单位处罚 4 万余元。同时，各专业部门也积极组织各专业的安全检查。在检查中，检查人员对违章行为做到严格要求、大胆管理，对重点施工及检修项目，坚持盯在现场、靠在现场，实施现场动态化管理模式。

安全检查既推动了隐患的整改消除，又促进了员工安全意识的提高，"安全第一"的思想在广大员工的心中扎根。在加强现场安全检查的同时，强化了对现场作业的风险管理。根据安全质量标准化中提出的"开展危险源辨识、评价与管理，以及对重要危险源制定应急预案"的要求，公司各部室、车间从人的不安全行为、物的不安全状态和管理的缺陷上对危险源进行了辨识，制定了相应的措施和管理方案，从源头上加强了对职业风险的管理，降低了事故事件的发生概率，体现了"安全第一、预防为主、综合治理"的安全生产方针。

国泰公司还针对各生产车间辨识出的危险源，建立了"危险源实时监控系统"，将现场各系统的主要参数通过数据传输到后台机，再通过短信平台传送到公司各安全管理人员的手机上。这样，安全管理人员足不出户就可以了解清楚系统的轻微变化，及时对生产系统的变化进行指导。

(2) 深化隐患排查治理不放松，全员参与抓安全

在进行日常检查的基础上，公司积极开展隐患排查治理活动。公司要求各单位加强隐患排查，全员参与抓安全，牢固树立员工

"消除一处隐患，就是避免一起事故"的思想意识，各单位每月将排查出的安全隐患实施分级管理，车间处理不了的报生产技术部，生产技术部根据隐患严重程度，划定级别，明确责任单位，提出实施方案、资金来源及完成期限，公司安全监察部建立公司级隐患跟踪治理台账，跟踪督促隐患的治理工作，治理完成后给予销号。在安全隐患的治理和技术改造工作中，公司加大安全设施和装置的投入：在甲醇、醋酸罐区、造气气柜、气化炉框架、充装栈台、硫回收等重大要害部位安装了电视监视探头、气体报警装置和连锁装置；在原料皮带运输、硫回收包装库增加了隔离防护罩等防护措施；对煤气混合气管线增加了在线监测连锁装置等，这些装置和措施的采用最大限度地减少了危害发生的可能性和人员接触危险的可能性，有效实现了人、机分离和对重大危险源的监控，逐步实现本质安全。

（3）扎实开展安全教育培训工作，构筑自主保安意识

"思想隐患"是安全生产的无形杀手，是导致事故发生的根源，只有克服麻痹大意思想，筑牢自主保安意识，安全工作才能有保证。国泰化工公司坚持"小隐患可致大事故"的思想，牢固树立"安全为天"的理念，加强安全教育培训工作，把员工安全意识的提高作为安全工作的切入点，做到安全工作有章必依，杜绝各类事故的发生。

从2006年初开始，国泰化工公司借鉴部队管理模式，在全公司范围内开展深入持久的准军事化安全轮训工作，把安全培训与军事训练紧密结合，取得了良好的效果。在此基础上，公司进一步深化管理，重点加强安全防护技能、应急救援知识、管理制度和法律法规等培训，手把手教会员工使用空气呼吸器、防毒面罩、灭火器等气防、消防器材，教会员工在事故状态下如何自救，如何用最短的时间控制事故发生、逃离事故现场，如何对中毒、受伤人员实施快速的救护，如何保证在事故状态下把伤亡和损失降到最低。为改变安全培训师资力量薄弱等问题，公司在教育培训程序、教培管理等方面进一步完善，聘任了多名生产车间业务骨干和技术专家担任兼职教师；鼓励专职安监员加强业务学习，参加全国注册安全工程师执业资格考试，提高业务能力，担任兼职教师。同时，公司逐步建立起高标准的安全培训电教室，建立了规范的员工安全培训档案，实现了"一员一档"，使教育培训管理规范化、标准化。

在加强对员工教育培训的同时，强化了对外来人员的安全培训。公司制定了《外来施工人员安全管理规定》，各单位本着"谁引进，谁培训，谁管理"的原则，对拟进驻国泰公司的外来施工人员实行三级安全教育，培训结束后进行考试，考试不合格者不准进入国泰公司进行施工。

(4) 狠抓施工、试车与检修安全管理工作

国泰化工公司从建成投产开始就处于快速发展的势头。从 20 万 t/年醋酸扩建项目的结束，到 30 万 t/年醋酸、10 万 t/年醋酸乙酯工程的建设试车，到 40 万 t/年醋酸三期工程的筹备开车。有项目就有施工，怎样管理施工队伍，在施工期间保证施工安全，达到标准化的要求，成为公司安全工作的重点。

近年来，国泰化工公司为保证二期工程建设、试车的安全管理需要，加大现场监控力度，从源头强化管理：一是对进入工地的人员进行三级安全教育，凭教育合格证明方准进厂施工；二是对进入现场的特种车辆严格把关，人员车辆必须"特殊工种作业证、检验合格证"两证齐全，车况良好，方准许进场施工；三是严查建设施工安全隐患，坚持每天对现场巡查，开展以安全帽、安全带、高空作业等为主要内容的专项检查；四是严格试车程序，对进入试车的单体设备、管线、电气、仪表、周围环境、管理等各个环节及参与试车的各个单位逐一进行安全许可确认，确保开车程序符合要求。

在加强现场施工队伍管理的同时，公司强化了对老系统计划检修的安全监管。在老系统计划检修期间，公司成立了安全监察组和安全督导组，安全监察组的人员按片分包，对检修工作进行全过程监控，严格管理，严格票证办理、审查程序，严格安全培训与交底，严格监督检查，深入现场为检修办理各类票证，促进了检修快速、安全推进，并对其中 26 项性质严重的违章行为罚款共计 3 350 元，以高压态势力保检修安全。

经过几年的深化安全管理工作，国泰化工公司改变了煤化工企业安全状况脏、乱、差和现场跑、冒、滴、漏现象。有了舒适的工作环境，员工的精神面貌焕然一新，都以在国泰化工公司工作为荣，企业在社会上的关注度、知名度和美誉度也不断提高。(周静)

15. 乌鲁木齐石化公司炼油厂推行持卡作业消除隐患的做法

中国石油天然气公司乌鲁木齐石化分公司始建于 1975 年 4 月，其前身为乌鲁木齐石油化工总厂，位于新疆三大油田中央，占地 18 km²，是集炼油、化肥、化纤、化工、塑料于一体的石油化工化纤生产基地。目前拥有职工 11 637 人，固定资产原值 120 亿元。公司下设炼油厂、化肥厂等 27 个二级单位，以及工程项目管理部、营销调运部等 5 个直属机构。

近几年，乌鲁木齐石化公司通过不懈的努力，紧紧依靠科技进步，狠抓内部管理，在生产经营管理上取得了骄人的业绩，2009 年实现销售收入 241.97 亿元。在安全管理上，公司所属炼油厂积极调动员工工作的主动性和能动性，提高工作安排的合理性和有效性，并通过推行持卡作业消除隐患的做法，提高了企业的安全可靠性。

乌鲁木齐石化公司炼油厂推行持卡作业消除隐患的做法主要是：

(1) 操作人员现场持卡作业的执行与深化

目前，随着生产受控管理理念在企业的深入推进，企业采取了各项手段确保各项工作的落实，其中推行持卡作业的做法，就是进行有效管理的方法之一。

要求操作人员在现场持卡作业，对规范操作人员操作行为、严格各项操作纪律起到了积极的促进作用。但由于卡片式操作在一定程度上会造成操作人员机械地照搬卡片上的内容进行作业，或者是把操作卡当作形式而不断削弱主动杜绝违章的意识，对操作人员的主观能动性造成一定的不利影响，有的事故就是操作人员盲目服从、机械照搬操作卡的内容，严重缺失自我风险评价的意识，导致了事故的发生。

操作卡在实际运行过程中存在两方面突出的问题：一是操作卡的内容与操作规程不相符，往往是操作卡涉及的具体操作步骤描述不清晰。二是操作人员对操作卡的使用意识不强。虽然通过大力推行，操作人员持票作业的意识得到了普遍提高，但在执行过程中，对照票证逐条落实的意识、根据作业环境识别风险的意识仍然淡薄，也就是说对票证内容的追究深度不够。可以说员工的持卡形式有了，但真正落实票证内容的意识欠缺。

员工要服从的是正确的指令，而正确的指令来源于操作规程。任何生产行为都必须要服从操作规程。持卡作业就是细化的操作规程，这是一些企业成功的经验，必须坚持持卡操作这种好的做法。但要杜绝"拿来主义"的现象，要结合实际，制定出适合自己的有效的持卡操作形式，进行统一的管理，不仅在形式上，更要在实效上加以论证，进行有效的利用，使持卡操作真正成为生产受控、管理受控的助力剂。

(2) 加强操作卡有效性的评价

操作人员在执行操作卡过程中长期没有出现问题，并不能说明这份操作卡没有漏洞，很可能是得不到有效的评审和切实的落实，没有及时发现卡片中存在的问题，从而使技术干部在安排工作时产生了侥幸的心理，不加判断地长期沿袭使用，卡片上只是日期变了，但内容却一成不变。企业的生产组织是一个动态的发展过程，作业条件和环境随时随地都可能发生变化，因此要保证操作卡片的有效性，必须根据生产动态的实际需要，坚持全员参与的、科学的操作卡片评审制度，实现操作卡片的动态管理，这样才能确保管理者与操作人员在执行有效性票证上取得共识。

近几年来，乌鲁木齐石化公司炼油厂开展了厂、车间两级规程、操作卡的评审工作，先由车间组织技术人员、操作人员对规程、卡片进行评审，并将评审意见上报主管科室，由科室人员对车间所提的意见进行答复；厂领导定期组织专业科室对科室的答复意见进行再评审，对车间提出的被采纳的意见分三个等级进行奖励，并及时对车间提出意见的数量和质量进行排名，以此提高员工参与评审的意识和积极性。截至 2008 年 7 月，乌鲁木齐石化公司炼油厂共审查规程 2 641 页、操作卡 3 207 张、各类标准规定 167 个，审查出需修改的地方 3 205 处。对于规程、操作卡需要修改的部分已经陆续组织进行了修改。

(3) 加强操作规程卡片在实际工作中的落实和验证

认真跟踪、校正执行过程是确保卡片和规程在实际工作中得到落实的有效手段。为此，在管理人员层面上，炼油厂明确了"干部的职责就是规程的执行"的具体要求，技术干部的规程、操作卡片的编制意识、落实意识、责任分工意识直接关系到工作安排的准确性和有效性，决定着工作的结果。而干部意识的养成，来自于领导对技术干部的要求是否严格，取决于领导的组织和日常的检查督促是否到位，因此说领导的行为决定了干部的意识。

在操作人员的层面上，明确了"不执卡作业就是违章"的具体要求。通过组织操作人员对卡片内容的再评价工作，使员工在持卡作业的意识上有了质的提高。也就是说，使员工在具体作业的时候，有票不再是作业的充分必要条件，而且要达到风险评价内容不全不作业、削减措施不落实不作业的目的。

在实际工作中，炼油厂充分利用管理信得过自主管理竞争平台，将规程、卡片的编制、评审及执行全过程纳入管理信得过的竞赛检查范围之内，并吸纳各基层单位主管人员参与检查、评比，促进了卡片内容的有效落实。2008 年上半年通过信得过活动共检查出问题 966 项，其中 952 项得到了整改。通过信得过活动的开展，全厂管理者的确认意识、执行意识、日常工作落实意识，操作人员的持卡意识、步步确认意识、应急防护意识、执行规程和标准的意识得到了进一步提高。

(4) 培养持卡作业意识采取的措施

规程的作业范畴是依据炼油厂管理标准划分的，标准要转化成车间的制度，通过层层转化，将各项职责落实到人。因此，规范员工的持卡操作行为，其核心是落实各级人员的工作职责。为此炼油厂倡导"工作内容要细，工作职责要清，工作考核要严，工作效果要好"的管理理念，明确提出了各级人员执行规程、落实工作职责的要求，即从"两个层次，四个方面"执行落实。

车间管理层是否将标准结合专业和车间实际进行了转化，是否形成了管理人员的岗位责任制规范，从而使不同管理人员的日、周、月、季的工作内容形成定期的工作台历；操作人员严格执行规范卡片，现场监护人员认真落实监护职责，逐步达到"凡事有人负责、凡事有章可循、凡事有据可查、凡事有人监督，一切管理过程日常化"的管理要求，以"精从细中来，细在尽责处"的工作作风切实规范员工的各种工作行为。

在厂级层面上，炼油厂要求机关科室要具备对基层的管理和服务意识。一方面要求机关科室规范对基层单位的各类检查，对技术干部编制操作卡的正确性、操作工执行操作卡的真实性进行全方位的检查，同时坚持从必然性、偶然性的分析角度，查找问题根源，帮助基层解决问题。必然性问题是由于方案制度存在漏洞，日常工作经常不落实而出现的问题，如对厂里的管理要求车间未建立相应的制度、制度内容不全面或制度可执行性差；偶然性问题则完全是指由于个人因素出现的一些问题。通过这样的分析，可以透过问题的表面认清产生问题的主要矛盾，细化工作过程，避免头痛医头、脚痛医脚式的管理。如2007年炼油厂坚持按照必然性、偶然性分类办法，狠抓事故管理，取得了积极效果，必然性事故事件由2006年的 19 起降至 2007 年的 9 起。

在车间层面上，炼油厂要求各车间对厂里的标准进行学习、评审，结合实际情况，不断完善车间管理制度，并依据完善后的管理制度，细化干部的岗位职责，依照职责形成定期性的工作台历和纪实性的检查记录，让车间干部首先做到对工作有跟踪、有检查、有考核、有落实，车间领导定时抽查车间干部的工作开展情况。同时，加强操作人员持卡作业意识的培养、效果的验证和实效的监督考核。从整体上看，目前，车间操作人员已基本形成了"确认一步、操作一步"的安全意识，规范了操作人员的行为，落实了工作职责。（董琦）

16. 顺义区液化气储配库构筑隐患排查治理长效机制的做法

北京市顺义液化气储配库位于北京市顺义区仁和镇杜各庄村东，紧邻中油公司北方油库，占地面积 87.9 亩，气库于 2003 年 6 月正式完工，2003 年 7 月正式投产运营。气库建设规模为 4 250 m³，年设计周转能力 10 万 t。主要设施有 1 000 m³ 球形储罐 3 座，400 m³ 球形储罐 3 座，50 m³ 卧式残液储罐 1 座。有 6 个公路装车鹤位，12 个铁路卸车鹤位，以及配套的消防和自控系统。整个工艺系统设计灵活、方便、可靠，可同时实现原料气、民用气、工业气三种介质的接收、储存和发运作业。气库现有员工 44 人。

气库从成立到现在共周转液化气 43.49 万 t，连续 8 年安全生产无事故，安全生产工作取得良好成绩。2004 年至 2007 年连续四年被顺义区政府评为安全生产先进企业，2008 年 5 月被顺义区安全生产管理局授予顺义区安全生产 A 级企业的荣誉称号，2010 年被昆仑燃气公司评为安全生产先进库站。

顺义区液化气储配库构筑隐患排查治理长效机制的做法主要是：

（1）运用科技手段管理，保障安全生产运行

气库的安全生产运行管理着力于技防和人防相结合，建有一套自动化的安全生产监测系统。系统由三部分组成，第一部分是数据

采集系统，主要对气库储罐及工艺管线上的液位、温度、压力、可燃气体浓度等库区生产运行参数进行监测，储罐区、铁路栈桥、装车岛、压缩机房等生产区，共安装了27台可燃气体报警器，信号接入中控室上位机，实现了液化气浓度实时监测和中控室远程报警相结合；系统同时具有紧急状况下对压缩机与装卸车泵进行急停的功能，对消防系统可进行自动起停泵，实现了生产过程监控自动化、应急消防自动化。第二部分是定量装车系统，具有定量装车功能，实现槽车不超装；同时当静电接地未导通时，静电接地报警仪报警，或者是泵不上量时，装车仪自动停泵，终止装卸车作业。这些措施极大地保证了储配库的安全运行。第三部分是工业电视监控系统，库区共有16台摄像头和6对红外监测系统，可实现对库区全区域、全过程实施安全监控。

消防系统由一座4 200 m³消防水池、3台100 m³／h消防水泵、2台柴油机消防泵、16个地上消防栓、5个高压消防水炮、87具干粉灭火器、6台二氧化碳灭火器和7具储罐自动喷淋装置组成。自动喷淋装置有三种开启方式，一是储罐温度超高时，装置上的玻璃泡自动破裂，喷淋打开；二是从中控室上位机远程启动；三是现场手动启动。

(2) 推行中国石油 HSE 管理体系，夯实安全管理基础

安全就是最大的效益。气库建立了长效的隐患自查自改机制，落实属地管理制度，建立以中控室为核心的储运安全生产调度应急指挥中心，由中控室发挥安全生产监控职能，做到现场巡检与视频巡检相结合，实现全库区24小时生产安全监控。现场作业实行中国石油天然气公司 HSE 体系中"两书一表"的管理制度，"重点作业"填写作业指导卡，指导卡按专项作业进行安全风险识别提示、工艺流程确认，针对风险制定预防措施，切实提高了员工的安全风险意识，遏制了事故发生的根源。

气库还根据液化石油气储运的特点，配备了应急抢险维修机具和器材，并加强应急消防演练和消防器材使用的学习，修改完善了现场应急处置方案，着力在提高气库应急抢险自救能力上下功夫。每年组织管线堵漏和消防应急演练 4 次，学习使用消防器材 2 次，并加强了对新入职员工的消防器材使用培训。通过培训和模拟演练，基本达到了从预案启动到现场消防喷淋启动时间控制在 5 min 之内。

（3）依据自查标准，严查现场隐患

依据安全隐患自查自报工作标准，气库重点落实巡回检查制度，积极开展"日查周报"工作。实行"当班人员日检查、班组周检查、安全管理人员月中检查、气库月度检查"的四级检查，发现问题及时处理，不留安全隐患。自安全隐患自查自报工作开展以来，气库共组织安全隐患自查 36 次，查出问题 90 项，整改完成 90 项；完成安全隐患自查上报系统 5 次，较大隐患 5 项（第一项是"生产区和生活区无有效隔离，液化气槽车直接从办公生活区进入装车区，外部缴款人员在窗外缴款，存在安全隐患；第二项为储罐、栈桥区工艺管线设施有腐蚀；第三项为储罐区防火堤出入口及储罐区操作平台未安装安全防护栏；第四项为储罐未加装紧急情况下的注水封堵措施，就是在每个储罐排污阀下加装一条注水管线和消防水泵房内加装一台高压注水泵，以便在储罐第一道阀门大量泄漏无法控制时，向罐内注水把液化气顶至储罐上部，然后采取措施封堵泄漏点；第五项为正压式呼吸器的配备数量等应急抢险器材不足）。根据自查出来的问题，增配了 2 台正压式呼吸器，6 部防爆对讲机，5 台手持式可燃气体检测仪，10 把防爆手电，一台发电机，5 台潜水泵等应急抢险器材，使安全隐患自查自报工作落到了实处。

自查自报工作自 2010 年 7 月试运行以来，气库员工思想上实现了从"要我安全"向"我要安全"转变，在日常作业过程中自查隐患的积极性显著提高，注重自身安全的自觉性不断加强，风险得到了有效控制，隐患得到了有效治理，较好地改善了气库的本质安全。

17. 大连石化公司重视安全事件管理消除事故隐患的做法

大连石油化工公司是以炼油为主的国家特大型石油化工企业，其主体厂始建于 1933 年，经过多年的扩建改造，现有炼油装置 51 套、化工装置 8 套，原油加工能力 710 万 t/年，生产汽油、柴油、煤油、润滑油、石蜡、液化气等石油化工产品 200 多种。

按照事故金字塔理论，每一起重大事故的背后，可能有 30 起一般事故、300 起轻微事故和 3 000 起危险事件。因此，消除控制未遂事件和小事件的影响，认真吸取已发生事故的教训，是预防事故发生的最有效措施之一。近年来，大连石化公司结合行业特点和企业实际，学习借鉴国内外先进经验，重视安全事件管理，加强源头控制，细化过程管理，及时消除事故隐患，保证了生产过程的安全。

大连石化公司重视安全事件管理消除事故隐患的做法主要是：

(1) 建立机制，让员工愿意提供事件

对事件进行统计分析，有利于制定正确的预防措施和提高安全管理水平。但在实际工作中又比较矛盾，对发生的事件不考核，可能起不到警示作用；对发生事件后主动讲的不能不考核，不主动讲的如侥幸掩盖过去的就可能受不到考核。不解决这些问题，很难让员工主动把所经历的危险事件讲出来。

为此，公司采取了以下措施：一是先从制度上进行明确，安全管理部门先后下发了对事故、未遂事件、小事件、设备故障的统计上报和考核要求，各车间在主控室建立安全隐患与问题记录台账，相关管理人员每天查阅、答复、处理。二是健全管理体制，调整了公司 HSE 委员会专业分委会，设立了风险管理分委会，强化了对风险危害辨识的管理，核心是强化动态辨识，凡对获取的事件分析后立即组织相关单位排查。三是重点建立奖励机制，调动员工的积极性。

其实，辨识和讲述危险事件过程既是促进提高安全管理水平，又是对员工进行培训的过程，在这个过程中，能够提高员工的责任

意识，提高员工识别控制风险的技能。所以，在奖励机制的设定上，公司考虑调整员工的心态，有了好的态度，才能迸发出激情，才能坚定信念，执行好要求。对诚实、主动讲出已发生危险事件的员工和单位适当考核，对被动查出的加倍考核，严肃处理。对及时发现危险事件的员工给予即时性奖励。近五年，由总经理签发嘉奖令嘉奖的有 600 余人次，颁发奖金 70 余万元。公司还多次邀请精心巡检、及时发现险情、避免事故的员工代表在公司 HSE 委员会上作报告，并为 3 位表现突出的员工举办了"安全巡检，消除事故隐患先进事迹报告会"，对这 3 位员工各颁发了 1 万元的奖励。公司每季度还评选"安全卫士"，编辑出版《用细心编织平安》光荣册，把发现问题、消除隐患的员工载入光荣册，增强员工的荣誉感和使命感；对收集、贡献以往发生危险事件的员工，则在每周调度会上由安全总监和单位领导分别随机抽取一、二等奖，每月由总经理抽取"总经理特别奖"，并为员工送上价值近 2 000 元的奖品。

公司政策的贯彻实施，有力地推动了员工辨识和讲述危险事件的积极性。2009 年，公司就征集到以往危险事件 1 321 份，采纳 401 份，对 536 个典型危险事件进行整理后汇编成《你可以做什么》一书，供全体员工学习和借鉴。

(2) 对事件进行分析、指导、细化，完善过程管理

对征集到的危险事件，公司组织管理人员进行归类分析，一是要达到资源共享，对征集到事件中具有典型意义的，每月编制一期《工艺安全警示灯》，每月编排两期案例剖析录像片，利用班组安全活动时间组织员工开展"看危险"系列活动，并在每月调度会上组织党政领导观看新的事故案例录像片。通过危险事件共享，提高识别控制能力，对工作中遇到类似情况就容易辨识出来，从而实施有效的控制。二是实行专业化管理，按照"分类管理，分级负责"的原则，机动设备处根据对事件的分析，加强了对故障率的考核管理，提出在上一年基础上每年减少 10% 的目标，提高了设备运行可靠度；

生产运行处分析影响因素，开展了"提高装置运行平稳率，保安全、增效益"的竞赛活动，加强装置运行和操作管理，减少操作波动和设备故障。如公司140万 t/年重油催化装置管理组重视每一次生产、设备的变化，及时分析和处理，实现了连续安全运行1 298天。三是坚持即时性考核原则，对发生的危险事件小题大做，组织调查分析后，相关单位领导要在调度会上进行汇报，管理部门要解释清楚导致危险事件发生的管理缺陷，基层单位要解释清楚执行上是否守则，员工要清楚原因和措施，分清责任后立即予以考核，起到警示的作用。

(3) 从源头控制，消除事件发生的诱因

预防事故，需要实施技术对策、教育对策和管理对策。有人曾形容说，系统设计1分安全性等于10倍制造安全性，等于1 000倍应用安全性，这种说法有一定的道理。预防事故的核心是源头控制，消除可能形成事故的诱因。

大连石化公司在分析、整理危险事件的基础上，加强对源头控制的管理。所采取的措施：一是从风险识别上控制。按照集团公司的要求开展工作前安全分析，主要是将作业步骤细分化，识别每一步中可能存在的风险，确定每一项重要作业前必须进行安全分析，通过分析辨识风险，确定对策，为作业安全提供指导。在此基础上，公司抽调专业人员成立指导组，建立数据库，为科学指导全公司生产作业奠定了基础。二是以 HSE 评价为重点，提高制度的执行力。许多事故的发生，实际上往往是由于制度执行不好造成的。为保证制度有效执行，公司成立了安全生产监督办公室，定期对各单位执行情况进行评价，努力避免因制度执行不到位对安全造成影响的因素，使大家养成按标准做事、按制度管理的习惯。

2009 年，公司重新调整了 HSE 分委会，成立了工艺安全、设施完整性、施工安全与质量、风险管理、安全文化等 7 个专业分委会，各专业分委会将本专业相关的安全制度条款、规范要求细化为

可检查、可验证的评价项目，并已汇编完成了公司《HSE 评价标准》，评价项目总计 2 000 余项，涵盖了安全管理方方面面的内容。各专业分委会依据评价标准、按照既定评价计划，每季度对基层单位进行一次量化评价，并依据评价结果进行排序，进行奖励与处罚。

18. 安庆石化公司积极推行隐患排查和治理的制度化的做法

中国石油化工公司安庆分公司的前身为安徽炼油厂，坐落在安徽省安庆市西北郊，地处长江下游的北岸，占地面积 10 km²，为燃料化工型炼油厂，目前拥有的主要生产装置有年加工原油 550 万 t 的常减压装置、年加工能力 140 万 t 的催化裂化装置、年加工能力 70 万 t 的催化裂解装置等，主要生产化肥、油品系列、化工系列、腈纶系列等各类优质产品 40 余种。现有职工 6 765 人，固定资产原值为 95 亿元。

近年来，安庆石化公司在安全管理过程中，始终坚持"安全第一、以人为本"的理念，不断探索 HSE 管理新模式、新方法，从 HSE 责任目标分解、规范制度建设、定性责任落实、加强隐患排查、控制直接作业环节等方面全面推行精细化管理，形成了一套较为完整的安全工作管理模式，同时积极推行隐患排查和治理的制度化，使企业 HSE 管理水平不断提高，HSE 业绩得到了进一步提升，有效地促进了公司安全高效发展。

安庆石化公司积极推行隐患排查和治理的制度化的做法主要是：

(1) 抓精细化管理，做到目标层层分解、级级量化

安庆石化公司在安全管理上，一是围绕创国际一流的 HSE 业绩的总目标，结合工作重点任务，制定出公司年度 HSE 工作目标，量化具体的期望值。二是公司一把手每年年初与各职能部门、基层单位签订"HSE 目标责任书"，根据职责分工，确定 HSE 总体工作目标；各作业部根据总体目标，层层进行目标分解，落实责任单位；各基层单位对照分解目标，逐一落实实施负责人。通过逐级签订安全环保管理目标责任书，推行全员安全生产承诺制，把落实安全生产责任制与安全生产目标管理相结合，为安全生产责任制的量化考核打下了良好的基础。三是 HSE 专业管理部门根据年度工作目标，制订出详细的 HSE 工作计划，分专业按月进行分解，对应每一个具体目标，细化分解工作任务，明确责任人和时间节点，制定月度工作计划网络，各专业根据网络安排逐月完成任务，做到以月促年。四是结合安全检查目标的分解情况，修订完善了《HSE 标准化检查手册》，先后出台了《安庆石化安全管理检查表》和《安庆石化直接作业环节安全检查表》，进一步细化检查内容，量化检查标准，使 HSE 检查更加科学和规范。同时，公司还加大了月度 HSE 工作目标完成情况的检查考核力度，对照安全目标责任的履行情况，将检查结果与每月经济责任制考核挂钩，有效促进安全管理工作的深入。

(2) 抓精细化管理，做到制度建设规范化

在安全管理中，安庆石化公司抓精细化管理，做到制度建设规范化，所采取的措施主要是：

● 建立并完善了包括以安全生产责任制为核心的安全管理规章制度，建立了各项作业程序，通过作业指导书的形式，固化了工作流程。结合管理体系一体化建设，公司以深化 HSE 管理体系运行为契机，进一步整合完善安全管理制度，按照标准格式，对 HSE 管体系的管理手册、程序文件等 45 项安全规章制度进行了全面清理、修订，通过修订安全生产责任制，把"四全"管理的理念融入到安全生产的全过程。在直接作业票证制度的执行过程中，重点突出 HSE 措施制定和落实的责任主体，规范签证程序，明确了责任部门和协助单位的职责和权限，进一步提高规章制度的科学性和系统性，使管理体系更具符合性和有效性。

● 所有装置都编制有岗位 HSE 操作规程，制定了工艺技术卡片，拟定了作业安全指导书，制定了事故应急预案等，采取了行之有效的管理手段，固化并规范了员工的操作行为。通过不断开展危害识别与风险评估，最大限度地控制作业风险，避免了事故的发生。

在工作程序或操作标准实施后，通过不断进行检查、追踪，以确保其持续适用，并遵循 PDCA 运行模式，根据装置的技术改造、设备更新和法律法规及规章制度的实际需要，及时进行修订完善。各项规章制度和操作规程经过审核发布后，最新版本及时发放到岗位、发放到员工，有效地规范了从业人员的安全行为。

● 推行全员 HSE 责任承诺，将安全生产责任制、安全生产禁令、拒绝违章等融入承诺之中，通过明确承诺责任，加大违诺处罚力度，把好源头控制关。

(3) 抓精细化管理，做到责任落实定性化

在抓精细化管理的过程中，公司注意做到责任落实定性化。采取的措施是：

● 推行领导干部定点承包制度。所有领导干部都有对应的定点承包责任区。领导干部除了对所分管本职工作负责外，还要对所承包的责任区 HSE 工作负责，使得各级领导干部 HSE 工作职责更加明确。通过定期参加承包区的班组安全活动，及时把公司的 HSE 工作信息传递到基层，及时了解和掌握生产一线的安全生产状况和现场环境，及时帮助基层解决安全生产中存在的突出问题，促进了公司安全生产形势的稳定和发展。

● 实行 HSE 专业管理人员定点承包管理区域制度。通过制定《定点联系安全生产责任区管理办法》，明确管理责任和要求，由各管理人员根据责任区的安全特点，制定出管理标准，对责任区不定期（每周不少于一次）进行日常安全监督检查，及时发现和解决问题。同时，将责任区的安全管理状况与 HSE 管理人员的工作绩效挂钩。

● 实行现场施工作业公示管理。将现场作业情况及时在操作室进行公示，使当班操作人员及时掌握各施工点的情况，有效杜绝了擅自施工的重大风险。HSE 专业管理人员还要牵头负责协调解决施工过程中存在的问题，对一些风险较大的施工作业做到现场服务、协调和监督。

(4) 抓精细化管理，做到隐患排查和治理的制度化

安庆石化公司在进行事故隐患排查和治理方面，注意做到制度化，使事故隐患排查持久并收到成效。

● 健全隐患排查机制。公司将隐患排查纳入到 HSE 管理日常工作当中，制定了《安全生产隐患排查标准》和工作要求，把隐患排查与安全检查活动紧密结合，做到综合检查、专业检查、专项检查、巡检互补互动，互为促进，及时发现并消除隐患。

● 通过开发建立公司隐患排查系统，将各单位发现生产作业过程中存在的各类安全风险登录到隐患排查平台上，由相关专业管理人员进行评估和甄别后进行分类和分级，通过实行专业化管理和实时监控，使隐患排查工作进一步得到规范。同时通过行政控制和工程控制相结合的手段，对可以通过严格管理、落实防范措施来达到控制的隐患项目列入《安全环保隐患行政控制项目》，加强管理并实时跟踪；对需要采取技改技措、新增设施等整改手段方可消除的隐患项目列入《安全环保隐患工程控制项目》，按照"四定"的要求落实整改期限、整改资金、整改方案和整改负责人，通过对项目的控制和对进展情况进行动态管理、闭环控制，有效提高了隐患项目的治理成效。同时，把存在安全风险，但目前尚不能进行整改的或整改技术尚未成熟的项目，作为隐患治理项目储备，进行登记建档，待机进行整改。

● 日常监管制度化。对每一个隐患都编制出治理进度表，按节点进行控制，每月组织召开隐患治理工作专题会议，对存在的问题及时进行沟通与协调。

● 隐患排查与新建、改扩建项目"三同时"管理相结合。通过严格遵守"三同时"管理规定，认真做好工程项目的安全、职业卫生和环境预评价工作，力争新项目建成后不产生新的安全环保隐患。

推行精细化管理，是安庆石化公司实践"我要安全"主题活动

的重要举措，是公司近年来连续保持安全生产，实现"四个重大事故为零"目标的根本保证。

19. 衡水橡胶公司运用《安全隐患信息卡》防范事故的做法

衡水橡胶股份有限公司创建于 1954 年，上世纪六十年代即开始开发、生产桥梁工程橡胶制品，下辖桥梁配件分公司、预应力钢棒分公司、衡水新陆交通器材有限公司、河北恒力新型材料有限公司等骨干企业。现有员工 1 900 人，固定资产 1.8 亿元。

多年来，衡水橡胶公司针对企业实际情况，一直在探索行之有效的职工保安全工作方法，近年来通过推行以"安全隐患信息卡"为主要形式的安全保障工作，提高了公司工会劳动保护工作的成效和水平，有效地促进了安全生产工作的稳定好转，为企业的发展起到了保驾护航的作用。

衡水橡胶公司运用《安全隐患信息卡》防范事故的做法主要是：

(1) 齐抓共管，整体参与

近年来，在上级工会的直接指导下，公司工会重新制定了劳动保护工作规划，成立了由工会主席任组长的领导小组和分厂副经理负责的工作小组，制定了详细的工作安排和奖罚制度。公司在有毒有害岗位、高危特殊工种、新入厂职工中继续推行以《有毒有害化学物质信息卡》《危险源点警示卡》和《安全检查提示卡》等为主要内容的《安全隐患信息卡》制度，使职工"一卡在手，心中无忧"。开展了有计划措施、有丰富内容、有中途管理、有总结表彰的安全生产宣传教育活动。活动期间，公司领导亲自带队，深入部门进行督促、视察，工作小组深入基层进行帮助指导和检查管理，起到了积极的推动作用。领导的重视和职能部门的相互配合，为活动提供了有力的组织保证。年终进行总结，并评比先进个人和先进集体，获得的先进个人享受公司先进生产（工作）者待遇。这些激励措施调动了职工争相参与安全工作的积极性，形成了上下齐心的整体参赛意识。

（2）推行《安全隐患信息卡》，营造竞赛氛围

公司工会认为，开展推行《安全隐患信息卡》活动，是企业搞好安全生产工作的一项重要措施，是落实各级安全生产责任制和职工岗位责任制的重要内容，也是动员广大职工全方位、全过程参与安全生产管理的有效形式。2010年，公司工会围绕"掌握安全生产知识，争做遵章守纪职工"主题，认真推广施行了《有毒有害化学物质信息卡》《危险源点警示卡》和《安全检查提示卡》等《安全隐患信息卡》活动，把职工安全知识培训作为重要内容，开展了多种形式的培训比赛活动。

由于公司的生产特性，决定了在一个车间、工段，工人流动性大，常常有一些操作生疏的新工人，特别是季节性临时工，其安全知识、安全思想意识偏低；即使是熟练的操作工人，在操作过程中也往往出现不安全行为。因此，加强对工人的安全教育，营造安全生产的氛围，至关重要。公司广泛开展了"参加一次安全培训""提一条合理化建议""当一天安全员"，继续推行一整套《安全隐患信息卡》制度的宣传、推广活动，结合活动编辑了三册《基本安全常识》，举办了基本安全知识专项测验，对涌现出的成绩优异者除予以通报表彰外，还特聘为兼职安全员。公司下属各部门积极动员，踊跃参加，各自成立了相应的竞赛领导小组，结合自身特点制定竞赛计划、措施，召开职工动员会，开设劳动保护宣传、推广活动园地（黑板报和厂报），开展了多种形式的培训活动，参赛面达到100％，全体员工的安全意识和安全技能得到了提高，也增强了"我要安全，我懂安全，人人尽责，保障安全"的自觉性，在全公司范围内形成了强烈的加强劳动保护的氛围，违章违纪同比明显下降。

（3）推行《安全隐患信息卡》，取得显著成效

几年来，公司通过推行《安全隐患信息卡》，取得显著成效。

● 职工的安全意识，自我防护能力有了提高和加强。广大职工已开始形成了"三多三少"的良好风气。即：遵章守纪、严格操作的人多了，违章违纪的人少了；正确穿戴劳动保护用品的人多了，不换工作服、不讲究劳动保护的人少了；钻研业务、学习技术的人多了，不求上进、不钻研业务的人少了。

● 职工的劳动作业环境有了初步改善，安全管理的基础工作得到了加强。公司注重安全投资，改善劳动环境，更换添置安全设备设施，强化现场管理，开展培训教育，不断提高职工的安全素质，认真落实干部岗位全员安全生产责任制等，现已达到车间通畅明亮、空气新鲜，设备物件定置定位、摆放整齐，场地清洁、无杂物，防护设施齐全可靠，各种制度、信息卡、信息牌健全、悬挂整齐，大大增强了企业防灾抗灾能力。

● 促进了公司安全生产形势和经济建设的健康、稳步发展。多年来，未发生轻伤以上的人身伤害和职业中毒事故，实现了无死亡、无重伤、无爆炸、无火灾、无重大设施生产事故的"五无"安全管理目标，大大促进了企业的经济发展。

化工企业开展事故隐患排查工作的做法与经验评述

现代化工企业在生产过程，大多具有高温、高压、深冷、连续化、自动化、生产装置大型化等特点，还具有有毒有害、容易发生职业病危害的特点。与其他行业相比，化工生产的各个环节不安全因素较多，而且事故一旦发生，容易造成严重后果。所以，如何保障生产过程的安全，如何及时发现和排除事故隐患，是一项很重要的工作。

（1）对化工生产设备设施的安全要求

对于化工生产企业来讲，与其他行业企业相比较，更应该重视设备设施的安全。这是因为，其他行业企业设备设施的不安全，所造成的事故范围与伤害范围较小，而化工生产企业则不同，所造成的事故范围与伤害范围较大，甚至很大，例如火灾爆炸事故、有毒物质泄漏事故等。因此，化工生产企业需要特别注意设备设施的安全运行。

对化工生产设备设施安全运行的要求包括：

● 足够的强度。为确保化工设备设施长期、稳定、安全地运行，必须保证所有的零部件有足够的强度。一方面要求设计和制造单位严把设计、制造质量关，消除隐患，特别是压力容器，必须严格按照国家有关标准进行设计、制造和检验，严禁粗制滥造和任意改变结构及选用代用材料；另一方面要求操作人员严格履行岗位责任制，遵守操作规程，严禁违章指挥、违章操作，严禁超温、超压、超负荷运行；同时还要加强维护管理，定期检查设备与机器的腐蚀、磨损情况，发现问题及时修复或更换；当化工设备达到使用年限后，应及时更新，以防因腐蚀严重或超期使用而发生重大设备事故。

● 密封可靠。化肥、化工、炼油厂处理的物料大都是易燃易爆、有毒和腐蚀性的介质，如果由于设备设施密封不严而造成泄漏，将会引起燃烧、爆炸、灼伤、中毒等事故。因此，不管是高压设备还是低压设备，在设计、制造、安装及使用过程中，都必须特别重视密封问题。

● 安全保护装置必须配套。随着科学技术的发展，现代化肥、化工、炼油装置大量采用了自动控制、信号报警、安全连锁和工业电视等一系列先进手段。自动连锁与安全保护装置的采用，在化工设备设施出现异常时，会自动发出警报或自动采取安全措施，以防事故发生，保证安全生产。

● 适用性强。当运行条件稍有变化，如温度、压力等条件变化时，应能完全适应并维持正常运行。而且一旦由于某种原因发生事故时，可立即采取措施，防止事态扩大，并在短时间内予以修复、排除。因此，除了要求安装有相应的安全保护装置外，还要有方便修复的合理结构，备有标准化、通用化、系列化的零部件以及技术熟练、经验丰富的维修队伍。

化工设备设施运行状况的好坏，直接影响到化工生产的连续性、稳定性和安全性，因此，强化化工设备设施的维护管理，提高工人尤其是技术工人的安全技术素质，确保化工设备设施的安全运行，在化工生产中越来越重要。

(2) 对化工企业安全生产隐患自查自改的指导意见

2007 年 5 月 19 日，为了促进重点行业和领域生产经营单位切实做好安全生产隐患自查自改工作，国务院安全生产委员会办公室根据《国务院办公厅关于在重点行业和领域开展安全生产隐患排查治理专项行动的通知》（国办发明电〔2007〕16 号）要求，下发《煤矿、金属非金属矿山、冶金、有色、石油、化工、烟花爆竹、建筑施工、民爆器材、电力等工矿商贸企业安全生产隐患自查自改工作指导意见》（安委办明电〔2007〕9 号）。《指导意见》要求各企业在自查中充分发挥工会组织和全体职工的作用，对查出的问题和隐患要立即整改，一时难以整改的要制订方案，明确责任，落实资金，限期整改。其中涉及化工生产经营企业的内容主要有：

1）化工和涉及化工生产的医药生产企业

● 生产企业取得安全生产许可证时不符合项的整改情况，重要生产车间、原料产品库区、供电供水等重点单元的安全生产状况。

● 工艺技术管理制度、仪表连锁管理制度、设备维护保养管理制度制定和执行情况；工艺技术是否合规，操作条件是否合理，主要连锁自动保护设施是否正常，反应器、分馏塔、重要机组、专用设备以及压力容器、压力管道等重要设备的管理制度的执行情况。

● 生产装置正常开停车和紧急停车安全规程的建立与执行情况，开车前和停车后确认制度的建立与执行情况。

● 在检修、维修作业中，动火作业、进入受限空间作业、破土作业、起重作业、高处作业、临时用电等特种作业安全管理制度执行情况；在生产和施工作业中，防火、防爆、防中毒、防跑料串料安全管理制度建立健全和严格执行情况。

● 防雷电、防汛、防台风、防建筑物倒塌等管理制度和措施落实情况。

● 企业是否建立了应急救援队伍，或与当地大企业、与地方政府建立了应急救援合作关系；化工企业事故状态下防止"清净下水"污染的措施落实情况，是否设立了污水储存池及具备污水处理的能力。

● 岗位操作人员熟练掌握和熟悉本岗位职责、工艺流程、危险及有害因素、工艺技术指标、操作规程、设备仪表的使用、应急处置方法的情况，严格执行企业巡回检查制度的情况。

● 新建项目的立项审批、安全设施审核情况，设计和施工单位的资质情况；项目的竣工验收、正在试车投料和试生产项目的安全措施制定和落实；化工园区安全生产管理和安全基础设施建设的落实情况。

2）化工经营企业

● 销售危险化学品的企业是否存在超许可经营范围现象，是否严格执行"一书一签"（化学品安全技术说明书、化学品安全标签）制度。

● 销售剧毒化学品的企业是否查验、登记剧毒化学品购买凭证、剧毒化学品准购证、剧毒化学品公路运输通行证、运输车辆安装的安全标示牌。

● 危险化学品储存的安全距离、消防设施、应急预案和应急器材是否符合要求；储罐区是否建立了罐体定期检查制度、操作规程并严格执行；储罐是否装备液位高低报警，是否存在超储现象，仪表、安全附件是否齐全有效；防雷、防雨、防汛、防倒塌安全管理制度和措施是否落实。

● 危险化学品道路运输企业是否取得运输资质，驾驶人员和押运人员是否取得上岗资格证；运输车辆、罐车罐体和配载容器是否取得检测检验合格证明，车辆二级维护制度和定期检验制度执行的情况；运输车辆配备应急处置器材和防护用品情况；运输车辆安装的安全监控车载终端（GPS 和行驶记录仪等）以及标志灯、标志牌是否符合要求；承运剧毒化学品车辆是否载明品名、种类、施救方法等内容，是否携带运输通行证，按照指定的路线、时间和速度行驶。

3）危险化学品充装单位

● 危险化学品充装单位特别是液氯、液氨、液化石油气和液化天然气充装单位岗位安全操作规程制定和执行情况，充装车辆资质、安全状况查验制度建立和执行情况，严禁超量装载规定落实情况，操作人员取得上岗证的情况。

● 可燃气体充装设备管道静电接地情况，装卸软管每半年进行水压试验的情况，充装设备的仪表和安全附件是否齐全有效；液化气体充装站是否采取防超装措施；有毒有害危险化学品充装站是否配备有毒介质洗消装置，防毒面具、空气呼吸器和防化服的配备和使用情况。

● 对证明资料不齐全、检验检查不合格、罐体内残留介质不详和存在其他可疑情况的罐车严禁充装的规定落实情况。是否向驾驶员和押运员说明充装的危险化学品品名、数量、危害、应急措施、生产企业的联系方式等，是否向押运员提供危险化学品信息联络卡。

（四）机械电力企业开展事故隐患排查工作的做法与经验

20. 济南供电公司分阶段不断推进隐患排查治理工作的做法

济南供电公司是山东电力集团公司所属全国大型一类供电企业，担负着全市 10 个区、县（市）的供电任务，电网覆盖面积达 8 000 多 km^2，拥有黄台电厂、章丘电厂、500 kV 济南变电站和长清变电站 4 个电源点，共拥有 35 kV 及以上变电站 159 座，变电容量达 1 180 万 kV·A，输电线路长 3 584 km，有职工 1 357 人，有二级单位 13 个。

近年来，济南供电公司认真贯彻"安全第一，预防为主，综合治理"的方针，坚持"保人身、保电网、保设备"的原则，强化全面、全员、全过程、全方位安全监督与管理，扎扎实实地做好各项工作，通过加强员工安全教育培训，规范现场管理，确保现场施工安全等措施，确定用户等级划分原则和电气装置配置标准，分阶段推进隐患排查治理工作，取得了很好的效果，公司已经实现连续安全生产 2 158 天，安全生产继续保持平稳局面。

济南供电公司分阶段不断推进隐患排查治理工作的做法主要是：

(1) 树立科学的安全发展观，安全生产保持良好局面

济南供电公司树立科学的安全发展观，扎实开展安全生产和全运保电等工作，确保了全市电力的安全可靠供应，安全生产保持良好局面，公司的服务水平和社会形象显著提升，总体上保持安全稳定良好态势。所采取的措施主要是：

● 加强考核监督，严格落实安全生产责任制。深入开展"安全生产责任落实年"活动，严格落实各级各部门人员安全责任。按照"四不放过"要求，加大对违章行为的处理力度，实行归口部室联责考核。强化安全生产全过程、全方位监督，将电网调度、生产计划、现场作业、工程管理等环节全部纳入安全监督范围。公司各分管领导每月分系统主持月度安全例会，协调解决安全生产中存在的问题。

● 注重违章成因，深入开展违章查纠。不断探索研究查禁违章的有效方式，注重管理全过程的防范。坚持执行《安全监察备忘录》制度，自 2009 年以来，公司针对基建、技改、检修现场等方面存在的问题，进行隐患排查，下发了 5 期安全监督备忘录，提出 18 项整改措施，各有关单位均按要求进行了落实，进一步规范了管理和施工现场。

● 加强教育培训，提高全员安全意识。从安全理念、安全意识、安全知识、安全技能四个方面，强化生产一线人员安全意识和岗位技能，提高"主动安全"意识。充分利用冬、夏培训时机，深入基层，现场组织好安全知识培训。公司领导深入车间、班组指导学习。对新入公司员工进行安全知识培训，有效地提高了基层员工的安全意识。

● 强化技术创新，提高安全管理科技含量。公司开发了"安全工器具网络管理系统"，并于 2008 年 12 月份通过专家鉴定，确定为国内领先水平，实现了安全工器具从购置、使用、试验到报废，以及使用现场存放各项流程的在线监测。对于过期未做试验和即将做试验的工具，系统会对试验人员和监管人员及时提示，公司安全管理效率和水平有了较大提升。

● 规范现场管理，确保现场施工安全。大力推进现场标准化、规范化作业，在所有生产单位配置了智能型绝缘工器具柜，满足了绝缘安全工器具存放条件。对室外变电站，装设了规范、方便的摇臂式伸缩围栏，实现无障碍设置，检修现场围栏设施速度提高 60%。完善变电二次检修安全措施，制作了可对一屏多保护单元进行完全隔离的红布幔。为配电作业现场配置了作业垫，规范配电作业现场秩序。对生产现场安全设施进行设备名称标志、警示标志、警示线的设置。对新建、改建变电站，遵照安全设施"三同时"的原则，要求送电前必须同时完成变电站安全设施规范化工作。

● 加强制度建设，充分发挥保证体系自我监督职能。公司不断细化及完善安全管理制度，夯实安全管理基础，制定并实行现场工作专责人标示服制度，坚持施工现场四张照片制度，要求各单位及时上报施工现场四张照片（即开工会照片、收工会照片、安全措施布置情况照片、工作人员到岗到位情况照片）。严格执行工作联系人制度，对非设备（设施）负责人，从事有关施工、维护、调试等工作的人员，设备（设施）负责人不但负责签发工作票，而且选派工作联系人负责现场监督，使保证体系的自我监督职能得到充分发挥。

(2) 坚持超前谋划，确保保电工作整体有序

济南市作为省会城市，供电任务责任重大，公司坚持超前谋划，周密部署，全力保障电力供应工作。所采取的措施包括：

● 建立健全组织机构，在 2008 年 10 月份即组织成立了以公司总经理为组长的供电领导小组，下设办公室及规划基建工作组、电网工作组、配网工作组、用户工作组、综合组五个专业工作组，各基层单位也成立了相应的保电工作机构。

● 加快 5 项配套输变电工程建设，新增变电容量 110 万 kV·A，线路 109 km。形成由邢村变、姚家变、贤文变、大正变四座 220 kV 变电站提供电源支撑，全运变、奥体变两座 110 kV 变电站向奥体中心片区供电的强大网络。

● 配合重点市政工程，确定了需要提前完成的 51 条道路（含五大片区）及 217 条电力线路改造方案。目前已完成玉函路、历山东路、阳光新路等道路的电缆化改造，奥体文博片区、小清河、大明湖周边三大片区及二环东路等 7 条道路的电网改造正在进行。

● 采取多项措施，确保重要服务单位电力供应安全、可靠。制订并下发了电力供应与保障工作计划，倒排工期，对各项电力供应与保障过程中的各项工作进行了详细的安排。开展重要用户安全用电隐患排查治理工作，完成用户安全用电隐患排查工作，及时完成缺陷整改工作。

(3) 深入推进安全生产精益化管理，做好隐患排查工作

安全管理需要认真细致，不能马虎大意。济南供电公司深入推进安全生产精益化管理，积极做好隐患排查的各项工作。

● 确保电力可靠供应。公司认真贯彻有关加强安全生产，确保电力供应的工作要求，进一步健全和完善公司安全保证体系和安全监督体系。深入开展好安全隐患排查治理、安全生产反违章活动，重大隐患做到"条条有处理，条条有交代，一条不漏抓整改"，及时掌握隐患变化及整治情况，建立隐患排查整治常态机制。对于电网原因形成的隐患，制订整改计划，做到责任、措施、资金、期限、应急预案"五落实"。加强生产计划执行的刚性管理，以标准化建设为抓手，进一步细化工作流程、工作标准和工作措施。加强现场安全监督，严格工程验收和质量考核，确保基建、城网、大修工程全部"零缺陷"投产。深化三级护线网建设,加强配网安全管理,加快应急体系建设,做好应急指挥中心和备用调度中心建设。

● 全力开展保障电力供应工作,确保万无一失。一是加快推进配套电力工程建设,加强工程的全过程监管,建设形成以 220 kV 邢村变、姚家变、贤文变、大正变四座变电站为电源支撑,110 kV 全运变、奥体变两座变电站供电电网的运行;二是做好保电变电站、输配电线路、指挥调度中心等重要电力设施的现场盯防,防止外力破坏;三是扎实做好后勤保障工作。对通信支持、车辆配备及人员培训工作进行全面安排部署;四是对保电工作进行全面风险评估,细化完善保电工作方案和应急预案;五是加强所有供用电安全管理,与相关客户签订用电责任书,明确界定安全责任和义务,并对重要单位、重点地段的供用电情况进行全面排查,切实消除安全隐患。

● 强化营销规范和创新,持续改进和提升供电服务水平。深入开展"诚信彩虹·和谐全运"主题服务活动,加强计划检修和故障抢修管理,积极推进集中检修、状态检修、联合检修、零点检修和带电作业。继续完善存折代扣、社会化代收、银联卡缴费、充值卡缴费、自助售电终端等便民服务措施,努力为客户提供个性化服务。加强对营销一线服务人员的教育培训,组织开展服务技能培训和素质教育,不断增强服务人员的责任意识和主动服务意识,努力提升供电服务质量。

21. 北京市电力公司消除有限空间作业隐患保证安全的做法

北京市电力公司成立于 1958 年,其前身是北京市供电局,于 2008 年 3 月更名,是主要负责北京地区 1.68 万 km² 的电力供应、销售和输电、变电、配电设施的特大型供电企业,下辖 33 个单位,其中 16 个区域供电公司,17 个生产运行单位,现有职工 10 394 人。

近年来,北京市电力公司为实现安全生产"零死亡"和全年安全生产目标,开展了"抓执行、抓过程、建机制"的安全风险管控活动,并针对专项活动中排查出的有限空间作业安全管理各类事故隐患，加大安全投入，确保科技设备在有限空间作业中发挥作用，强化员工学习培训，以增强作业人员安全意识及实际操作能力，全方位地保证了有限空间作业安全。

北京市电力公司消除有限空间作业隐患保证安全的做法主要是：

（1）以先进科技设备作为支撑，奠定井下平安的基础

北京市电力公司在生产实践中认识到：预防有限空间作业事故是一项长期的工作，既要有先进科技设备作为支撑，又要不断提高作业人员安全意识及操作水平。为此，公司要求有限空间作业遵循的最基本原则是先检测、后作业。在进行有限空间作业时，公司严格执行"一通、二测、三保持"的有限空间作业标准化流程，并为每个班组配备至少两套包括有害气体检测仪在内的安全器具。

目前，公司有限空间作业井下防护设备主要有检测设备和通风设备。检测设备使用四合一气体检测仪，能同时检测氧气、可燃气体、硫化氢、一氧化碳的含量。超过正常氧含量浓度值 $19.5\%\sim22\%$、超过正常可燃气体浓度值 10%、硫化氢含量超过 $10\ mg/m^3$、一氧化碳含量超过 $20\ mg/m^3$ 时检测仪将会自动报警。在四合一气体检测仪的帮助下，有限空间作业人员可以快速、准确地掌握工作地点的有害气体情况，并能对工作地点气体情况进行持续或者定时的检测。快速、准确的气体检测为"危害评估"提供了依据，也为安全作业或紧急救援的快速实施奠定了基础。北京市电力公司根据有限空间场所情况、班组人员和工作情况对班组适当增减有害气体检测仪的数量。

2010 年 4 月 21 日，通州供电公司用四合一气体检测仪进行作业，及时避免了一起人身伤害事故的发生。当时通州供电公司潞电电建公司在通州梨园小街三队村委会配电室开闭站站外电缆井放缆时（现场工作人员共有 18 人），由于严格执行"先检测、后作业"规定，检测出电缆井中有害气体超标，立即采取措施对井下进行通风，以改善作业环境，及时避免了事故的发生。

通风设备主要有轴流风机和管道式通风机。电缆井作业时选用管道式通风机,专用的方圆过渡接口可以与风筒连接使用,专用的风筒固定装置可以有效防止井下运气、排气过程中风筒意外坠落。电缆隧道作业时将两种通风设备配合使用,同时打开施工作业及相邻井盖,对井下空气一抽一送,从而达到最佳通风效果。此外,通风设备配有漏电保护装置,操作及使用更加放心。为保证通风设备良好运行,公司为班组配备了数码汽油发电机,为有限空间的排风、送风过程提供快速、便捷、安全的电源。发电机每组重约 5.5 kg,携带方便并配有漏电保护装置。

井下人员防护设备主要有安全帽、自吸过滤式防颗粒物呼吸器、自吸过滤式防毒面具、安全带、长管呼吸器、自给开路式压缩空气呼吸器、坠落防护连接器、坠落防护缓冲器、坠落防护安全绳、坠落防护速差自控器、对讲机等。目前,作业班组现场至少配备 1 套正压式、隔绝式呼吸防护用品和 1 套全身式安全带作为应急救援设备。截至 2009 年,北京市电力公司已投入 1 000 万元左右,为班组配置了包括有害气体检测仪在内的安全器具,其中有害气体检测仪231 台。2010 年投入 335.6 万元为班组补充了有害气体检测仪、正压式和自救呼吸器、井口三脚架等安全器具。2011 年已投入 371.52万元用于购置和维护有限空间安全防护器具,并按照要求轮换更新安全器具,确保器具完好可靠。

(2) 改善有限空间作业条件,开发研制新型器具

北京市电力公司从 2007 年开始,先后投入两三亿进行综合整治,整治主要内容包括:安装井下照明设备、加装视频系统、对光纤温度实施在线监测、对井下有害气体实施在线监测、配备水位报警装置及自动抽水泵、对隧道内部加装防火隔断、对电缆中间接头部位加灭火带,此外,加装了地面通风亭,以确保空气流动,消除有害气体,改善隧道内温度环境。

为改善有限空间作业条件,北京市电力公司还开发研制了井口专用围栏、夜间警示灯及井口爬梯，并为作业班组配备安全告知牌、防坠器、语音提示井盖钩等新型器具，以改善井口施工作业条件，解决井口施工人员上下安全防护、道路施工安全警示、进入有限空间前的语音安全提示等问题。其中自主研发的井口爬梯采用可调口径设计，增添了与不同直径的井口配合功能，为工作人员提供了舒适的工作平台，同时也可以防止出入井口时由于攀登失误而跌落井底。语音提示井盖钩在作业前自动播放操作步骤，对现场工作时中毒窒息、高空坠落事故的发生起到明显的警示作用。目前，北京市电力公司所管辖的进入电缆井、电缆隧道、通信井入孔处都安装了安全警示牌，以警示施工、运行、检修人员在进入电缆井、电缆隧道、通信井作业前做好相关安全措施，粗略计算，北京市电力公司共安装警示牌 68 000 余块。通过这些井上防护设备，提高了员工作业前的安全意识，使有限空间作业跨出了安全第一步。

北京市电力公司还专门做出规定，要求作业班组进入电缆隧道、电缆管井等有限空间作业场所进行安装、检修、巡视、检查等作业时，必须向有限空间设施管理单位申请，填写《申请单》。公司根据有限空间作业危险有害程度将作业环境划分为 3 级，其中 3 级环境可实施作业，2 级和 1 级环境应实施清除、机械通风等工程控制措施，并进行二次检测。通过有限空间作业《申请单》的填写，使班组人员现场作业要求更加明确、规范，也一定程度上杜绝了没有资质的施工单位进行有限空间作业的情况，可以说《申请单》是有限空间作业的"安全准入证"。

(3) 强化人员相关知识培训，确保作业安全

进行有限空间作业时，最重要的就是要提高员工安全意识，使员工了解相关知识，从而保证自身安全。针对电力作业现行规章制度较多、要点较分散、一线员工学习起来不方便、不好掌握重点的现象，北京市电力公司编写了《安全生产口袋书》，口袋书集安全生产和专业管理要点于一身，共含 9 个大专业（输电、变电、调控、电缆、配电、架空、计量、带电、施工）及 29 个小专业。口袋书公共部分主要是安全生产方面的通用规定，专业部分为专业生产现场作业的主要风险和控制措施以及该专业经常出现的 10 种典型违章行为。口袋书目前共计印刷 31 000 余册，发放到全公司 23 个生产单位一线员工手中。

为了提高员工安全意识，公司定期开展有限空间作业安全培训教育工作，组织员工学习有关安全工作规程及有限空间作业急性中毒窒息事故案例及应急演练，提高员工预防有限空间作业中毒事故的能力和技能。

北京市电力公司严格按照北京市安全生产监督管理局《关于扩大地下有限空间作业现场监护人员特种作业范围的通告》要求，组织有限空间作业现场监护人员参加有限空间特种作业培训考核及取证工作。2011 年共组织 1 041 名（包括多种经营、施工企业人员）有限空间作业现场监护人参加培训考试，到目前为止已有 333 人获得特种作业证，561 人已经通过培训考试等待发证，未通过者也正准备补考。

通过培训和学习，进一步增强了有限空间作业人员防护意识和技能，使职工对有限空间的危险性、防范措施有了全面的掌握，为防止发生有限空间作业中毒事故起到了重要的作用。为强化全员安全意识，特别是一线员工的安全责任意识和风险防范意识，北京市电力公司还结合现场实际组织制作了《电力电缆有限空间作业安全措施示范片》，以电力有限空间电缆隧道作业为主线，重点对有限空间作业工器具、现场人员职责、安全措施落实及重点注意事项几部分采取视频方式进行演示讲解，并组织一线员工观看学习。这为预防有限空间中毒事故的发生奠定了很好的基础。（李金素）

22. 上海锅炉厂有限公司建立事故隐患排查治理长效机制的做法

上海锅炉厂有限公司的前身为慎昌工厂，1953 年 9 月命名为国营上海锅炉厂，1997 年 12 月改制为上海锅炉厂有限公司，是新中国最早创建的专业制造发电锅炉的国有大型企业，隶属上海电气集团。经过 50 多年的发展，公司已成为电站锅炉及成套和大型重化工设备、电站环保设备以及特种锅炉的重要提供商，有员工 2 700 多人，年销售收入超百亿元，电站锅炉年制造能力达 2 500 万 kW。

近年来，上海锅炉厂有限公司加强员工的安全教育培训，深刻认识事故隐患的特点、危害，治理事故隐患的重要性，明确各部门一把手为事故隐患排查治理的第一责任人，以部门为单位，分部门、工段、班组三个层次开展隐患的自查自纠。对排查出的隐患及时进行整理汇总，然后采取挂号督办的方式，一项一项落实到人，限期整改到位，同时加强全过程跟踪督办，确保整改到位，消除隐患，保证企业的安全生产。

上海锅炉厂有限公司建立事故隐患排查治理长效机制的做法主要是：

(1) 深刻认识事故隐患的特点，明确治理事故隐患的思路

事故隐患是安全生产各种矛盾问题的集中表现，是潜在的事故，对职工的人身安全、企业的财产安全都直接构成威胁，只有消除隐患，才能杜绝事故的发生。实践证明，只有认真排查治理隐患，建立健全隐患排查治理的长效机制，才能防范事故。

事故隐患是指生产经营单位违反安全生产法律、法规、规章、标准、规程和安全生产管理制度的规定，或者因其他因素在生产经营活动中存在可能导致事故发生的物的危险状态、人的不安全行为和管理上的缺陷。

事故隐患具有隐蔽性、危害性、突发性、因果性、重复性、连续性、时段性、季节性等特点。事故隐患是安全生产事故形成的前奏和征兆。海因里希通过对 55 万件事故的统计研究，提出了 1：29：300 的海因里希事故法则理论，即一起重大的生产事故背后必有 29 起轻伤事故、300 起事故苗子，一个事故苗子背后又隐藏着上千个事故隐患。

海因里希用多米诺骨牌来形象地描述事故因果连锁关系。在多米诺骨牌系列中，一块骨牌被碰倒了，则将发生连锁反应，其余的几块骨牌相继被碰倒。如果移去中间的一块骨牌，则连锁被破坏，事故过程被终止。事故隐患排查治理就是要移去其中的一块骨牌——人的不安全行为、物的不安全状态、管理上的缺陷，从而中断事故连锁的进程，避免事故的发生。因此，深入开展安全生产事故隐患排查治理工作更具有重大而深远的意义。

上海锅炉厂有限公司在排查治理事故隐患工作中，有针对性地采取措施：一是把事故隐患排查治理工作与日常安全监管工作相结合。突出事故隐患排查治理这条主线，使日常监查和隐患治理相互促进，夯实安全生产基础工作。二是把事故隐患排查治理工作与"安全生产百日督察行动""危险化学品专项整治"及"特种设备专项整治"等安全生产专项整治活动相结合。正确处理好隐患排查治理与重点专项整治的关系，抓住主题，突出重点，通过隐患排查治理，在短期内取得实效，通过专项整治，提升总体安全管理水平。三是把事故隐患排查治理工作与"安全质量标准化"工作相结合。通过对隐患的排查和整改，达到及保持安全生产许可制度所规定的条件和标准，使企业生产始终处于良好的安全运行状态。

(2) 建立健全隐患排查治理长效机制，不断深入发展

对于企业来讲，要以事故隐患排查治理为契机，明确责任，加大整治力度，通过回头查、反复抓、抓反复，巩固整治成果，建立健全隐患排查治理长效机制，控制重特大事故的发生。

上海锅炉厂有限公司排查治理事故隐患的做法是：在隐患排查治理过程中，把原来一个部门抓隐患排查治理，变成全厂职工共同参与，每个人查找身边的隐患，结合安全技术小革新的活动，鼓励并发动职工对查出的隐患自己攻关革新，从源头上消除隐患，减少事故的发生。到目前为止，已有 23 项安全技术革新项目投入使用，充分体现了安全生产人人有责。所采取的措施如下：

● 思想上高度重视，把排查治理工作贯穿整个安全工作始终。隐患是客观存在的，旧的隐患治理了，还有可能产生新的隐患。因此，必须正确理解"隐患险于明火，防范胜于救灾，责任重于泰山"的含义，要在思想上高度重视，克服麻痹松懈、疲劳厌战情绪，要消除"隐患排查年年搞"和"炒冷饭"的思想，要充分认识到隐患排查治理是一项长期的、艰巨的、复杂的工作，要有认真负责的态度，持之以恒抓好事故隐患排查治理工作，把隐患排查工作做细、做实，不留死角，不留盲区。同时，隐患排查治理工作要根据各单位的特点，与日常的安全管理工作相结合，要同日常安全管理工作同时部署、同时检查、同时落实，使之始终贯穿于整个安全管理工作中，从而达到隐患排查治理制度化、经常化的预期目标。

● 加强宣传，全员参与，形成事故隐患排查治理良好氛围。生产现场存在什么隐患，现场操作人员最清楚，所以，要充分发挥报纸、广播、局域网等媒体作用，加大对事故隐患排查治理工作的宣传力度，让职工深刻认识开展隐患排查治理工作的重要性和紧迫性，激励和发动职工全员参与，结合岗位实际，从身边查起，从小的事故隐患查起，认真检查工作环境中存在的安全问题，不放过每一个工作岗位、每一个工作场所、每一个生产环节、每一项工作任务、每一台生产设备，营造"从身边做起，人人查隐患"的良好氛围。

● 明确责任，加强监督，确保事故隐患排查治理工作落到实处。开展事故隐患排查治理工作首先要明确安全生产主体责任，然后要明确事故隐患治理的目标、任务、工作原则、工作责任和工作程序，认真排查，加强监管，确保事故隐患排查治理工作落到实处。公司的做法如下：明确各部门一把手为事故隐患排查治理的第一责任人，以部门为单位，分部门、工段、班组三个层次开展隐患的自查自纠。对于排查出的问题，每月 15 日前书面上报安保处，安保处对各部门排查发现的事故隐患进行整理汇总。对排查发现的一般性事故隐患，当场责令整改，整改结束后，安保处组织专业人员进行督查验收，确保隐患的真正消除。对排查发现的严重的事故隐患，一时不能整改到位的，则采取挂号督办方式，逐项落实整改责任人、方案、资金、时间以及监控和应急措施，限期整改到位，同时加强全过程跟踪督办，确保整改到位。2008 年公司共查出隐患 904 项，其中 4 项重点督办，目前已全部整改完毕。

● 结合实际，狠抓落实，完善事故隐患排查治理工作机制。事故隐患排查治理工作不能孤立开展，要与各单位的安全生产管理工作相结合，对查出的隐患要措施到位、整改到位，使事故隐患排查治理工作制度化、规范化、科学化。（龚慧）

23. 中国一拖集团公司应用预先危险性分析消除事故隐患的做法

中国一拖集团公司是我国"一五"时期 156 个重点建设项目之一，经过五十多年的发展，目前已成为以农业装备、工程机械、动力机械、汽车和零部件制造为主要业务的大型综合性装备制造企业集团，累计为社会提供大中小型拖拉机、工程机械、动力机械等产品 300 多万台，向国家上缴利税 50 多亿元，为我国农业机械化和机械工业的发展作出了重要贡献。

近年来，一拖集团公司始终坚持"安全第一，预防为主，综合治理"的方针，在加大企业的技改力度，加快工艺布局调整步伐，企业处于作业场地及设备搬迁的情况下，面对多种危险因素，积极采取相应的技术和安全管理防范措施，应用预先危险性分析的方法，对生产作业中存在的危险性加以辨识和评价，及时消除事故隐患，保障人员和设备、设施安全，取得防患于未然的效果，保障了企业生产作业的安全。

中国一拖集团公司应用预先危险性分析消除事故隐患的做法主要是：

（1）科学分析，形成制度

通过对一拖集团公司历年来的工伤事故类型统计分析可以看出，一些重大的人身伤亡事故主要发生在设备检修、大型工程安装、新产品试制、新设备的安装和调试等活动中，如果在工程启动之前，对其存在的危险性加以辨识和评价，采取相应的技术和管理措施，绝大多数的事故是可以预防和避免的。由于事先对系统危险性分析、评价几乎不耗费资金，更重要的是可以取得防患于未然的效果。因此，一拖集团公司在近几年中对预先危险性分析这种科学的管理方法进行了有益的探索，并取得了一定成效。

集团公司由安全处牵头，组织有关专业技术人员把预先危险性分析这种科学的方法加以改造，将它从初始应用的产品设计领域引入并应用于工程施工领域，利用其系统原理和科学的分析方法，分析及评价工程施工和设备检修项目中由人、机、物、环境组成的系统的危险性，从而指导施工单位和人员采取针对性的安全防范措施。在此基础上逐步完善分析方法，使之更加适合工程施工和设备检修等工作，并纳入一拖集团公司《危险作业审批管理规定》，使之制度化、规范化。

(2) 抓好关键，以点带面

预先危险性分析能否在实践中正确运用，关键在于主管和技术人员的认识和组织水平。因此，一拖集团公司把组织各单位安全及相关部门的主管人员、工程技术人员认真学习预先危险性分析的基本理论和分析方法，掌握具体的分析步骤，作为工作中的重要一环，先行抓好。

在工业生产中，各种工艺过程和生产设施都是为了把资源转换成半成品或成品，而这种转换不可能达到完全的程度，因此，必然会有一部分剩余的能量或物质，形成工业生产中的危险因素。例如，氧气生产过程中的液氧排放，如果得不到控制，造成能量横流，就会导致事故的发生，从而造成人员的伤亡和财产的损失，甚至产生社会灾难。因此，要控制现存或固有的危险因素，首先要对这些危险因素加以辨识。

在推行预先危险性分析这一科学管理方法时，有的干部职工认为，对危险性辨识没什么难处，凭经验就行了，实际上并非如此。因为危险因素的存在有其固有性，但不是静止的，而是动态的，是一个变量，具有潜在性、突发性，在某些特定的条件和环境下，危险性是可以转化的，而没有丰富的基础理论知识和实践经验，不系统地去评价它，就可能出现分析不到位、漏项、评价不准确等问题，最终导致采取措施不当，难以达到预防及控制事故的目的。

一拖集团公司在推广应用这一方法时，着力提高广大干部职工对危险性辨识的掌握和应用能力，在组织培训时，重点在以下两个方面加强对危险性辨识基础理论的培训：一是运用生产场所的能量及其转换原理。事实上，大多数事故都是能量转换的结果，因此，了解生产作业场所和活动中的能量形式，掌握其运行规律，分析其可能发生的能量横流及转换规律，是预先危险性分析、危险性辨识的基础和前提。二是人和环境的影响。除对系统的危险性加以辨识外，人的不可控因素也不容忽视。行为科学的理论表明，人的可控性极低，工作时往往由于生理和心理的因素造成误操作，导致事故发生。一拖集团公司在推行、应用预先危险性分析方法中，采取了"四严"控制法进行管理，即严格落实责任制，严格规章制度，严格操作规程，严格安全教育。

(3) 完善措施，建立体系

进行危险性辨识和事故预测是预先危险性分析的第一步，更重要的是在预测的基础上建立预防保证体系。一拖集团公司在每项工程活动之前，都由工程项目负责人组织有关人员对设计方案和施工方案的每一具体过程按系统进行分析、评价、分级，采取针对性防范措施，认真落实各种安全用具、个人防护用品，如脚手架、安全网、安全带、标志牌等物质保障措施的到位。对所需的人力、物力、财力等都要落实责任部门及责任人，按照"分级管理，分线负责"原则建立健全分级监控体系和安全保证责任体系，把监控工作落实到每一个环节，确保工程顺利进行。

　　近几年来，一拖集团公司第二铸铁厂、柴油机公司等"十五"大型技术改造项目及各类设备大修，在时间紧、任务重，点多、面广，带电、动火、高空、立体交叉作业，危险程度高的情况下，由于较好地应用了预先危险性分析方法，对每项工程都采取了针对性的安全防范措施，并落实了安全技术保证体系和责任制，对施工过程实施全程监控，保证了安全，未发生一次事故。（周书元、曹程国）

24. 武汉锅炉股份有限公司应用人机工程学消除潜在事故隐患的做法

　　武汉锅炉股份有限公司（下简称武汉锅炉公司）的前身为始建于 1954 年的武汉锅炉厂，主要从事各类锅炉、辅机和各种压力容器的开发、生产及销售。1998 年在深交所上市，2007 年 8 月，阿尔斯通完成了对武汉锅炉公司 51% 的国有股权收购，2009 年开始新建成的武汉锅炉公司新厂成为阿尔斯通全球最大的锅炉制造基地，以服务于国内外市场。

　　近年来，武汉锅炉公司坚持"安全第一，预防为主"的方针，通过现场学习、实践推广、经验交流、持续改善等一系列活动，强化现场管理，切实把安全生产责任和措施落实到车间班组，推进科学管理，并且应用人机工程学消除潜在事故隐患，取得了积极的成效。

　　武汉锅炉公司应用人机工程学消除潜在事故隐患的做法主要是：

（1）人机工程学的概念和研究范畴

　　人机工程学主要研究人、设备、环境之间的相互作用，通过改进设备性能、改善工作环境、提供必要的工具和培训，使之更适应劳动者的生理、心理特点，达到在安全、舒适和健康的环境中提高工作效率、减少事故发生的目的。

　　人机工程学的内容主要包括以下几个方面：

　　●考虑人和设备的合理设计及分工，例如，考虑以先进的机械设备代替繁重、重复性的人体劳动。

● 降低劳动强度和减少体力消耗，改善作业环境，减少不良环境中暴露的时间和频次。例如，当夏天气温超过 37℃时，露天作业应当避免或减少；用移动式工具、起吊工具代替人工搬运等。

● 研究劳动者作业过程中的姿势，消除长期固定姿势和位置带来的职业疲劳，从而避免因劳动者长时间弯腰、跪着、站立、转腰、仰面等引发的职业性伤害或事故。

● 提高员工的工作技能和适应性。

● 为有缺陷的设备增加防护装置、连锁装置，降低设备的风险。

（2）人机工程的重要性

武汉锅炉公司主要从事各种锅炉的制造工作。锅炉整体的结构包括锅炉本体和辅助设备两大部分。锅炉中的炉膛、锅筒、燃烧器、水冷壁过热器、省煤器、空气预热器、构架和炉墙等主要部件构成生产蒸汽的核心部分，称为锅炉本体。锅炉本体中两个最主要的部件是炉膛和锅筒。锅炉制造技术复杂，生产过程中存在着许多危险因素，运用人机工程的设计，可以消除事故隐患，有效降低事故发生率，并能够提高生产效率和安全可靠性。

● 符合人机工程的设计可以降低事故发生率。许多事故的发生是因为员工的不良工作习惯、不恰当的姿势所造成的，这也与不合理的设计、不良的工作环境、不正确的方式方法、工具运用的能力密切相关。如果仅仅惩罚员工的违规行为是不可取的，必须进一步从本质安全上考虑消除员工违规行为的根本。因此，开展人机工程学在企业中的应用是追根溯源，从本质上控制事故的最有效方法。例如，武汉锅炉公司根据近几年事故统计分析，发现一些旧设备缺少急停装置等，某些生产线自动化程度不高，导致事故时有发生。搬迁到新厂后，在设备自动化程度、设备本质安全性设计上做了大量工作，不仅引进了自动化弯管机、数控等离子切割设备等，还对部分旧设备进行了改造，在技术专家的指导和带领下，完成了急停装置的改造,大大降低了因设备缺陷导致的事故发生率。

●符合人机工程的设计可以降低劳动强度,提高工作效率。武汉锅炉公司通过调查发现,维修人员在工作时需要携带大量的工具,而且厂房跨度大,徒步行走,不仅增加很大的劳动强度,且降低了工作效率。为降低维修人员徒步行走的疲劳,提高工作效率,公司为每位维修人员配备了小型三轮车,由原来每个维修人员每天检修2~3处,到现在可以提高到每天检修7~8处,不仅降低了劳动强度,还使修复的设备因故障造成的损失降到最低,提高了生产效率。又如,武汉锅炉公司经过认真论证,淘汰了部分存在一定风险的弯管线,引进了国外先进弯管技术和设备,同时,对原有已迁至新厂的弯管线进行了技术改造,大大降低了员工作业中的劳动强度,同时也提高了弯管的质量和效率。

●符合人机工程的设计可以减少因疲劳而引发的疾病,创造安全、健康的工作环境。武汉锅炉公司某些岗位的员工需要长期操作控制屏按钮,由于长时间重复一个动作,容易造成部分员工腰肌劳损。为此,公司为这些员工配备了可调整的椅子和可移动的工作台,不仅使这些员工感觉企业真正关心他们,提高了工作的积极性,更减少了人体的职业性疲劳。又如,武汉锅炉公司通过对原有设备加装安全防护罩、引进带安全门连锁装置的数控机床、给叉车安装倒车雷达及警示灯装置,减少员工直接与危险源接触的机会,使运转中的危险部位与劳动者隔离,给员工创造更加安全、健康的环境。

●符合人机工程的设计是推行标准化作业的重要前提。开展人机工程学调查,查找不符合人机工程学的各种影响因素,是解决不合理的设计理念,建立标准化操作流程的前提。通过人机工程的合理设计,为规范员工的作业行为奠定良好基础。

(3) 人机工程学的调查和控制对策

引进符合人机工程设计的设备、工艺,配置舒适的操作空间和环境,是解决企业本质化安全的最重要的方法,但是,这样的改造需要大量的资金支持，特别是整体性淘汰旧的设备和改善作业环境是不现实的。那么，就要从现有的状况着手，进行一些人机工程的调查，抓住重点，同样收到良好的效果。例如，调整工作台的高度、为办公人员介绍一些抗疲劳的体操和小知识、恶劣工作环境下的短暂休息、配置简单的辅助运输和抓取工具等。

● 制订人机工程学调查和改进的计划。组织由技术和工艺部门、操作人员、EHS人员参与的策划小组，确定调查改造的作业类型、区域、设备，制订改进的计划、采购需求、人员调配方案，选择合理的调查方式和方法，根据难易程度排列优先顺序。

● 开展人机工程学的培训。由于人机工程学的应用还没有引起一些企业的重视，很多员工对这个概念还比较陌生，如果不进行普及培训，就无法开展调查。至少要求接触职业危害因素工作、涉及大量人工转运的人员、部分办公人员和调查人员参加普及培训，让他们从自己的工作中识别不安全、不健康的因素，以及不好的操作姿势、不合理的设计等。采用书面、电子的调查表，畅通组长—主管—经理—EHS部门的反馈渠道。

● 开展人机工程学的初步调查。在调查中，应分区域、设备、作业类型、身体部位进行分类、分层次的调查，要突出调查的重点和区域。

● 根据调查结果进行统计学分析。挑选出突出的不符合人机工程的项目，提出改进措施，并对措施进行财务核算，根据成本多少、难易程度，建立详细的改进行动计划，同时要确定实施人员、时间和方法等，并跟踪计划措施的实施。

(4) 开展人机工程学的实际应用事例

武汉锅炉公司在生产过程中涉及大量的材料转运，包括人工转运和机械转运，这些转运作业存在以下特点：一是转运工作量大、任务重；二是转运材料、方法差异性大；三是材料本身质量要求高，不允许有变形、勒痕、磨损；四是车间内设备众多，转运环境复杂；

五是主要以有线（遥控）桥式起重机、半龙门吊为主，配合小型卡车、叉车、固定式操作的过道平板车等为主要转运工具。

转运工人约 50 名，分白班、小夜班、大夜班三班倒。每班工作时间为 8 h。作业环境的特点：一是夜间照度低，车间顶一半为采光面积，夏季白天闷热；二是车间行车、机械设备噪声大；三是转运跨度大；四是露天场地多为大风、雨雪天气。人的因素主要有生理疲劳、作业姿势、个人技能、经验、灵活处置的能力、思想紧张、注意力不集中、不良情绪等。

在调查的基础上，武汉锅炉公司做出以下改进方案：

● 将人员驾驶行车改为遥控行车。在行车选型上降低其运行速度，避免了行车工和起重工远距离传递指挥信号导致的沟通障碍，行车工摆脱了驾驶室的束缚和狭窄作业空间疲劳作业，降低了操作失误和超速行驶导致的危害。

● 将有线操作改为无线遥控操作。避免了行车工受线控长短限制，在吊物进入错综复杂的吊装环境中，操作人员一边关注吊物，一边关注脚下环境，难以顾及周边作业人员所造成的视觉障碍。另外，采用无线遥控器操作，还避免了行车工频繁将手臂举过肩膀造成的疲劳。

● 给过道平板车安装报警装置，并改造为遥控操作。由于过道平板车行驶距离约 120 m，采用固定式操作时，操作者无法看清行程范围内远处的突发状况，极有可能造成平板车撞击行人、叉车、吊装物等。经改造后，平板车在运转过程中，持续闪烁报警灯，操作者摆脱固定操作，借助遥控装置跟车操作，发现异常状况时可及时停止运行，从而有效避免事故的发生。

● 通过人机工程学知识培训，纠正、规范员工的不良搬运姿势。以前，不少员工弯腰幅度大于 120°搬运、过度用力的蹲姿搬物、搬运超过个人承受力的重物，发生了多起腰部扭伤、摔倒、重物打击、夹挤等事故。通过培训，员工意识到这些不良的习惯，主动避免过度用力、弯腰、下蹲等操作方式,在规定允许范围内搬运物体,或采用起吊工具、小车等拖运工具,很大程度上减轻了人工搬运的负荷,提高了安全系数。

● 配合人员也必须佩戴安全帽,如果超过 3 次不按照要求佩戴安全帽者,则进行书面警告或更严厉的处罚,有效地规范了操作者应对复杂环境的个人保护能力。

● 配置移动式转运工具,并设计合理的吊点,便于转运,以降低员工体力的支出。

● 进行员工健康安全满意度调查和疏导。通过组织员工家属到现场了解其工作环境,开展适应性调查、职业健康体检、薪水和工作环境满意度调查等,以及搭建向工会、安全管理部门、人力资源部门等反映问题的平台,畅通沟通渠道,排解劳动者的烦躁和不良工作情绪,很大程度地提高了员工的工作积极性。

● 编制企业常规、非常规产品的吊装方案,针对特殊形状、主要产品、非常规产品的起吊作业,组织工艺、生产、安全管理人员及员工编制标准吊装方案,详细规定吊装不同产品选用吊索具类型、吊装方法、辅助工具、注意事项等,并附带可视化的操作图片,张贴到操作现场,从源头控制员工的不良吊装方式、不合理的吊索具选择,即使不懂起重作业的人员,也可以发现违反规定的操作。

● 在吊索具选型和吊装方法上,邀请业界资深厂家的工程师进行现场培训、指导,沟通采购渠道,由一线操作人员进行挑选、检验吊索具,规范使用和维护方法,避免盲目采购带来的不适用和浪费。

人机工程学为企业进行标准化管理提供了科学的、积极有效的管理方法,对生产效率的提高、质量的保证和事故率的降低起到积极的推动及促进作用。企业开展人机工程学的研究和应用推广也将是开展科学化管理的必然趋势。

机械电力企业开展事故隐患排查工作的做法与经验评述

机械制造与加工企业在生产过程，由于大量机械设备的使用和人员的高度密集，不可避免地会发生各种各样的事故，如绞碾事故、冲压事故、物体打击事故、触电事故、中毒事故以及火灾和爆炸事故等。在各种人员伤害事故中，以机械伤害事故为主，据统计，机械伤害事故占全部事故总数的70%左右。因此，加强对机械设备和人员的安全管理是减少及降低事故发生的主要措施。

（1）对机械设备基本安全要求

机械安全是由组成机械的各部分及整机的安全状态、机械设备操作人员的安全行为以及机械与人的和谐关系来保证的。解决机械安全问题要用安全系统的观点和方法，从人的安全需要出发，保证在机械设备整个使用寿命周期内，人的身心能够免受外界危害因素的伤害。机械设备安全应考虑其使用寿命周期的各个阶段，还应考虑机械的各种状态。

保证机械设备安全的基本原则如下：

● 机械设备及其零部件必须有足够的强度、刚度和稳定性，在按规定条件制造、安装、运输、储存和使用时，不得对人员造成危险。

● 机械设备的设计必须履行安全人机工程的原则，以便最大限度地减轻操作人员的体力和脑力消耗以及精神紧张状况。

● 机械设备的安全应通过以下途径予以保证：①选择最佳设计方案，并严格按照标准制造、检验。②合理地采用机械化、自动化和计算机技术。③采用有效的防护措施。④安装、运输、储存、使用和维修的技术文件应载明安全要求。⑤在使用过程中，机械设备不得排放超过标准规定的有害物质。

● 机械设备的设计应进行安全性评价。当安全技术措施与经济利益发生矛盾时，则应优先考虑安全技术上的要求，并按直接安全技术措施、间接安全技术措施、指示性安全技术措施的等级顺序选择安全技术措施。其中，直接安全技术措施是指机械设备本身应具有本质安全性能，保证不会出现任何危险。间接安全技术措施是指当直接安全技术措施不能或者不完全能实现时，必须在机械设备总体设计阶段设计出一种或多种可靠的安全防护装置。安全防护装置的设计、制造任务不应留给用户去承担。

● 机械设备在整个使用期限内均应符合安全卫生要求。

所谓本质安全，是指机械设备本身固有的、内在的，能够从根本上防止发生事故的功能，包括失误—安全功能和失效—安全功能两个方面。即当人操作失误或机械设备发生故障时，也不会发生事故或伤害。所谓本质安全技术，是指利用该技术进行机械设备的设计和制造，不需要采用其他安全防护措施，就可以在预定条件下执行机械设备的预定功能时达到本质安全的要求。

(2) 对机械加工作业场所的安全要求

根据加工的物件特点不同，加工机械可分为冷加工机械（如金属切削机床、冲压设备等）和热加工机械（如锻造机械、铸造机械等），以及与机械制造、加工相配套的其他设备和设施。在安全管理中，需要根据冷加工机械、热加工机械以及其他配套设备和设施的不同特点，采取有针对性的安全管理措施，保证作业场所和作业人员的安全。

1）对机械加工车间安全要求

机械加工车间（冷加工机械）是作业人员操作机床设备的场所，安全要求主要有以下几点：

● 机械设备之间的间距：小型设备不小于 0.7 m；中型设备不小于 1 m；大型设备不小于 2 m。操作人员和设备旋转应是背对背或面对背地交错摆放。主要通道应有白线标志或警告指示标志。

● 工件、毛坯、工具应存放整齐、平稳可靠、分类堆放，做到定置管理。堆放高度不超过 1.2 m。

● 车间地面应平整、整洁；作业场所工业垃圾、废油、废水及废物应及时清理干净，车间安全通道应畅通。

● 生产场地要有良好的采光。采光分为自然采光和人工采光，当白天自然采光达不到照度时，应采用人工局部照明。一般作业照度为 150 lx 左右，精密度作业则应为 300 lx 左右。

● 生产场地不宜长期存放汽油、煤油等易燃、易爆物品。应配置必要的消防用具。作业现场提倡禁烟或到指定地点（吸烟室）吸烟。

● 正确穿戴防护用品进入操作岗位，夏季不允许赤膊、穿背心、短裤、裙子、高跟鞋、凉鞋等。

2）对金属热加工车间安全要求

金属热加工车间的生产特点是生产工序多，起重运输量大，在生产过程中伴随着高温，散发出各种有毒有害气体和粉尘、烟雾及噪声，其作业环境恶劣，体力劳动繁重，因此容易发生伤亡事故。所以，金属热加工车间必须采取一些有效的安全措施。安全要求主要有以下几点：

● 精选炉料，防止混入爆炸物，投入的物料必须充分干燥，添加的合金要进行预热。

● 金属熔液出炉时，应采用电动、气动或液压式堵眼机构以及自动回转式前炉。所使用的工具及钢液包必须充分预热。

● 地坑要采取严格措施，严防地下水及地上水渗入。车间地面应干燥，不得积水。

● 熔融金属的容器必须符合制造质量标准；浇包内金属液不能过满。

● 锻锤应采用操作机械或机械手操纵，防止热锻件或氧化皮等飞溅伤人；操作人员与气锤司机座前应设置隔离防护罩，所用工具如錾刀、样方等必须充分预热。

● 工具与工件在放进热处理盐溶炉前必须预热，淬火油池和水池周围应设置栏杆或防护罩。

● 车间应有安全通道，地面要平坦而不滑，并保证畅通。

● 车间应有足够的采光照明，厂房设计要符合采暖通风和安全的要求。

● 在不影响生产与运输的前提下，各工序、各岗位应尽可能做到相互隔离。

● 金属热加工车间的作业人员必须配备必要的防护用品，如工作服、安全帽、防护鞋等。

(3) 机械制造与加工企业安全生产事故隐患治理

在机械制造与加工企业安全生产管理方面，国家和安全生产监管部门陆续颁发了一系列有关法律、法规、部门规章，这对于加强机械制造与加工的安全生产，加强安全监督管理，消除事故隐患，减少事故的发生起到了积极的作用。

对机械制造与加工企业排查治理生产事故隐患的主要内容有：

● 建立健全和落实安全生产责任制、规章制度、操作规程情况，进行安全教育培训和人员持证上岗情况，执行建设项目安全"三同时"制度情况，制定应急救援预案和进行演练情况。

● 储存、使用危险化学品是否按规定取得安全许可并建立严格的安全管理制度。

● 锅炉、起重机械、工业管道、厂内机动车辆等危险性较大的特种设备是否按规定进行检验、检测并建立严格的管理制度。

● 工业梯台的宽度、角度、梯级间隔，护笼设置，护栏高度等是否符合要求；结构件是否有松脱、裂纹、扭曲、腐蚀、凹陷或凸出等严重变形；梯脚防滑措施、轮子的限位和防移动装置是否完好。

● 锻造机械中锤头、操纵机构、夹钳、剁刀是否有裂纹，缓冲装置是否灵敏、可靠。铸造机械是否有足够的强度、刚度及稳定性，管路是否密封良好，控制系统是否灵敏，有无急停开关；防尘、防毒设施是否完好。两类机械的安全装置和防护装置是否齐全、可靠。

● 运输（输送）机械传动部位安全防护装置是否齐全、可靠，是否设置急停开关，启动和停止装置标记是否明显，接地线是否符合要求。

● 金属切削机床的防护罩、盖、栏，防止夹具、卡具松动或脱落的装置，各种限位、连锁、操作手柄是否完好有效；机床电气箱、柜与线路是否符合要求；未加罩旋转部位的楔、销、键是否凸出；磨床旋转时是否有明显跳动；用车床加工超长料时是否有防弯装置；插床是否设置防止运动停止后滑枕自动下落的配重装置；锯床的锯条外露部分是否有防护罩和安全距离隔离。

● 冲、剪、压机械的离合器、制动器、紧急停止按钮是否可靠、灵敏，传动外露部分安全防护装置是否齐全、可靠，防伤手安全装置是否可靠、有效，专用工具是否符合安全要求。

● 木工机械的限位及连锁装置、旋转部位的防护装置、夹紧或锁紧装置是否灵敏、完好、可靠；跑车带锯机是否设置有效的护栏；锯条、锯片、砂轮是否符合规定，安全防护装置是否齐全、有效。

● 装配线的输送机械防护罩（网）是否完好，有无变形和破损；翻转机械的锁紧限位装置是否牢固、可靠；吊具、风动工具、电动工具是否符合相关要求；运转小车是否定位准确、夹紧牢固、料架（箱、斗）结构合理、放置平稳；过桥的扶手是否稳固，踏脚高度是否合理，平台防滑是否可靠；地沟入口盖板是否完好、无变形，沟内是否清洁，有无积水、积油和障碍物。

● 砂轮机的砂轮是否有裂纹和破损，托架安装是否牢固、可靠，砂轮机的防护罩是否符合要求；砂轮机运行是否平稳、可靠，砂轮磨损量是否超标。

● 电焊机的电源线、焊接电缆与焊机连接处是否有可靠屏护，保护接地线是否接线正确、连接可靠。

● 注塑机的防护罩、盖、栏是否牢固且与电气连锁，液压管路连接是否可靠，油箱及管路有无漏油，控制系统开关是否齐全完好。

● 手持电动工具是否按规定配备漏电保护装置，绝缘电阻、电源线护管及长度是否符合要求，防护罩、手柄是否完好，保护接地线是否连接可靠。风动工具的防松脱锁卡防护罩是否完好，气阀、开关是否完好、不漏气，气路密封有无泄漏，气管有无老化、腐蚀。

● 移动电器绝缘电阻、电源线是否符合要求，防护罩、遮栏、屏护、盖是否完好、无松动，开关灵敏度是否可靠且与载荷相匹配。

● 各种电气线路的绝缘、屏护良好，导电性能和强度符合要求，保护装置齐全、可靠，护套软管绝缘良好并与载荷匹配，敷设符合要求。

● 涂装作业场所电气设备防爆、通风、涂料存量、消防设施、隔离措施是否符合要求。

● 作业场所的器具、物料是否摆放整齐，车间车行道和人行道是否符合要求，地面平整、整洁有无障碍物，坑、壕、池应设置盖板或护栏；采光照明是否符合要求；消防设施是否符合要求。

（五）建筑施工企业开展事故隐患排查工作的做法与经验

25. 中铁十五局集团有限公司排查隐患建立防范预控机制的做法

中铁十五局集团有限公司是国家铁路工程大型特级及公路、水利、水电、市政、工民建一级施工企业，公司现有 19 000 多名员工，拥有各类专业技术干部 3 600 多人，企业资产总额 25 亿多元，年施工能力 40 亿元以上，装备有国内外一流的各类大中型施工机械设备 2 700 多台（套），机械化施工水平达到 85% 以上。

中铁十五局集团公司作为一家建筑施工企业，通过促进企业全面管理，提高企业管理水平，强化全员安全，提高市场竞争能力，在建筑施工中，公司积极探索群众性全员安全管理新方式，从推行"一法三卡"工作法入手，深入开展"安康杯"竞赛活动，结合活动，促进事故隐患的排查，建立防范预控机制，使企业安全网络逐步完善，安全生产形势趋好，连续 4 年荣获全国"安康杯"竞赛优胜企业称号。

中铁十五局集团公司排查隐患建立防范预控机制的做法主要是：

(1) 打造"一法三卡"品牌，建立防范预控机制

中铁十五局集团公司在安全管理中，结合"安康杯"竞赛主题，在 2005 年提出了"健全网络，规范运行，建章立制，全面提高"的指导思想，把"一法三卡"看作"安康杯"竞赛的一个新载体、新平台，及"十个一"活动的"姊妹篇"。为此，中铁十五局集团公司确立了以"十个一"活动为基点，以"一法三卡"为突破口的工作思路。通过推行"一法三卡"工作法，建立健全基层劳动保护监督体系，提升"安康杯"竞赛的工作质量和操作水平，并将群众性保安全的工作程序纳入企业安全管理体系之中，全力打造安全生产人人有责的安康工程。

为了打造"一法三卡"品牌，把"一法三卡"作为一种从制度上、意识上预防生产安全事故和职业危害的安全预控机制，公司适时整合组织机构，将"安康杯"竞赛和"一法三卡"工作组织机构合并。集团公司组成了由董事长、总经理任组长，分管安全工作的副总经理、工会主席任副组长，有关部门负责人参加的"安康杯"竞赛暨"一法三卡"活动领导小组。各子公司、指挥部也成立了相应机构。在此基础上，先后制定了项目经理、工会主席、安全监察长、劳动保护监督检查员、安全员和员工工作职责。这些人员的职责之间既相互制约，又相互关联，形成了一条职责链，确保每项工作都有责任人。

开展"一法三卡"的主体是职工群众，群众性和全员性特点与"安康杯"竞赛相一致。为此，中铁十五局集团公司以推行"一法三卡"为契机，按照"先机关后基层，先领导后群众，普及作业点"的程序，充分利用广播、板报、宣传栏、知识竞赛等形式，大力宣传"安康杯"竞赛和"一法三卡"的重要意义，普及安全知识。同时，结合全国职工安全卫生消防知识竞赛，开展安全知识竞赛答卷活动。通过活动，在职工中大力宣传"管多严不算严，管多远不算

远，管多宽不算宽"的安全工作新理念。从岗位做起，从自我做起，查找身边的事故隐患，形成点、片联网式的事故隐患大排查，全力营造全员安全管理的氛围，并自编了 28 字排查歌："事故隐患藏身边，心细严查是关键，一查二防三整改，心明眼亮消灭它"。几年来，全集团对 30 多种施工作业场所进行危险源排查，共查出 12 类 30 项 1 万多个危险源点。根据事故发生的频率、职业危害的大小、职工伤亡和企业财产损失程度以及社会影响等因素，确定 A（企业级）、B（项目级）、C（班组级）三级监控。

（2）丰富"安康杯"竞赛活动内容，促进活动载体丰富多样

为丰富"安康杯"竞赛活动内容，防止竞赛过程中出现空当和后劲不足的问题，中铁十五局集团公司积极推行"三三三"工作法。

● 三个负责：领导负责、专管负责、岗位负责。面对施工现场众多的危险源，第一，确定项目经理的职责，即明确安全生产第一责任人的义务和权力，并以图表的形式上墙揭示；第二，确定安全专干、安全监察长职责，即明确第一执行人职责，负责对"一法三卡"危险源点排查、等级的确认和事故隐患的整改，并实施周期性检查；第三，明确岗位职责，严格执行岗位安全操作规程，杜绝盲目乱干和违章作业。三个负责相互制约，相互关联，使安全工作责任到人。

● 三个意识：责任意识、问题意识、落实意识。安全工作没有最好，只有更好。为使职工提高自身防护技能和意识，中铁十五局集团公司广泛开展了月、周、日安全讲评活动，提高职工发现问题、处理问题的能力。

● 三个控制：自我控制、相互控制、联合控制。在安全预控中自我控制是关键。在关键时刻提个醒，紧要关头拉一把，个体与群体间形成一个连锁"控制网"，就可以避免事故的发生。

为充分体现"安康杯"竞赛"安全生产，人人有责"的理念，贯彻"全面树立以人为本思想，切实加强安全生产教育"的竞赛主题，中铁十五局集团公司还把深化"一法三卡"工作贯穿于竞赛的全过程，做到了相互结合，即与行政安全管理工作结合、与施工现场安全标准化工地建设结合、与群众性活动结合等措施，促进活动的不断深入。

(3) 推行"一法三卡"不断深入，持续开展隐患排查整改

中铁十五局集团公司在安全管理中积极发挥各级工会组织的作用，让工会各级劳动保护监督检查员履行职责，充分行使监督检查的权力；同时，对各级安全监察长和安全员制定责任，赋予职责，把"一法三卡"作为夯实企业安全基础工作的一项重要内容来抓，寓管理于活动之中。目前，全集团有基层工会劳动保护委员会 31 个，劳动保护监督检查员 450 名，安全监察长 142 名，安全员 630 多名，初步形成了专管成线、群防成网的安全预防监控体系。

中铁十五局集团公司在推行"一法三卡"工作中采取的措施主要有：

● 建章立制，规范运作。"一法三卡"工作在中铁十五局集团公司推行以来，本着"引入概念，突出特点，合理创新，逐步完善"的总体思路，通过调研、试点和运行，打造出具有本行业特点的建筑业版本，构筑了群众性、全员性预防生产安全事故和职业危害的安全预警、预控、预防机制。为加快"一法三卡"与"安康杯"竞赛活动衔接的步伐，中铁十五局集团公司还制定"一法三卡"检查制度，分别制定了日常安全检查制度、周期检查制度、危险源点排查制度和事故隐患整改制度。规定凡被列入等级的监控点，统一设置安全警示标识牌，做到"一点一卡一台账"。对每一处监控点明确监控检查责任人、整改责任人，严格落实其职责，并形成详细的原始记录。制定安全检查提示表，并与警示牌相配套，克服安全检查无目的、无手段、无依据的"三无"现象。

● 过程控制，整改到位。"一法三卡"的推行过程就是事故隐患的整改过程，是实现"安康杯"竞赛目标的根本点和落脚点。在整改过程中，集团公司一是加强教育，做到思想上控制。开展"典型事例、反面教材和亲情教育"活动，举行"安全演讲会"及"忆一次事故座谈会"，发动职工家属、子女为一线职工写慰问信和安全寄语，使职工在思想上牢固树立"安全责任重于泰山"的理念。二是手段到位，做到责任上控制。"一法三卡"警示牌将作业名称、监控等级、事故种类、预防措施、警示标志、责任人和检查周期清晰地告知。"一法三卡"检查提示表对检查出的问题马上记录在案，限期整改，整改后才能在记录上消除，将人和事捆绑在一起。三是联控到位，做到整体控制。"一法三卡"采取自下而上群众性的活动形式，人人都有检查和被检查的权力，人人都是安全生产的责任人，从自保到互保，形成联动的整体。在同一作业场所，对照警示牌和安全操作技术规程，使违章行为记录一目了然。广大职工形象地比喻"一法三卡"是一面镜子，经常对照镜子找问题，不但找得又快又准，而且能马上整改。（陈戈、宋清泉）

26. 邯郸晨阳建筑公司安全防范"八检查"消除隐患的做法

邯郸市晨阳建筑有限责任公司（简称邯郸晨阳建筑公司）是一家中小型建筑公司，于1999年8月在邯郸市工商局注册，主要经营建筑安装、仿古建筑以及园林绿化。

近年来，邯郸晨阳建筑公司始终把安全管理当成企业发展的头等大事来抓，对安全管理方式、方法积极探索，把安全检查作为发现人的不安全行为和物的不安全状态的重要途径，通过采取"八检查"消除隐患的做法，清除事故隐患，落实整改措施，防止事故伤害，从而保证企业生产安全。

邯郸晨阳建筑公司安全防范"八检查"消除隐患的做法主要包括：

（1）安全防范"八检查"的具体方法

邯郸晨阳建筑公司在安全检查时，采取"一看、二听、三嗅、四问、五查、六测、七验、八析"的检查方法，取得了很好的效果。

　　"八检查"的具体方法主要包括:

　　● 看的方法。通过看现场环境、作业条件、实物、实际操作、记录和资料等,提醒员工在各自的工作岗位及时发现隐患,将问题消灭在萌芽状态。环境因素和作业条件是人的行为外因,是影响人的行为的条件,甚至产生重大影响。通过检查,针对现场环境和作业条件的不利安全因素,应加强管理与控制,采取有针对性的各种措施,化解其影响;对物的不安全状态、实际操作的不良问题,采取有效控制措施,消除在活动之前或引发事故之前;施工记录、台账、资料、报表等必须齐全、完整、可靠、清晰。记录和资料是安全工作的基础,为安全工作提供分析、研究资料,从而能够掌握安全动态,进行目标管理。

　　● 听的方法。通过听汇报、听介绍、听反映、听意见或批评、听机械设备的运转响声或承重物发出的微弱声等,汇总不同层面的安全生产信息,查找隐患,发现问题,及时抓好安全生产。企业或项目负责人要定期或不定期地听施工队、班组对安全生产情况的汇报,听取不同部门的意见或建议,特别是汇报中未涉及的一些问题;各基层员工还要将安全健康方面的情况经常反映给有关人员,这样可以及时、有效地发现安全隐患,保障第一线工作人员的生命安全;听机械设备的运转响声或承重物发出的微弱声是否有异常响声,机械噪声、振动的强度是否低于人生理、心理的承受能力。

　　● 嗅的方法。通过对挥发物、腐蚀物等有害气体进行嗅觉上的辨别,能及时检查其对环境的危害,有效避免安全事故的发生。有挥发物、腐蚀物、有害气体等的工作环境必须符合有关技术标准,达到有关要求。当使用有毒、有害气体时,检查施工单位是否有相应的安全防护措施,是否经有关单位确认后实施。避免人长期在有毒、有害物质的环境中工作,以免发生慢性中毒、职业病,甚至发生急性中毒造成死亡。避免对环境产生危害。

　　● 问的方法。对影响安全的问题,详细询问,寻根究底,能加深对事故、对安全问题的认识，增强安全教育的效果，提高安全生产与管理的能力。通过全面检查，发现问题或存在的安全隐患，要进行详细询问，列清存在的问题并记录在案，及时下达隐患整改通知书。对身边发生的安全事故，要寻根究底，排查问题要清晰，使员工增强安全意识，坚定掌握安全知识与技能的信心，接受事故的教训。检查的同时还要问现场人员一些安全基本常识、安全技术操作要点等，以不断加强宣传和教育力度，切实让安全成为生产的主题，安全是生存的基石。

● 查的方法。查明问题，查对数据，查清原因，追查责任，掌握事故发生的客观规律，增强预防安全事故发生的能力。通过安全工作全面检查，查出在哪些方面存在问题，针对数据，找出问题存在的症结、程度如何，解决及消除不安全因素；对已发生的事故深入调查，弄清楚事故的时间、地点、环境、操作过程、现场管理等情况，是否存在不安全因素，是哪些不安全因素，如何诱发安全事故等。

● 测的方法。测量、测试、检测，确定职业安全健康方针和目标是否得到实施，风险是否得到控制，从而不断提高安全管理水平。明确管理部门中不同层次人员在绩效监测方面的职责。根据所辨识出的各类危害和风险，确定适用的定性和定量测量方法。绩效监测与测量还包括主动的和被动的绩效测量，而不仅以工伤、疾病和事故统计为基础。"测"能提供有关反馈信息和为改善其所需的决策依据。

● 验的方法。进行必要的试验或化验，把好特定条件下的安全关，消除设备、设施使用中的不利安全因素，有效避免事故的发生。对新工艺、新技术、新设备、新材料、新施工方法要制定相应的安全措施和安全操作规程，必要时应试用、试验，以保安全、完善和可靠；施工中，发现有损员工身体健康和人身安全的因素，要探索劳动保护和事故预防的新途径，必要时进行试验或化验，使安全施工科学化，提高安全施工质量和保障水平。施工中还要严把设备、设施用前的验收关，检查时也要进行检验，预防人、机运动轨迹交叉而发生伤害事故。

● 析的方法。分析安全事故的隐患、原因，从事故中找到生产因素控制的差距，吸取教训，采取有效措施，避免同类事故发生，为安全工作持续改进提供依据。分析事故，弄清楚发生过程，找出造成事故的人、物、环境状态方面的原因。分清造成事故的安全责任，总结生产管理方面的教训。以事故为例，召开事故分析会，进行安全教育。使所有生产部位、过程中的操作人员从事故中看到危害，激励他们的安全生产动机，从而在操作中自觉地实行安全行为，主动地消除物的不安全状态。对未遂事故也要调查、分析妥当。

通过这八项检查，实现了生产作业系统因素的合理匹配，并实现了"机宜人、人适机、人机匹配"，实现人、物、环境因素的有效控制，减少失误，提高效率，消除事故，严格落实安全生产责任制，提高了安全生产管理的水平，实现安全生产无事故。

(2) 落实了"一法三卡"的安全生产措施

邯郸晨阳建筑公司在建筑施工中还结合各项目部的不同因素，积极发挥工会组织的作用，落实"一法三卡"的安全生产措施，其中"安全提示卡""危险源点警示卡"等在工地上设卡达150多个，涉及30个工种岗位，覆盖职工800多人，为在生产第一线的职工构筑起了安全生产的屏障。工会还不定期地对各工地的职工进行体检，关爱他们的身心健康，落实女职工保护待遇。

在公司开设和即将开设的施工工地上，各种确保安全生产的设施、设备都配备齐全，并且严格按照国家安全生产的各项法律、法规实施并落实。工会辅助公司有关部门对各个工地上岗工人都在上岗前进行了细致、全面的安全生产教育，并在提升职工综合素质上下工夫，扎实开展了技术培训、岗位练兵、技术比武等活动。

邯郸晨阳建筑公司还根据行业特点，结合自身实际，把培养安全生产技术骨干也作为长期的一项重要工作，挑选技术骨干参加市安监局等部门举办的各类安全生产和职工劳动保护培训，受到了市、县各级领导的好评。在建筑项目上赢得了用户的一致好评，提升了公司的形象。

27. 中太建筑安装集团公司五种识别隐患消除隐患的做法

河北省廊坊市中太建筑安装集团有限公司（简称中太集团公司）成立于 2001 年 9 月，具有房屋建筑工程施工总承包一级资质，主要从事房屋建筑工程施工总承包，机电设备安装工程专业承包，建筑装饰装修工程专业承包，建筑防水工程专业承包，市政公用工程施工总承包，混凝土预制构件，各类塔式起重机、施工升降机、快速提升架等起重机械的拆装业务。公司下辖 35 个经营实体，近几年年产值都在 10 亿元以上。2005 年上半年，公司在建工程 129 个，施工面积近 80 万 m²，无一起轻伤以上事故。

近年来，中太集团公司把搞好安全生产作为维护员工的最大权益，建立了安全工作体系，在建设施工项目设立群监员，形成了纵向到底、横向到边的群监网络，为了提高作业人员的安全意识和安全技能，开展了"安全知识"竞赛和征集合理化建议活动，调动了广大员工搞好安全生产的积极性和主动性。公司为了保证施工安全，还采取五种识别隐患与消除隐患的做法，取得了良好的效果。

中太集团公司五种识别隐患消除隐患的做法主要是：

（1）分析特殊环境中、特殊条件下的安全隐患

中太集团公司根据实际情况，仔细分析了公司在特殊环境中、特殊条件下的五大安全隐患，并针对安全隐患采取积极的消除与控制措施。

中太集团公司面对的五大安全隐患主要是：第一种安全隐患是临时工多，流动性大。从该集团 2005 年上半年劳动用工统计情况可以看出这种流动性。统计显示，2005 年 2 月临时用工人数为 910 人，是最少的一个月，而 6 月份则达到 3 991 人，两者竟然相差 3 000 余人。由于人员不固定，安全教育培训不易掌控，造成了培训上的缺失。这就带来了第二种隐患，即以新充老。有的班组为了节省时间、赶工期，常常省略培训环节，以新工人充当老工人使用，这就给安全生产带来了隐患。第三种安全隐患是为了低价中标导致压缩安全投入。在竞争工程时，为了把项目拿到手，有的施工队伍就压低工程价格来竞标，这样虽然工程到手了，利润空间却降到了最低限度，为了提高利润，就不得不压缩投入，而最省事的就是压缩安全投入，从而形成安全隐患。第四种安全隐患是超时间、超负荷作业。有的工序需要连续干三四天时间不能中止。班组人手不够，而赶工期又是短短几天，不值得再增加工人，就不得不靠现有人员超时间、超负荷作业，导致工人极度疲劳，容易形成安全隐患。第五种安全隐患是包工队伍为临时雇用的民工提供的生活条件艰苦，影响休息，如有的工人宿舍就建在施工工地，形成隐患。

(2) 针对所存在的隐患，采取积极有效的措施

中太集团公司认为，抓安全就是抓薄弱环节，如此才能有针对性地解决问题。对临时工多、安全培训以新充老的问题，集团安全管理部门强化监管，采取了在所有工地实行入岗登记的制度。入岗登记就是每个进出工地的人员必须打卡登记，对岗位、工种、入岗时间等项目记录在案，以便掌控每个班组劳动用工和岗位培训情况，从而使教育培训覆盖到施工现场的每一名员工。为了解决低价中标降低安全投入的难题，保障安全投入，中太集团公司对每项工程的安全投入进行测算，划定额度，要求每个项目部在施工前报出安全设备、安全工程、安全管理、劳动防护等项的安全预算，施工中定期上报安全支出，工程结束进行安全投入与产出的分析评估。对超时间、超负荷工作隐患，该集团采取暗访的办法。同时，采取分别调查工人和所在工地的办法，调查清楚超时现象后，进行有效处理，强制施工队伍为工人安排充足的休息时间。晚上安全检查人员则到工地巡查，遇有违规工地，进行录像，通过曝光予以解决。

中太集团公司除了针对五大隐患采取的安全措施外，还协调内部安全费用与成本的投入关系，在利润和安全发生矛盾时，利润给安全让路。在安全上，不分内外施工队伍，不分大小工程，不论施工在本地还是外埠，不管建设单位和监理部门如何要求，都坚持安全管理统一标准，在安全上不计较成本，首先保证安全投入。

28. 厦门建设工程安监站实现工程远程监控排查隐患的做法

进入 21 世纪以来，厦门提出实施海湾型城市发展战略，城市建设规模明显扩大，建设步伐日益加快，城市建设的重点也逐步从厦门本岛扩张，延伸到岛外各区，城市建设呈现出量大、面广、点多、线长的态势，给建设工程的安全与质量监管工作带来了巨大压力。为了适应这种新形势，厦门市建设工程质量安全监督站（简称厦门建设工程安监站）研发出"建设工程监管软件系统"，通过互联网对全市建设工程，尤其是省、市重点项目实施远程监控，取得良好效果，得到建设部、省建设厅领导和专家们的肯定，并被列为全国建设工程质量安全实施监督 20 年来的成果之一。

厦门建设工程安监站实现工程远程监控排查隐患的做法主要是：

（1）建设工程安全与质量监管软件的研究与开发

在建筑施工现场实施远程监控，其难度和复杂程度远远超过道路交通指挥、居住小区管理以及楼宇内部的银行、行政办公等固定场所，建筑施工现场几十种工序在不同部位、不同时间交错进行着，且其设施都是临时的，变数较大，增加了监控难点。

厦门建设工程安监站在研究与开发监控软件系统初期采用的是"点对点"视频传输方式，即直接从工地前端安装的摄像机上拉一条光缆到监控中心。"点对点"视频传输方式具有传输带宽，图像相对比较清晰、稳定，上传信号或下传信号均较快捷的优点。但建筑工地比较分散，有的距离监控中心七八公里，远的几十公里，沿途要经过桥梁、道路，传输的光缆不仅要高架，甚至还需破路、横穿地下管道等。因此，传输难度大且费用较高，应用及推广一度处于停顿状态。

针对上述问题，厦门建设工程安监站在研发中采取了以下对策：

第一，为保证有较高清晰度的图像从塔吊上的摄像机送出，合理设计缩短塔吊上的摄像机到主机的距离，并使其尽量控制在300 m 以内，同时适当放大信号，保证传输线有良好的屏蔽；另一方面是提高压缩视频保帧技术，保证计算机主机在 24 h 不间断运行的情况下工作稳定、正常。

第二，研发了一种适合建筑工地特点的远程监控传输方式，降低传输费用。通过比较、筛选，在改进图像系统操作软件和设备配置的同时，利用宽带网、无线宽带网直接上网传输，极大地节省了传输费用。过去每年传输费用需要几万元，现在每年只需几百元。

第三，研发性能较稳定、功能较齐全的图像系统操作软件，确保远程图像传输的质量及操作控制的有效性。目前，厦门建设工程安监站所研发的系统软件基本达到高清晰录像，每小时录像约350 MB，回放质量好，几乎与监视预览画面完全相同；每个分控端可以同时接收前端主控音、视频信息，并可无限延伸扩充，在真正意义上实现了远程集中监控的目标；再者是系统软件具有超强的智能化网络传输功能，对带宽要求降低，不再需要提供专门的固定 IP 地址，只要有 512 KB 以上的宽带就可以联网传输图像，且传输的图像消除了"马赛克"，就连细小的钢筋都能看得一清二楚；系统软件又增加报警联动及电子地图、语音广播对讲、查看回放本地和远程的工作日志、回放中的录像剪辑、预览抓帧和回放抓帧、数据备份、光盘刻录等完善而灵敏的强大功能，使数据管理更加得心应手，为实现远程监控建设工程提供了可靠的技术保障。

(2) 远程监控系统在建设工程安全与质量监管中的应用

远程监控软件系统自 2000 年研发，到投入实际应用，经过几年的不断摸索和改进，系统已日趋成熟。在实际应用中日益显示其科学性、实用性、有效性和高效率，对凡是纳入监控的任何一处建筑工地，监控室的工作人员均可根据各工地的不同施工阶段采用不同的监控方式，对多处工地的施工现场实施有效监管。

● 地基基础阶段的监控。高层建筑深基础施工中的安全与质量，尤其是深基坑支护、基槽开挖和人工挖孔桩施工等已被列入专项治理内容。这个阶段的施工被作为监控的重点。针对这个阶段的施工特点，远程监控系统设置了安全防范与保证质量的监控重点。

● 地面、楼面施工阶段的监控。转入地面、楼面施工阶段时，建筑物四周敞开，作业面宽，施工人员多，各个分项工程往往交叉作业，要求各项安全防范和质量要求都要考虑周到。监控的时间、内容、标准及监控方式均可按照工作人员的需要通过软件系统设定。

● 高层作业的监控。远程监控软件系统针对高层作业的特点，相应设置了各项监控重点，目前主要有建筑物的安全网设置、施工人员作业面临边防护、施工人员安全帽佩戴、外脚手架及落地脚手架的架设、缆风绳固定及使用、吊篮安装及使用、吊盘进料口和楼层卸料平台防护、塔吊和卷扬机安装及操作等11大项23分项。

● 加强了建筑工地的文明施工管理，远程监控软件系统目前还有针对性地设置了工地文明施工的监控要点，主要包括对工地围挡、建筑材料堆放、工地临时用房、防火、防盗、施工标牌设置等7大项19个分项的内容进行监控。

(3) 建设工程实现远程监控的重要意义

建设工程安全与质量远程监控软件系统将计算机网络和通信技术、视频数字压缩处理技术、决策支持系统等现代化高新技术融为一体，对加强和改善建设工程的安全与质量管理具有重要意义。

● 加强了建筑工地的治安管理，促进社会的稳定和谐。建筑工地安装远程监控设施后，电子探头全天候24 h对建筑工地实施有效监控，工地上发生的大事小事、在室外人员的一举一动无一不被完整记录下来，监控人员又可根据需要对录像进行回放、查看，一旦发生工地被盗或有犯罪分子活动，可从录像带上查得一清二楚。建筑工地治安明显加强，同时促进了社区的稳定和谐。

● 带动建筑市场各方建设主体加强建设工程安全和质量管理。厦门建设工程安监站远程监控软件系统研发以来，其科学性、有效性对各方建设主体产生积极影响，业主（建设单位、开发商）、监理单位、施工企业及保险公司纷纷仿效和借鉴。部分建筑公司和建设监理公司自行投资安装远程监控设施，指定专人监控建设的全过程，督促施工单位做好安全和质量工作，从而促进了隐患排查和整改工作。

● 有效利用现代科技成果，实现建设工程监管模式的创新。应用建设工程远程监控软件系统，相当于建筑工地的"电子警察"，工程安全与质量的监控人员长了一双"千里眼"，随时随地可以掌控施工现场的情况，及时发现问题并及时消除隐患。（齐建兰）

建筑施工企业开展事故隐患排查工作的做法与经验评述

建筑业是我国国民经济的支柱产业之一，尤其是改革开放以来，随着经济的迅速发展和城市化进程的加快，建筑行业也呈现出迅速发展的态势，每年都有大量的各类建筑工程开工与竣工，建筑业成为我国经济高速发展的显著标志。建筑业的生产活动与其他行业生产活动相比较，生产过程复杂，作业条件恶劣，劳动强度大，事故发生率高，属于危险性较大的行业，因此，保障安全生产、防范事故的工作也更为复杂和艰巨。

(1) 建筑施工企业事故发生规律

建筑施工是指各类房屋建筑及其附属设施的建造和与其配套的线路、管道、设备的安装等。建筑施工与其他行业的生产有很大的不同，它具有建筑施工的复杂性，生产的流动性和施工人员的流动性，建筑施工作业条件差、施工人员体力消耗大、建筑生产的条件差异大、可变因素多、安全生产管理难度大的特点。建筑施工的这些特点客观上造成了安全管理和安全生产的难度，所以，需要建筑施工企业对安全管理更加重视。

在建筑施工中，有一些事故的发生具有规律性，可供参考。

● 事故发生的建筑部位规律。发生事故从建筑物的部位来说，以建筑高楼房为例，搁置悬挑结构、雨篷阳台部位和二层以上楼板的部位、屋顶转角处、墙面转角处为事故多发部位。因建筑人员在操作时容易忽略建筑载荷重心部位，使之载荷失衡，出现悬挑结构、雨篷阳台倾覆的现象，从而使建筑人员跌落伤亡。二层以上高空吊装楼板时往往需要较多的人力和机械动力，人们的注意力都集中在吊装楼板上，且楼板等水泥制品因目前各方面对质量管理不严，劣质产品充斥市场，在吊装时断裂变形，可能压伤建筑人员。各部位的转角处也是发生事故的危险部位，因无去路，稍有不慎就会跌落而亡。进行屋面装修时，主体基本结束，人们的安全意识开始淡化，易发生事故。这些部位是建筑事故的多发部位。

● 事故发生的自然环境规律。建筑伤亡事故的发生与自然环境也有着密不可分的关系，并有一定的规律性，一般发生在大风暴雨后和严寒酷暑的天气里，以及周围电线星罗棋布和闹市区的环境。大风暴雨后其安全设施经风吹雨打发生质的变化，安全稳定性差。严寒酷暑天气使安全设施物体伸缩变形，物件的安全性、稳定性受到破坏，再加上严寒天气人的手脚麻木，站立不稳，酷暑天气使人流汗不止、视力模糊，易发生事故。

● 事故类别和原因的规律。从事故类别分析，高处坠落占第一位，其次是机具伤害及物体打击。高处坠落事故的主要原因是防护设施和个人防护不当。这与建筑施工高处作业多的特点直接相关，在高处作业过程中，如果不注意个人防护，就会导致高处坠落事故的发生。从事故统计分析可以看出，属于个人原因的违章作业占事故原因的第一位。属于管理原因的占第二位，主要指劳动组织不合理，对现场缺乏指导，设施存在缺陷，不懂得操作技术知识等。属于物质原因的占第三位，主要指防护、保险信号、设备器具、附件等有缺陷，光线不足，工作地点及通道条件不良等原因。其他原因属第四位。

(2) 建筑施工现场重大危险源辨识

在建筑工程施工过程中需要及时、全面、准确地系统辨识各种危险、危害因素和重大危险源，对施工生产过程中发生事故的危险性进行定性或定量分析，评价施工生产过程中发生危险的可能性及其严重程度，即潜在的风险，采取最佳方案进行有效控制，寻求最低的事故率、最少的经济损失和最优的安全效益。

按事故发生的部位来辨识，建筑施工中事故发生的部位主要有以下几点：

● 深基坑工程。建筑工程深基坑是指挖掘深度超过 1.5 m 的沟槽和开挖深度超过 5 m 的基坑，或深度虽未超过 5 m，但在基坑开挖影响范围内有重要建（构）筑物、住宅或有需要严加保护的管线的基坑。包括施工方案、临边防护、坑壁支护、排水措施、坑边载荷、上下通道、土方开挖、基坑支护变形监测和作业环境等。主要危害有坍塌、高处坠落。

● 超高跨模板支撑工程。超高、超重、大跨度模板支撑工程是指高度超过 8 m、跨度超过 18 m、施工总载荷大于 10 kN/m²、集中线载荷大于 15 kN/m 的模板支撑工程。包括施工方案、支撑系统、立柱稳定、施工载荷、模板存放、支拆模板、模板验收、混凝土强度、运输道路和作业环境等。主要危害有坍塌、高处坠落。

● 脚手架工程。脚手架工程包括搭设高度在 20 m 以上的落地式脚手架，悬挑脚手架，高度在 6.5 m 以上、均布载荷大于 3 kN/m² 的满堂红脚手架，附着式整体提升脚手架。主要危害有坍塌、高处坠落。

● 起重机械装拆工程。起重机械主要指物料提升机、人货两用施工电梯和塔式起重机。包括安装、顶升、吊装、拆除作业。主要危害有坍塌、高处坠落、起重伤害。

● 施工临时用电。施工临时用电包括外电防护、接地与接零保

护系统、配电线路、配电箱、开关箱、现场照明、电气设备、变配
电装置等安全保护（如漏电、绝缘、接地保护、一机一闸）。主要危
害有触电、火灾。

●"四口""五临边"。"四口"指通道口、预留洞口、楼梯口和
电梯井口。"五临边"指基坑周边、尚未安装栏杆或栏板的阳台、料
台与挑平台周边、雨篷与挑檐边、无外脚手架的屋面和楼层周边及
水箱和水塔周边。高度大于 2 m 的"四口""五临边"作业面，因安
全防护设施不符合或无防护设施、人员未配系防护绳（带）等造成
人员踏空、滑倒、失稳等意外。主要危害是高处坠落。

●悬挂作业。悬挂作业主要指吊篮外墙涂料作业。主要危害有
高处坠落、物体打击。

●人工挖孔桩。人工挖孔桩因孔内通风、排气不畅，造成人员
窒息或气体中毒，或孔壁坍塌掩埋施工人员等。主要危害有坍塌、
中毒。

●仓库、食堂。施工用易燃易爆化学物品临时存放或使用不当、
防护不到位，造成火灾或人员中毒意外；工地饮食因卫生不符合，
造成集体中毒或疾病。主要危害有火灾、爆炸、中毒。

●临时民工宿舍、围墙。工地临时民工宿舍和围墙失稳，造成
坍塌、倒塌意外以及临时民工宿舍发生重大火灾。主要危害有坍塌、
火灾。

（六）其他企业开展事故隐患排查工作的做法与经验

29. 北京江河幕墙公司积极进行事故隐患自查排查的做法

北京江河幕墙股份有限公司（简称北京江河幕墙公司）是集产
品研发、工程设计、精密制造、安装施工、咨询服务、成品出口于
一体的幕墙系统整体解决方案提供商，公司总部设在北京，是国家
技术创新示范企业，在北京、上海、广州等地建有生产基地和配套
工厂。北京江河幕墙公司整体解决方案已成功应用于全球数百项大

型建筑幕墙工程，先后承建中央电视台新台址、中石油大厦、天津环球金融中心、上海国际金融中心、上海世博文化中心等幕墙工程，成为行业典范。

自 2010 年北京市顺义区推行事故隐患自查自报工作以来，北京江河幕墙公司积极组建事故隐患自查自报工作小组，制定事故隐患自查自报工作流程，加大事故隐患的排查力度，并坚持以人为本，在提高人的素质、调动人的积极性上下工夫，促使员工投入排查隐患的工作中，及时发现隐患、消除隐患，保证生产作业安全。

北京江河幕墙公司积极进行事故隐患自查排查的做法主要是：

(1) 建立自查自报机构，制定保障制度

在北京江河幕墙公司办公区、厂区，最让人印象深刻的是随处可见的安全教育警示牌，其中涉及安全警示、安全誓词、安全提示等多方面的内容，长长的指示牌贯穿整个厂区，在每一道工序前，都有与之相对应的安全提示语。

北京江河幕墙公司的安全管理体系分为三个层次：一是公司级的安全监控体系——质量安全部，由公司副总裁直接领导并负责；二是分公司级的安全管理体系——安全部，由各分公司总经理领导负责；三是操作层安全管理实施体系，由各生产部和各个项目部的专职安全管理人员负责。公司共配备专职安全管理人员 186 名，每个工程项目至少配备 1 名安全管理人员，并全部实现了持证上岗。公司专门设立劳动防护用品专项资金，每年投入金额达 900 万元，用于各种劳动防护用品以及设备、设施的购买。目前，在厂区内有几项自动化程度较高的设备都是专门从意大利进口的，当操作人员走到危险区域时，设备会自动停止操作，实现了本质安全。

自 2010 年北京市顺义区推行事故隐患自查自报工作以来，北京江河幕墙公司积极响应，召开了事故隐患自查自报工作专题会议，组建事故隐患自查自报工作小组，制定事故隐患自查自报工作流程，配备了必要的人力物力，加大了事故隐患的排查力度，并按照要求进行事故隐患自查和自改情况的汇报。从 2010 年到 2011 年第三季度，北京江河幕墙公司没有发生重大安全责任事故，这都得益于事故隐患自查自报工作的施行。目前，公司的事故隐患自查自报工作也日趋完善，保证每周进行一次全厂区域的隐患排查和整改，消除了一大批事故隐患，为安全工作的顺利进行奠定了良好的基础。

北京江河幕墙公司的自查自报小组由质量安全部牵头组织，制造系统和总裁办各相关部门负责人参与，形成了厂区全区域覆盖的检查队伍，定期或不定期地进行安全检查。自查自报工作小组每周组织一次厂区安全隐患的排查，发现隐患后要求责任部门进行整改，并通过办公平台通报给相关部门主要领导，检查小组定期召开总结会议。

(2) 结合企业实际，迅速排查事故隐患

目前，北京江河幕墙公司的事故隐患自查自报工作涉及生产中的各个方面。在检测中心看到，每周至少一次的巡查记录整齐地码放在柜子里，随便拿出一张，上面清晰地列出了发现的问题及整改处理情况、重点问题概述、问题分析与处理、检查具体情况与图片等。以 2011 年 10 月 25 日、10 月 28 日公司安全小组对宿舍区域、仓储库房区域、新老基地食堂区域、新老基地厂区检查为例，共发现问题 17 起，其中生产部 16 起、总经办 1 起，主要是用电方面的问题，其中包括：有的车间在电箱的使用中地线拉扯脱落，部分电箱插座、箱体损坏；钢件车间焊机线有老化、破损现象；连续两周检查电工巡查记录，发现均未签写。针对检查中发现的问题，公司安全小组认为，这说明用电管理不到位，制度责任没有很好地落实，于是迅速响应，将用电的管理制度在生产部门进行了发布，落实现场操作者和车间管理者的责任，内部加强巡查工作质量的监督，每天的巡查记录由负责人进行审核，取得了立竿见影的效果。以 2011 年 11 月 1 日、11 月 4 日安全小组对宿舍区域、仓储库房区域、危险品库房区域、新老基地食堂区域、新老基地厂区进行的安全检查为

例，共发现问题 8 处，其中生产部 2 处、仓储部 2 处、机电管理部 2 处、总经办 2 处，涉及的主要问题包括老基地工人宿舍区地面有烟头、仓储型材贴膜区电箱地线未接、生产注胶二室旁边电箱地线未接、仓储部胶条区货物倾斜等问题，发现问题后，公司立即派人进行整改，确保了当天 100％整改完成。

随着事故隐患自查自报工作的不断深入，自查自报工作的成效就逐渐地显现，排查的频率也逐步上升并趋于稳定，自 2010 年第三季度开始，共排查发现事故隐患 148 项次，已经全部整改完毕，隐患消除率达到 100％，逐步形成了自查、自报、自改的安全管理模式。通过事故隐患自查自报工作的不断推行，到目前能够保持事故隐患每周集中排查一次，每周集中上报一次，每周整改一批。同时，通过办公平台，发布违规人员处罚公告，公司对于安全工作表现良好的单位和个人予以奖励，安全管理工作也作为年终评优的关键因素，从制度上激励了职工重视安全的积极性。

(3) 坚持把安全生产摆到首要位置，落实各项安全措施

北京江河幕墙公司坚持把安全生产摆到首要位置，推行安全责任制，形成安全管理长效机制，使"安全就是效益，安全就是信誉，安全就是竞争力"的意识深入人心。从 2010 年到 2011 年第三季度，公司的安全形势良好，没有发生重大安全责任事故。事故隐患自查自报工作的施行为企业的安全工作提供了一个有效的抓手。目前，随着事故隐患自查自报工作的不断深入，公司已经能够确保每周进行一次全厂区域的隐患排查和整改，消除了一大批事故隐患，为安全工作的顺利进行奠定了良好的基础。

目前，企业内多发的事故隐患主要有用电安全、消防安全、劳动防护用品佩戴、设备和设施安全等几个方面，通过自查自报系统的检查和分析，企业可以采取更加有针对性的措施来减少和消除隐患，获得了良好的效果。所以，在下一阶段，北京江河幕墙公司还将深入开展事故隐患自查自报工作，全面排查各类安全隐患，主动

上报事故隐患及隐患治理情况。"（韩颖）

30. 北京顺鑫农业公司强化隐患排查治理体系建设的做法

北京顺鑫农业股份有限公司是一家集粮食作物、经济作物加工及销售，白酒生产与销售，肉食品加工与销售等为一体的相关多元化大型企业，下设六家分公司、十八家控股子公司。截至 2010 年底，公司总资产达 118 亿元，实现销售收入 80 亿元，实现利润 4.5 亿元，实现税金 6 亿元，已发展成为我国农业产业化领军企业。

近年来，北京顺鑫农业公司坚持"安全第一，预防为主"的方针，始终把安全放在各项工作的首位。在隐患治理方面，公司确定的隐患排查治理工作方针是建立长效工作机制做保障。通过开展安全生产事故隐患排查治理自查自报管理工作，建立安全生产事故隐患"动态分类排查、动态评审挂账、动态整改销账"的长效机制，实现"零事故、零死亡、零损失"，力争实现"零隐患"的目标，为实现集团安全和谐可持续发展营造良好的安全环境。

北京顺鑫农业公司强化隐患排查治理体系建设的做法主要是：

（1）提高对排查隐患的认识，建立工作机制

顺鑫集团为实现"零隐患"的目标，首先建立了一套隐患排查治理工作机制。集团各所属企业为安全生产事故隐患排查治理工作责任主体，员工采取提合理化建议的形式全员参与排查，集团履行对企业安全生产事故隐患排查治理工作的监督、检查、指导，形成了两级管理、全员参与的隐患排查治理工作机制。

顺鑫集团实行了隐患动态分类排查工作制度，即领导小组、专家组（内部）、安全生产部有针对性地进行专项隐患排查和定期安全性评价，并组织专家深入企业进行全面系统隐患排查；所属企业层面实行总经理季度检查，主管副职领导月度检查，主管部门负责人每周检查，车间主任和班组长每日检查，专兼职安全员、岗位员工则时时检查的制度。为了调动员工参与隐患排查的积极性，在集团内部以开展"我为安全生产提合理化建议"活动为载体，建立员工提安全生产合理化建议奖励机制，有效调动和激励员工开展隐患排查治理的积极性。

集团实行隐患动态整改销账工作制度。首先实行隐患整改例会制度。集团隐患整改领导小组将每次集团对企业开展隐患排查的情况以及整改意见向集团经理办公会报告。包括每次隐患检查安排、隐患排查结果、整改要求以及针对一些较大隐患问题所提出的整改措施、方案意见等。集团经理办公会针对较大隐患问题及时做出整改决策，包括较大隐患问题整改资金投入安排及措施方案决策等，确保及时、有效地进行整改。

集团所属宝地环球工贸有限公司原先是一个市级"三八鞋厂"，改制后划归顺鑫集团，但是企业实际已经停止生产，还有几十个老职工，为解决退休职工生活保障问题，企业还留有车间和厂房出租给商户，做一些小吃、小饭店。由于是老的车间、厂房，配电设备非常破旧，在配电及消防等方面存在较大事故隐患。集团安全生产部对商户进行检查发现，进行整改需要更换大量设备，由于顺义区也准备把这个地区拆迁，专家组建议集团进行商户清除关闭，确保安全。隐患上会后，集团经理办公会研究制订了宝地环球工贸有限公司隐患专项整治方案，由集团安排专项资金，由集团两名副总牵头，由所属企业北京顺鑫石门农产品批发市场有限责任公司负责隐患专项整治方案具体实施，仅用 4 个月时间，完成了近百余个承租户的清理工作。集团每年直接补贴 100 多万元给这些老职工，解决他们的生活保障问题。目前，厂房闲置不用等待拆迁，水电全部切断了，留专人看守，从而消除了潜在隐患。

集团实行系统内隐患整改通报制度。集团对所属企业每次安全检查结果都要下发专项通报并提出限期整改要求，所属企业按照隐患整改通报要求落实整改，并按照要求将隐患整改情况上报集团安全生产部，相关隐患整改情况还需上报隐患整改前后对比照片。

集团对所属企业较大隐患整改情况实行复查制度。企业将隐患整改情况上报集团安全生产部后，集团安全生产部召集集团内部专家组成员对企业相关隐患整改情况逐一进行复查，确保企业隐患整改及时、规范、到位。

顺鑫集团还建立了隐患排查治理工作考核奖惩机制，制定了《顺鑫集团安全生产检查百分考核细则》。对企业隐患排查治理工作情况进行考评，若企业存在隐患，按照相关分值给予扣分（例如，一项配电线路敷设不规范扣 5 分，一项消防水带卡圈脱落扣 2 分，一项设备压力表到期未检测扣 10 分，一项消防通道门上锁扣 10 分），并将考评结果纳入集团《企业年度工作目标责任制考核》，与所属企业一把手年终薪酬挂钩，占其 10%；对企业隐患排查治理工作或其他安全工作，凡荣获区级奖项的给予企业一把手年终考评加分；对员工在事故隐患自查上报工作中提出的隐患问题，集团依照《我为安全生产提合理化建议活动方案》的相关规定，对提出效果突出的合理化建议的员工给予奖励。

（2）发挥专家组作用，不断深化隐患排查

顺鑫农业集团为了排查和整改隐患，保证企业安全生产，自 2004 年专门设立了安全生产专家组。成立专家组，主要考虑到集团企业行业太多，涉及的管理和危险点也特别多，涉及酒厂的，属于易燃易爆；鹏程食品厂有氨气车间，属于危化，主要是需防止氨气泄漏；建筑施工企业属于高危行业，高处作业的临边管理、脚手架、高空作业、基坑的管理等，包括消防管理，这些都需要细致的管理；还有一些企业有化验室，有危化品的管理；还有配电管理，都要涉及配电的使用、配电的规范、锅炉的管理等，各有各的管理特点。这些危险点的管理需要特殊的专业知识。鉴于这种情况，集团从下属企业抽调责任心强、有丰富的实践经验和管理经验的人员组成安全生产专家组，并分成配电、消防、建筑施工、危险化学品、氨制冷五个分组。

安全生产专家组既要对企业进行监督，还要对企业进行具体指导和帮助。每季度进行一次集团所属 17 家企业联合大检查。例如，锅炉组专门检查锅炉情况，消防组主要检查消防的所有设备、设施是否存在隐患，是否灵敏，或者消火栓是否有水，压力够不够，都有一个很细的检查标准。每年到了采暖季节，在取暖锅炉运营之前，锅炉专家组就要下去进行专项检查，检查锅炉工是否确定并经过培训，所用锅炉工是否持证上岗；检查锅炉在停用期间的保养情况，锅炉的匹配情况，锅炉的供水情况等，及时发现隐患并及时整改。

(3) 开展群众性活动，发动全员提合理化建议

顺鑫集团在排查隐患工作中，除了建立机制和发挥专家组作用外，另一个非常有效的手段是发动全体员工参与安全隐患检查。顺鑫集团以"我为安全生产提合理化建议"活动为载体，建立员工提安全生产合理化建议奖励机制，调动和激励全员开展隐患排查治理的积极性。2008 年企业收到员工合理化建议 936 条，2009 年企业收到员工合理化建议 1 046 条，2010 年企业收到员工合理化建议 862 条，集团及所属各企业均给予了奖励。

集团所属创新食品分公司员工发现仓储部叉车充电间设有 20 个叉车充电器，原墙板为聚氨酯保温板，外面安装了一层铁板，阻燃效果较差，充电器插头经常触到铁板，若充电器漏电，易发生触电事故，若发生电器打火，易将聚氨酯板引燃而引起火灾。员工建议在充电间四周墙壁加装防火板，企业予以采纳，积极进行了整改，有效消除了安全隐患。

创新食品分公司员工针对物流配送机动车驾驶员多存在酒后驾车行为，建议公司购置驾驶员酒精探测仪，并建议每天出车前要对驾驶员进行酒精检测，避免驾驶员因酒后驾车行为导致发生交通事故，对此企业积极予以采纳，企业在防控驾驶员酒后驾车方面取得突出实效。

顺鑫集团通过扎实开展事故隐患排查整治工作，使集团的安全生产管理水平得到了提升，隐患和问题明显减少，为实现集团确定

的安全生产"零隐患"管理目标和全面推行企业安全生产标准化管理奠定了基础。（晓讷）

31. 唐港铁路公司采取安全问题通知书排查事故隐患的做法

唐港铁路有限责任公司（简称唐港铁路公司）是在原唐山滦港铁路有限责任公司基础上，由太原铁路局、唐山港口投资公司等七家股东共同出资组建的合资铁路公司，于 2005 年 8 月正式挂牌成立，注册资金 17 亿元。公司成立后，首先完成了迁曹铁路繁重的建设任务，并于 2006 年 12 月开通运营，运营里程为 232 km，设置有 11 个运营车站，年运输能力近期可达 1.37 亿 t，远期可达 2 亿 t。

唐港铁路公司为确保铁路安全畅通，严格落实铁路局安全管理理念，创新工作机制，逐步建立和完善一系列科学的安全管理控制体系，在安全管理上实施分析预测超前管控。将安全管理、规章管理、专业管理、结合部管理、技术和作业标准等方面存在的问题作为安全预测分析的重点，对日常检查发现的各类行车、装载、人身等方面的安全隐患以及"两违"问题，每月进行全面的统计分析，从中找出带有普遍性的惯性问题，对难点问题进行专题调研，从中找出关键和症结所在，并纳入问题库，实施专题攻关。同时，针对施工、设备更新、季节更替等安全条件的变化，找出各种不利于安全生产的因素，进行超前预测。针对预测中极易发生问题的关键点，制定措施，强化控制。

唐港铁路公司采取安全问题通知书排查事故隐患的做法主要是：

（1）采取安全问题通知书的做法

唐港铁路公司根据本企业的具体情况，以"排查隐患，确保安全"为目标，采取安全问题通知书工作法。这一方法的具体做法是：发现安全隐患或者存在安全问题，以"发放安全问题通知书"为手段，要求责任单位或者责任人及时整改。

安全问题通知书共分为三个级别，分别显示为红、黄、白三色，最高级别为红色，每个级别都与绩效挂钩，其中红色为 80 元，黄色为 50 元，白色为 30 元，每个月初对各部室、各车间进行任务量化并落实到位，月底进行总结，并对任务完成较好、发现问题较多的单位和个人给予奖励。

公司建立了与各委管站段安全问题对接反馈制度，每旬公司对检查中发现的重点问题以《安全检查通知书》的形式向委管站段反馈，并按照"谁发放谁负责，谁督导谁负责，谁验收谁负责"的原则，对查出的每个问题都落实到具体责任人，限期整改，防止问题扩大化。通过发现问题、督导整改，实现安全生产全过程控制。

(2) 开展"安全问题通知书工作法"活动

公司通过建立和完善严格的安全控制体系，在安全生产上实施安全工作"七控"法，确保安全运输有序可控。在日常管理中强化了下现场安全检查力度。通过采取公司领导带头查、部门干部突击查、徒步一线岗位查、添乘机车沿线查、夜间关键时段查、边远岗位随时查等多种形式，把安全隐患消灭在萌芽状态，提高了现场安全检查的针对性。同时，抓住安全生产中的难点问题，全力推进安全立项攻关活动，先后组织完成安全立项攻关课题 28 项。

开展"安全问题通知书工作法"活动，在活动过程中，一是明确具体实施目标，落实责任制。按照"谁发放谁负责，谁解决谁负责，谁验收谁负责"的原则，对查出的每个问题都要落实到具体责任人，限期整改。一时不能整改的，要制定有效的卡控措施，确保切实取得实效。二是立足当前，着眼长远。以发放安全问题书为手段，推动重大危险源监督管理工作和事故隐患排查治理工作的深入开展，既要切实消除当前严重威胁安全生产的突出问题，又要落实治本之策，加强制度建设，建立安全生产的长效机制，通过安全监察网实现问题登记、整改、销号的透明管理。三是广泛发动，塑造氛围。为了充分调动职工的安全意识，工会大力发挥其职能，广泛开展安全宣传教育活动，营造安全氛围。在各车间张贴安全宣传画、安全标语，制作宣传栏、黑板报等，引导并教育职工牢固树立"安

全问题无小事"的观念。四是召开分析会，跟踪解决问题。每个月
公司定期召开安全问题分析会，针对当月发放的安全问题通知书进
行分类汇总、研究、解决。主要按发牌部门、检查人、时间、问题
性质、通知书发放范围、问题分类、发现问题、责任人、所属站段
等几项内容进行汇总归类，内容简单、扼要，问题清晰、明了，责
任到人，考核到位。在这项活动开展的过程中，党、政、工、团齐
抓共管，突出各自职责，加大了管理的力度和工作的深度。

　　通过开展活动，发现并解决安全隐患 1 188 个。例如，迁曹线
57♯桥（K105＋033）支座上下摆栓缺少，连接板丢失 24 块，此隐
患直接影响设备安全和行车安全。又如迁曹线 41♯桥（跨唐港高速
特大桥 K77＋023）上挡碴网破损，桥上一旦落碴，将伤及高速公路
上过往的车辆。在重大设施安全隐患排查中，针对施工单位存在的
涵洞顶进后未做翼墙、路基不稳定等问题，对电气化局个别地段开
挖后不及时回填问题，责令采取加固措施，每日巡查并做好记录；
对施工单位 K60＋459 涵洞顶进后现场光电缆保护不到位问题，责令
立即整改；对 K＋Z＋011 处施工审批手续和安全措施不完备情况下
擅自施工，当场给予停工处理。再如个别道口铺面不平顺、线路高
差大、护轨不标准等问题，无道口标志、护轨安装不标准、护轨轨
头与主轨不垂直等问题，均通过此次活动得到解决。

（3）开展"安全问题通知书工作法"活动的效果

　　"安全问题通知书工作法"活动的开展使广大职工从思想上高度
重视安全，行动上积极落实安全，使发放工作取得了实效。对检查
中发现的问题，坚持"解决安全问题不过夜"的精神，逐项整改，
健全了安全问题库，落实安全问题销号制度，逐步实现发现及解决
问题、销号整改问题、防范类似问题的安全问题闭环管理。各级干
部尤其是车间干部作风得到进一步转变，深入一线，发现问题、解
决问题的氛围逐步形成。截至 2009 年 12 月 11 日，公司已经实现连
续安全生产 890 天。公司已连续被唐山海港经济开发区评为"安全

生产优秀单位",被河北省铁路局评为"安全管理优秀单位",被河北省铁路局、工会联合评为"安全生产先进单位",被河北省总工会、河北省安全生产监督管理局评为省"安康杯"竞赛优胜单位。

32. 江西化纤公司做好夏季高温安全防火隐患排查的做法

江西化纤化工有限责任公司(简称江西化纤公司)是一个集化工、化纤、建材、电力于一体的综合经济实体,资产总额近 7 亿元,占地 134 万 m²。由于生产过程中大量使用、储存、运输易燃易爆危险化学物品,如甲醇、醋酸乙烯、乙炔、乙醇、液化石油气等,因其生产的危险性,属江西省重点防火安全单位。

江西化纤公司位于江西省乐平市,进入夏季高温季节,江西省平均气温达到 39.5℃,是各类火灾事故和爆炸事故的多发期。公司易燃易爆化学物品的特性是着火点低、闪点低、化学性能活泼、机械作用敏感,而在夏季,由于光照时间长、气温高,促使易燃易爆物品加速分解、汽化、发热、膨胀、聚合,增大了危险性。针对这些生产特点,公司及时采取切实有效的措施,加强夏季防火安全管理,积极做好夏季高温安全防火隐患排查工作,全力遏制各类火灾事故发生,取得了很好的效果,保证了生产的安全。

江西化纤公司做好夏季高温安全防火隐患排查的做法主要是:

(1) 完善各项技术措施,落实基层单位责任

在夏季高温来临之前,江西化纤公司安全职能部门就召开专题会议,全面布置公司夏季防火安全工作。要求各基层单位加强对本单位夏季防火重点区域的监控工作,特别是对易燃易爆化学物品的生产、使用、储存、经营和运输等高危作业场所和工艺,要求严格落实防火安全责任制。针对化学物品易挥发、易自燃等易引起火灾爆炸事故的特点,公司采取了通风、降温等预防措施,例如,在对仓库采取通风、降温等措施外,对罐区进行喷淋、并在每个槽罐上安装了冷凝器,对每个槽罐与槽罐之间的可燃液体蒸气进行冷却;同时严格控制槽罐的储存量;对一些特殊的危险化学物品储存采取

特殊的措施，例如，偶氮仓库和乙醇槽公司专门安装了空调和盐水管，对仓库和槽罐内的温度进行严格控制，并派专人进行管理。

　　针对夏季高温、生产负荷大、用电设备多、电气设备老化等不安全因素，公司还对所有的配电室进行通风、降温并安装空调；同时，对老化和不符合用电负荷的线路进行改造，采取减小电气设备负荷等防火、防爆措施。在易燃易爆物品装卸作业中，公司主要采取了从操作时间上加以控制的措施。在夏季高温暑期，各单位对属于甲类危险化学物品的易燃易爆物品，收发及装卸均选择在早上或傍晚进行，以避开中午前后的高温时间，使物品不受强烈的阳光暴晒。

　　在日常工作中，江西化纤公司做到了勤检查，克服了工作中存在的麻痹思想、侥幸心理，各单位领导已将本单位的夏季防火安全工作作为当前安全工作的头等大事来抓。严格落实各项消防安全管理制度及操作规程，严格杜绝违章操作、违章指挥和违反劳动纪律的"三违"行为的发生。对用火、用电的安全管理做到了严格执行各种审批手续。

（2）加强夏季防火检查，消除火灾隐患

　　江西化纤公司在夏季多次组织有关专家，对公司各重点部位的防火安全工作进行监督检查。各基层单位也积极行动起来，以"周检、日检"为契机，以夏季防火安全为重点，结合本单位的防火特点，组织开展形式多样的夏季防火安全自查工作，检查要求做到全面细致，不留死角，对检查中发现的火灾隐患均及时加以整改，对一些一时无法整改或存在先天性不足的隐患也已采取了有效的防范措施，杜绝火灾事故的发生。

　　公司所属有机分厂扩产项目是关系公司"十五"规划的重点工程。为确保该工程夏季施工期间的防火安全，公司安全职能部门对扩产工地制定了每日检查制度，并多次会同安全生产监督管理局和建设局等地方部门开展专项检查，有效确保了扩产期间的施工安全。

特别是对易燃易爆化学物品生产、使用、经营、运输等防火重点部位的防火安全检查做到"三定"，即定人、定时、定措施，杜绝生产过程中存在的跑、冒、滴、漏现象。加强对高危生产场所电气设备的检查，对超负荷用电、电源线路老化等问题及时加以整改。对各单位的消防设施也进行一次彻底的检查，以保证各类消防设施的完好使用，做到有备无患。严格纠正各种堵塞消防通道和挪用消防设施的现象。对于在检查中发现的问题，安全部门在认真做好记录的同时，还要求检查人员和被检查单位负责人一起在记录上签字，以此作为检查的原始依据，以保证有据可查，真正将"谁主管谁负责，谁检查谁负责，谁签字谁负责"的安全生产责任制落到实处。

（3）加强宣传教育，提高人员防火安全意识

公司安全部门和基层单位结合夏季单位防火安全工作特点，充分利用广播、内部电视、内部报纸、橱窗、黑板报等宣传工具，采取多种形式大张旗鼓地开展宣传工作。通过全员学习《江纤化火灾事故警示录》，剖析公司历年来夏季发生的火警、火灾事故教训，重点宣传消防法律、法规，普及消防安全常识，使广大员工对夏季防火安全的重要性有一个清醒的认识，并通过防火安全宣传教育，加强广大员工的防火安全意识，提高自防自救能力。

通过采取上述措施，有效保证了江西化纤公司夏季生产的安全、平稳运行。

33. 西安西站加强货运车站消防管理消除火灾隐患的做法

西安铁路局位于西北地区，管辖范围内有陇海、宝成、宝中、宁西、西康、襄渝等重要干线。线路纵贯南北，横跨东西，覆盖陕西全省，辐射周边各省市，是承东启西、连接南北的咽喉要道，也是西北乃至全国重要客货流集散地和转运枢纽之一，在西部乃至全国路网中具有重要的战略地位。

西安西站是西安铁路局的直属车站，自1953年建立后，主要担负西安、渭南、咸阳、宝鸡等关中城市群内各种生产、生活物资的

运输和发送，年吞吐各类货物超过 2 400 万 t。

多年来，西安西站牢固树立"安全第一，预防为主"的管理理念，积极做好安全管理的各项工作，特别是面对纷繁复杂的运输业务，努力做好消防安全管理，及时消除火灾隐患，依靠立体化综合性消防体系，把住源头"第一关"，制度落实"第一眼"，潜移默化"第一课"，应急救援"第一秒"，实现了 35 年无火情。

西安西站加强货运车站消防管理消除火灾隐患的做法主要是：

(1) 利用立体卡控，在源头把住"第一关"

西安西站地处城市中心，每天进出货场的长途运输车辆、司机、货主、车站职工、农民工等达 3 000 多人次。来往人员的素质参差不齐，有的人消防安全意识淡薄，携带火种进入货场或在货场内吸烟等情况时有发生，因此，日常的消防安全管理压力巨大。

针对上述情况，西安西站积极推行"门、牌、证"立体卡控的管理制度，从源头入手，严防死守，确保把住消防安全"第一关"。所有货主进入货场，必须到车站专门开具出入牌，凭"牌"进出货场；所有长途运输车辆必须开具出门证，凭"证"进出货场；职工需要出示"工作证"或者"工作牌"，凭"证"或"牌"出入，以此坚决杜绝社会闲杂人员随意进出货场，避免留下消防隐患。

西安西站的货场门禁制度规定：任何人或车辆不能出示相关凭证一律不得进出。所有进入货场的人员、车辆必须严格遵守车站的消防管理制度，打火机、火柴等火种，散装汽油、柴油等各种危险品不得携带入内，必须经过检查后交由门卫暂存入货场专门的消防安全柜内，返回时方能取出带走。

进入西安西站 28 万 m² 的货场内，随处可见各种消防警示标语、警示牌、张贴画，货场内还配备了 600 个消防水桶和消防沙桶、100 多个消防沙池、500 多个干粉灭火器、100 多个大型推车式灭火器、50 多个消防水带，营造出一种浓厚的消防氛围，时时刻刻警示进出人员要注意消防安全。不仅如此，货场内密布的电子监控器 24 h 监控货场内的进出人员，对货场、库房、站台、货物堆放处等各种容易发生火险的高危场所，采取 24 h 不间断的人员巡查与机控相结合，一旦发现有人吸烟，或者出现火灾苗头，车站安全生产指挥中心的监控人员就会立即电话通知最近岗位的人员赶到现场制止，将各种火灾隐患扼杀在萌芽状态。

(2) 采取严防死守措施，制度落实"第一眼"

消防安全，防重于消。以此为理念的西安西站不仅制定了严格的消防管理制度，更将制度落实放在了首位。西安西站积极推行消防安全"五同"措施，即同部署、同管理、同检查、同考核、同评比，将消防安全同车站的日常安全生产融为一体。在消防安全管理中始终突出内化于心、固化于制、外化于行的理念，日常消防管理更是盯准落地为实，从制度措施上保证消防安全的"第一眼"。

西安西站的领导班子为将消防知识和专业技能融入日常安全生产工作的每一天中，采取"四个一"的消防安全管理制度，即全站各个车间、中间站每个单位配备一名消防安全员，由车间、中间站管理干部兼任，负责日常的职工消防培训、器材检查等重点工作；"一月考"，即每月对 2 400 多名职工进行一次消防安全知识的专门考试，将"三懂三会"（"三懂"，即懂得本岗位生产经营过程中的产品及原材料的火灾危险性，懂得火灾扑救的方法，懂得预防火灾的措施。"三会"，即会使用灭火器材，会处理事故，会报警）内容牢记在心，考试成绩直接同个人月度奖金挂钩，促使职工更加注重消防知识和技能的学习；"一演练"，即每季度在全站范围内的车间、中间站进行一次消防应急救援演练，针对各自的消防预案进行补充和完善，突出各种情况下各种火险消防器具的使用；"一检查"，即每半年对全站各车间、中间站进行一次消防安全大检查，按照发现问题、纠正问题、整改问题、落实问责的步骤，将检查结果直接同管理干部的晋职晋级、评先表彰相结合，促使管理干部高度重视消防安全管理。

　　针对北方冬季气候寒冷，室外消防水桶会结冰的情况，西安西站在资金极为紧张的情况下仍千方百计筹措资金，按照一比一的原则，在配备消防水桶的场所同时配备消防沙桶，重点场所设置大型消防沙池，增设干粉灭火器、推车式灭火器，潜移默化上好"第一课"。

　　每年，西安西站新入职职工的第一课就是消防安全讲座；春季第一次职工专业培训就是消防专业知识培训；第一次考试就是消防月度综合考试。西安西站如此高度重视职工的日常消防教育，就是让所有的职工牢记消防安全的极端重要性，通过潜移默化、引导灌输，不断夯实消防基础，让职工始终保持消防安全的警惕性。

　　春芽吐枝，西安西站拉开了消防考试培训的序幕，使职工将消防知识和技能在潜移默化中融会贯通；炎炎夏日，西安西站各个消防重点岗位不时闪现职工警惕的双眼和来往检查设备的身影；秋风泛起，所有室外露天作业岗位、机关干部组成的义务拔草队将铁路线路两旁的荒草拔除干净；寒冬料峭，全站性的消防演练如火如荼。经过日复一日、年复一年不间断的实战演练，西安西站2 400多名干部职工人人都是消防员，人人都是消防专家，消防"三懂三会"烂熟于心。

　　西安西站28万 m^2 的货场依次划分为11个货运装卸作业区，同时还有调车区、接发列车区。4台调车机车来回穿梭，禁烟区同非禁烟区呈现出相互交错的格局。如货运装卸作业区是消防禁烟场所，调车区、接发列车区则允许职工吸烟。这就导致少数吸烟职工一不留神，就从非禁烟区"溜"到禁烟区。每当这时，马上就会有四五双"禁烟手"（普通职工）将烟民嘴上的烟拔掉，令吸烟的职工瞬间"戒烟"。据统计，西安西站职工的吸烟率远远低于社会平均吸烟率，这与严格的禁烟消防措施、制度是分不开的。

　　西安西站各车间、中间站都组建了以党员骨干为核心的消防救援队，定期进行消防演练培训。一旦启动消防预案或者发生火险，能够迅速投入抢险救援中。同时，全站范围的内站间发生消防火险时，车站安全生产指挥中心能够立即调动全站的人力物力、机械设备奔赴支援，直接将消防隐患消灭在萌芽状态。

（3）制定快速反应预案，促进应急抢险"第一秒"

"安全生产指挥中心，货四发生火情，请求支援！""指挥中心明白！""运转车间、货运车间、机关各科室、西站派出所、装卸公司、多元公司立即出发……"

随着西安西站安全生产指挥中心此起彼伏的电话铃声，西安西站管辖内的各车间、机关科室、驻站单位300多名干部职工携带100多个干粉灭火器、推车式干粉灭火器、太平斧、消防铁锹等工具奔赴现场，仅用了3 min就将"大火"扑灭，这是2011年11月西安西站举行的冬季消防演练中的一个场景。

1953年建站的西安西站，庞大的货场存在不同程度的设备陈旧、线路老化等各种消防隐患，任何麻痹松懈思想都可能导致消防事故。隐患胜于明火，快速反应并紧急处置初发火险，是消除消防隐患、避免火灾的最有效措施。

西安西站每季度举行一次实战性的消防演练，突出暴风雨天气、大雪、雷电等各种恶劣自然气象条件下的消防应急救援和快速反应。彻底杜绝职工头脑中存在的消防演练选在风和日丽的天气中的麻痹思想，树立起火险不分时间、不分场合，任何时间、任何地点、任何时段都有可能出现消防隐患的高度警惕思想，时时刻刻牢固树立消防安全无小事的理念。

西安西站对货场内仓库着火、易燃易爆物品着火、长途运输车辆着火等不同火险，分别制定了有针对性的消防救援预案，从火险发布、救援器具调配、救援人员到达、设备隔离、物资搬运、人员撤离等各个方面设置了有针对性的防控措施和应对方案；并且经常组织有针对性的消防演练，确保职工熟练掌握。例如，旅客列车、货运列车着火，由于接触网区段高压电线电压高达3.8万V，未切断电源易对消防救援人员造成触电伤害，所以在使用干粉灭火器灭火的同时，要迅速通知驻站供电部门切断高压电源，保证救援人员的人身安全；另一方面，迅速组织救援人员对着火列车进行分离调车作业，砸破车窗并组织旅客撤离，将损失降低到最小限度。

不仅如此，西安西站每次应急救援演练都力求实战性、逼真性、突然性，往往是不经提前预告，直接启动消防预案，考核职工在突发情况下的快速反应能力，强化培训职工每次火险时"第一秒"的快速反应，要求做到迅速扑救初起火险，降低消防隐患和损失，从而能为西安西站这个"万国百货公司"筑牢安全屏障。（左鹏）

其他企业开展事故隐患排查工作的做法与经验评述

"隐患险于明火，防范胜于救灾"，事故隐患是事故形成的前兆，是事故发生的温床，由此，使事故隐患与事故发生之间存在一种因果关系。因此，必须尽早地排查事故隐患，采取积极的有针对性的对策和措施，从而防止人的不安全行为，消除物的不安全状态，中断事故隐患的发展进程，从而避免事故的发生。

（1）对事故隐患的认识

安全生产事故隐患是指生产经营单位违反安全生产法律、法规、规章、标准、规程和安全生产管理制度的规定，或者因其他因素在生产经营活动中存在可能导致事故发生的物的危险状态、人的不安全行为和管理上的缺陷。事故隐患分为一般事故隐患和重大事故隐患。一般事故隐患是指危害和整改难度较小，发现后能够立即整改并排除的隐患。重大事故隐患是指危害和整改难度较大，应当全部或者局部停产、停业，并经过一定时间整改和治理方能排除的隐患，或者因外部因素影响致使生产经营单位自身难以排除的隐患。按照《安全生产事故隐患排查治理暂行规定》（国家安全生产监督管理总局令第十六号）的规定，生产经营单位应当建立健全事故隐患排查治理制度，同时生产经营单位主要负责人对本单位事故隐患排查治理工作全面负责。

隐患是安全生产各种矛盾问题的集中表现，是滋生事故的土壤，隐患不除，事故难绝。因此，必须牢固树立预防为主的思想，把工夫下在平时，坚决改变重事后查处、轻事前防范的错误倾向。

(2) 对事故隐患排查治理必须科学化

事故隐患排查的目的是查找潜在的事故隐患，但是，排查事故隐患在许多时候并不是一件容易的事情，不能过于盲目，需要讲究科学，根据国家法律、法规和相关标准、规范以及企业管理制度的要求制定安全检查表，使隐患排查真正做到有的放矢，避免盲目性。

对事故隐患排查治理科学化包括两个方面：一是对事故隐患的辨识方法必须科学；二是事故隐患排查方案必须科学。

● 对事故隐患的辨识方法必须科学。辨识事故隐患是排查事故隐患的前提。事故隐患具有一定的隐蔽性、潜伏性、不稳定性和时段性，必须采用科学的方法进行深入、细致的辨识，才能及时、准确地查找存在的隐患。

事故隐患辨识的方式主要有六种，一是通过学习借鉴事故案例查找隐患。对照同行业、同装置、同类生产工艺、类似生产场所发生的事故案例，举一反三，自我剖析，查找本岗位类似的事故隐患。二是通过关注异常事件分析及查找事故隐患。只有关注并控制小事件、未遂事件及异常事件，才能更好地实现事故的管理，通过对异常事件的调查分析来查找隐患，以小见大，才能避免类似事件的重复发生。三是通过强化危险源动态管理查找事故隐患。危险源也是一种事故隐患，定期组织员工在生产岗位上开展危险源辨识活动，将辨识出的危险源进行归纳整理，并进行风险评价，制定相应的防范措施或事故预案，并对员工进行培训、教育，提高员工风险辨识水平。四是通过开展未遂事件征集活动查找事故隐患。发动岗位操作人员开展岗位事故危险预知、预想分析活动，查找分析本岗位的未遂事件，找出管理上、设备上、工艺上存在的缺陷或隐患，并提出自我防范设想，将事故预防落实到生产运行的最前沿。五是通过开展现场安全检查查找事故隐患。经常性地开展全方位、全天候、多层次的现场安全检查、专项督察、专业检查，以便及早发现事故隐患。六是通过开展安全评价与评估查找事故隐患。可委托评价单位采用定性、定量的安全评价方法，进行建设项目预评价、验收评价和在役装置的现状安全评价；也可根据企业的实际情况定期组织进行风险评价，找出可能产生的事故隐患，提出防范对策和措施。

● 事故隐患排查方案必须科学。企业安全检查分日常检查、专业性检查、季节性检查、节假日检查和综合性检查。综合性检查：班组每周一次，车间（部门）每月一次，公司每季度一次。季节性检查每季度一次：防雷防静电一季度，防洪防汛、防暑降温二、三季度，防冻保暖、防火防爆防中毒四季度。专业性检查：锅炉压力容器、起重机械、电气安全、危险化学品、交通安全专项检查每季度一次，消防、气防设施专项检查每月一次。节假日检查在每个节假日到来之前进行。企业可根据各类检查的特点并结合实际情况制订隐患排查计划和实施方案，将专业性检查、季节性检查、节假日检查和综合性检查列入安全工作计划中。例如，公司通常在三月份开展防雷防静电接地检查、建构筑物专项检查、安全教育培训检查，四月份组织进行五一节前检查、防洪防汛检查，七月份开展夏季综合性检查、重大危险源专项检查、劳保用品专项检查等；车间每月进行一次综合性检查，并根据公司安排进行专业性和季节性检查。安全检查方案中应明确每一次检查范围、检查重点、牵头单位、参加人员，由牵头单位有计划、有步骤地组织实施检查，避免检查工作无序、混乱。

事故隐患时时产生、形式多样、复杂多变，排查治理工作长期而艰巨，必须运用科学化的方法抓好事故隐患排查治理工作，建立事故隐患排查治理的长效运行机制，从而不断发现隐患、消除隐患，预防事故的发生，实现企业的长治久安。

三、企业开展事故隐患排查工作 问题解答与探讨

对于事故隐患，最为通俗的说法是："隐患不除，永无宁日"。企业必须积极开展隐患排查治理工作，铲除滋生事故的土壤，才能防范安全生产事故的发生。企业是事故隐患排查、治理和防控的责任主体，应当根据国家法律、法规的要求并结合企业的实际情况，建立健全事故隐患排查治理和监控制度，逐级建立并落实从主要负责人到全体员工的隐患排查治理和监控机制。应该认识到，隐患与事故之间存在着联系，同样，隐患与安全之间也存在着联系，发现和消除隐患就能保证安全；反之，就有可能引发事故。这从道理上讲十分简单，但是在实际工作和现实生活中却十分复杂，需要从不同的角度、不同的方面进行探讨和分析，并且需要结合本企业的实际情况，采取有效的方式和方法。

1. 对事故隐患及其特征的认识与分析

揭示隐患的内在本质联系，在与事故进行斗争中具有特定的地位。既能为确认隐患和隐患规律的概念提供理论根据，又能指导人们从本质上防止隐患的产生和控制因隐患而导致的事故的发生。

(1) 什么是隐患

隐患是由内涵本质和外延现象组成的。隐患的内涵本质是隐患与客观事物的内在联系；隐患的外延现象是与内涵本质有外部联系的表现形式。

隐患有狭义和广义之分，狭义隐患是指某一客观事物中的隐患，如交通隐患是人、车、路在交通系统的变化过程中异常运动的形式。广义隐患是指在自然界和人类社会中普遍存在的隐患，是人与物在其置于系统的变化过程中异常运动的形式。其中"人与物"是导致与构成隐患的基本因素；"在其置于系统的变化过程中"是人与物在

导致与构成隐患过程中占有的时空领域，也是导致与构成隐患的相关因素；"异常运动"是隐患的内涵本质；"运动形式"是隐患的外延现象。

人们对隐患的认识同安全一样，也经历了从感性到理性的认识过程。目前有代表性的认识主要有以下几种：有的把"事故未发生前所产生（或发现）的能导致人体伤害的不安全行为，或物的不安全状态，或管理制度上的缺陷"称为事故隐患；有的把"有可能导致事故的，但通过一定办法或采取措施，能够排除或抑制的、潜在的不安全因素"称为事故隐患；也有的习惯把隐患称为事故隐患，或称为安全隐患等。这说明人们对隐患的认识处于感性阶段。

在探索生产同隐患与事故的内在联系及其运动规律中认识到：隐患是生产实践违背生产规律的异常运动表现，如人们违章作业的各种异常行为，工具、设备、材料、能源、环境等物质因素不符合规章制度要求的异常状态，这种生产实践异常运动的形式就是生产隐患；事故是生产实践违背生产规律的异常运动失去了控制，经过量变积累发生的灾变表现，如人的异常行为导致的人身伤亡、设备的异常状态导致的设备损坏等，这种实践异常运动的灾变形式就是生产事故。这是因为生产规律是客观的，是不以人们主观意志为转移的。所以，生产实践违背生产规律的异常运动具有导致事故的必然性，即生产实践的"异常运动"是隐患的本质；事故是从隐患转化而来的，即生产实践的"异常灾变"是事故的本质。

以此为理论根据，联系自然界和人类社会中普遍存在的隐患得知：隐患既不是安全隐患，也不是事故隐患，而是一种物质的异常运动具有导致事故的物质因素。例如，在自然界中的一些物质违背了自然界生态规律，产生的异常运动现象，如黄河断流、长江崩岸、海水赤潮、江河污染、天降酸雨、山体滑坡、土地荒漠、沙化等物质异常运动，所具有导致自然灾害的物质因素，就是自然界的隐患。又如，在人类社会中的可燃、易爆物质和点火源，在消防系统中违背消防规律产生的异常运动,如人们在易燃、易爆物质周围进行焊接作业,而具有导致火灾的物质因素,就是消防隐患。

总之,隐患是人与物在其置于系统中违背了事物客观规律的异常运动而具有导致事故的物质因素。因此,依据隐患的内涵本质与外延现象的联系,把隐患的概念定义为:隐患是人与物在其置于系统的变化过程中异常运动的形式。

(2) 隐患的规律及其特征

隐患的规律是人与物在其置于系统中违背客观事物规律的异常运动,具有既能转化成事故又能改变成安全的普遍性表现形式。其中,人与物在其置于系统中违背客观事物规律的异常运动,具有导致事故的必然性是隐患的根本规律;具有既能转化成事故又能改变成安全的普遍性表现形式是隐患的具体规律。

隐患的具体表现形式主要有以下三大特征:

● 隐患是物质的。隐患是物质的是指隐患产生于人体和物体之中,即物质是隐患产生的基础。例如,劳动者的异常行为,工具、设备、材料的异常状态,所具有导致事故的因素均是物质的。就人而言,人体不仅是物质的,而且其异常行为也是物质运动的一种形式,因此,由人构成的隐患也是属于物质的。从支配人的异常行为的构成因素看,如缺乏安全思想、安全技能等,是通过人的异常行为而体现的,所以以人为整体,只要能构成直接导致事故的物质因素,就应视为隐患。至于有的领导干部对安全工作不重视,或管理制度上的缺陷等,这些属于安全工作的问题,虽然能影响安全工作的开展,但由于不是能直接导致事故的物质因素,所以,不应把安全工作问题同隐患混在一起统称为隐患。

● 隐患是运动的。隐患是运动的是指隐患存在于物质之中,即物质运动是隐患生存的条件。其运动的方式是多种多样的。运动形式包括四点。一是静态运动。如建筑物在设计、施工中存在的缺陷,或年久失修,随着时间推移发生的异常变化,以及生产环境存在的固定异常状况、山体的异常状况等，均属于隐患的静态运动。二是动态运动。如从事生产实践活动的劳动者的异常行为，设备在运行中的异常状态，以及易燃、易爆物质在使用中形成的异常状态等，均属于隐患的动态运动。三是单一运动。如某台设备自身的异常状态，某个人自身的异常行为等，均属于隐患的单一运动。四是整体运动。如一条自动生产线中存在着若干处异常状态，一座桥梁整体结构的异常状态，群体人员系列违章作业的异常行为等，均属于隐患的整体运动。

● 隐患是异常的。隐患是异常的是指隐患生存、发展于物质的异常运动之中，物质的异常运动是隐患生存的根据。它是由于人或物在其置于系统中违背了客观事物规律产生了异常运动而构成的，如人的异常行为、物的异常状态等。如果改变或终止了物质的异常运动，使隐患失去了生存的条件，隐患也就不存在了。所以物质的异常运动是隐患的本质特征。其具体表现形式包括三点。一是先天异常。先天异常是指人未从事生产、物质未投入使用之前就是异常的。例如，劳动者的安全技术素质在上岗前达不到要求，工具、设备、材料等物质在投产前就达不到使用安全标准等，均属于先天异常。二是后生异常。后生异常是指人或物在其置于系统中违背了客观事物规律而产生的异常运动。如人在生产中产生的异常行为，工具、设备、材料等物质在使用中出现各种异常状态等。三是相对异常。相对异常是指人与物在其置于系统中，由于相伴物质因素而构成的相对异常具有导致事故的物质因素。例如，电气设备金属外壳必须安全接地，旋转机械必须有安全防护装置，是因为人与其接触能导致人身伤亡事故；易燃、易爆物质的存放与使用必须有防火措施，是因为其与火源接触能导致火灾、爆炸事故。这些均属于相对异常具有导致事故的物质因素而构成的隐患。

(3) 隐患是变化的，是可以转换的

隐患是变化的，是指人与物在其置于系统中违背客观事物的异常运动，具有既能转化成事故又能改变成安全的具体规律。

● 隐患转化成事故。隐患转化成事故，是指人与物在其置于系统中违背客观事物的异常运动，具有经过量变积累到质变飞跃而导致与构成事故的自然属性。如有一名电工在登杆作业时没有系安全带（隐患），又没有人加以制止，结果从高处坠落到地面而死亡，这样隐患就转化成了事故。

● 隐患改变成安全。隐患改变成安全，是指人与物违背客观事物的异常运动，具有自控调整和人为改变成规律运动的特征。自控调整有两种方式：一是人在认识到自身的异常行为具有导致事故的可能时，自我改变了异常行为；二是运用安全技术手段改变生产的异常运动，例如，安装在生产过程中的各种自动检测、控制装置，对生产中产生的异常运动进行自动控制，均属于自控调整。

所谓人为改变，是指运用人的自身技能发现并改变生产实践的异常运动，使其达到安全要求。如安检员发现并纠正了劳动者违章作业的异常行为，或劳动者发现并改变了设备的异常状态等，均属于人为把隐患改变成安全。

(4) 隐患是有表现形式的

隐患的表现形式是指人与物在其置于系统中违背客观事物规律的异常运动所具有的外延现象。其中，有直观的、可观的和隐蔽的。

● 所谓直观的，是指人运用自身技能所能发现的客观事物的异常运动的现象。如人的各种异常行为、物的各种异常状态等。

● 所谓可观的，是指运用安全技术手段才能检查并发现的一些物质内在的异常状态。如对一些无色、无味有害气体的检查，对各种材料的材质检查等。

● 所谓隐蔽的，是指由于科学技术水平限制，目前没有认识或不能查知、查明的一些物质的异常现象。

综上所述，在揭示隐患的本质和规律中认识到：人与物的存在和运动是隐患产生的条件，其异常运动是隐患生存、发展的条件；

其异常运动的形式是隐患的外延现象；其异常运动的灾变是隐患转化成事故的结果；同时，隐患还具有能改变成安全的特性。因此，依据隐患的内在本质联系及其运动规律的表现形式，把隐患规律定义为人与物在其置于系统中违背事物规律的异常运动，具有既能转化成事故又能改变成安全的普遍性表现形式。

同时从中得知：由于人与物在其置于系统中的规律运动具有安全必然性，所以，促使人与物在其置于系统中规律运动，是从本质上对隐患产生的超前预防；由于人与物在其置于系统中的异常运动具有导致事故的必然性，所以，发现并改变人与物在其置于系统中的异常运动，是从本质上对隐患转化事故的超前控制。这样用于指导实践必能有效防止隐患产生和控制隐患导致事故发生，从而征服事故，促进自然界和人类社会按客观规律持续发展，从中获得巨大的安全效益。（刘国财）

2. 让安全管理走近科学

就企业的安全生产管理来讲，有些企业的安全管理为什么长期徘徊于传统的事后管理阶段？有些企业的安全工作为什么会随着事故的发生而变化？有些企业的事故发生频率为什么呈现高—低—高的变化？有些企业的安全工作为什么会出现紧—松—紧的状态？对于这些问题，确实需要进行深入探讨和研究。

（1）安全管理需要上升到"预防性"科学管理阶段

企业之所以出现这些问题，与企业的安全管理没有上升到"预防性"科学管理阶段，即与安全管理没有走近科学有一定关系。或者说，这与人们只是口头上讲安全科学，实际上并不知道什么是安全科学和怎样运用安全科学指导安全管理有直接联系。例如，关于什么是安全、隐患、事故，这个开展安全管理必须做出科学回答的理论问题至今没有共识；有的把安全称为没有危险，不受威胁，不发生事故，也有的认为安全是指判明的危险性不超过允许限度；把隐患称为事故隐患，也有称为安全隐患的；把事故称为意外事故，也有称为意外事的变故或灾祸。这些认识大多是感性知识，也有的是不符合实际的，用于指导实践只能起误导作用。例如，用"安全是指判明的危险性不超过允许限度"的概念去指导实践，就能导致人们对安全的追求停留在"可以接受的危险"水平上，给客观事物留下危险因素（隐患）而导致事故的发生。如1986年到1992年世界各国发生的17起航天发射事故，大多数是由于火箭推进系统、制导与控制系统在发射过程中存在着危险因素（缺陷）没有排除，即存在着隐患而导致发生的航天事故。可见，把安全定义为"是指判明的危险性不超过允许限度"是不符合实际的。安全就是安全，危险就是危险，两者有着本质的区别，不能混为一体。在安全中掺上了危险因素，事实上就是不安全了。

因而从中得知：在安全、隐患、事故的本质和安全科学的本质没有揭示之前，即安全、隐患、事故的概念都没有弄清楚前，又怎么能形成安全科学呢？没有科学理论导向，在事故高发面前又怎么能指导人们对尚未发生的事故从本质上进行超前、有效预防和控制呢？这显然是不可能的。这样只能受事故规律的支配，就事论事地认识问题和解决问题，掌握不住安全的主动权。因此，要想改变"生产发展、事故上升"的恶性循环，必须探索研究安全与事故的运动规律以及预防、控制事故规律，确认安全、隐患、事故的概念和安全科学原理，从而形成安全科学，并用科学理论武装人，提高人们的安全科学文化素质，把传统的事后管理转到事故发生之前，从本质上超前、有效预防和控制事故的发生。

（2）展示对安全科学内在联系而形成的安全原理

那么，什么是安全原理？安全科学原理也称安全原理，是通过总结企业安全生产的历史经验教训，联系自然界和人类社会中普遍存在的安全与事故及安全管理实际，在探索安全与事故运动规律和预防、控制事故的规律中，发现了安全与事故和预防、控制事故的内在联系具有实现安全必然性而加以确认的。下面就以揭示生产中的安全与事故和预防、控制事故内在联系具有实现安全的必然性为例，对安全科学这种固有的内在联系而形成的安全原理加以展示，并从中确认安全科学的本质和安全科学概念。

在探索生产和安全与事故的内在联系及其运动规律中认识到：安全、隐患、事故不仅存在于生产之中，是生产实践的三种不同表现形式，而且与生产实践是否遵循生产规律有着本质联系：安全是生产实践符合生产规律的运动表现，如人们按章办事的行为，工具、设备、材料、能源、环境等物质因素处于符合规章要求的状态，这种生产实践规律运动的形式就是生产的安全；隐患是生产实践违背规律的异常运动表现，如人们违章作业的异常行为，工具、设备、材料、能源等物质因素处于不符合规章要求的异常状态，这种生产实践异常运动的形式就是生产的隐患；事故是生产实践违背生产规律的异常运动失去了控制，经过量变积累发生的灾变表现，如人的异常行为导致的人身伤亡，设备的异常状态导致的设备损坏等，这种生产实践异常灾变的形式就是事故。这是因为，生产规律不是以人们主观意志为转移的客观规律。所以，生产实践符合生产规律的规律运动具有安全的必然性，即生产实践的"规律运动"是安全本质；反之，生产实践违背生产规律的异常运动具有导致事故的必然性，即生产实践的"异常运动"是隐患的本质。事故是从隐患转化而来的，即生产实践的"异常灾变"是事故的本质。

进而依据已确认的安全、隐患、事故的本质，联系在自然界和人类社会中能产生安全、事故的基本因素——"人与物"，在其产生安全、事故的过程中，具有与客观事物规律相依而生的自然属性，把其广义概念定义为：安全是人与物在其置于系统的变化过程中规律运动的形式；隐患是人与物在其置于系统的变化过程中异常运动的形式；事故是人与物在其置于系统的变化过程中异常灾变的形式。因而，安全规律是人与物在其置于系统的变化过程中符合客观事物规律的规律运动，具有实现安全必然性而派生的规律；事故规律是人与物在其置于系统的变化过程中违背客观事物规律的异常运动，具有导致事故必然性而逆变的规律。

(3) 探索预防、控制事故的规律

人们在探索预防、控制事故的规律中认识到：由于人与物在置于系统的变化过程中符合客观事物规律的规律运动具有安全的必然性，所以，促使人与物在其置于系统中规律运动具有预防事故的必然性，这种预防事故的内在本质联系就是预防事故的规律；由于人与物在其置于系统的变化过程中违背客观事物规律的异常运动具有导致事故的必然性，所以，改变人与物在其置于系统中的异常运动具有控制事故的必然性，这种控制事故的内在本质联系就是控制事故的规律。进而从中确认了"是以促使人与物在其置于系统中规律运动和改变其异常运动，预防、控制事故发生"的预防、控制事故原理。其中，促使人与物在其置于系统中规律运动预防事故发生，是预防事故原理；改变人与物在其置于系统中异常运动控制事故发生，是控制事故原理。并以此为理论根据，联系事故发生和安全管理实际，认定了"能致使客观事物异常运动而导致与构成事故的综合因素"（如生产中的劳动者、劳动手段、劳动对象、劳动时间、劳动空间等）是安全管理对象，"能促使客观事物规律运动而具有预防、控制事故功能的综合管理因素"（如安全组织、安全教育、安全法规、安全技术、安全检查、安全信息等）是安全管理要素。

与此同时，再运用从探索中获知的预防、控制事故原理，把安全管理对象与安全管理要素有机结合起来，构成预防、控制事故机制，即运用从探索中确认的科学理论联系安全管理的需求，产生了对事故进行超前有效预防、控制的科学方法，如产生了事故综合预防、控制法，事故具体预防、控制法，行业多发性事故预防、控制法等，用于强化人与物在置于系统中的安全科学管理。这样就把传统的安全管理由受事故规律的支配，头痛医头、脚痛医脚跟在事故后面跑转到了"以促使人与物在其置于系统中规律运动和改变其异常运动"的超前预防、控制事故的轨道上来；同时，也把安全管理由过去不明确具体工作内容、不知如何进行，统一到"运用安全管理要素，有机强化安全管理对象的科学管理系统之中"，使其步入有效预防、控制事故的轨道。从而运用事故预防、控制法保证劳动者在生产中的安全和健康。

(4) 探索安全与事故运动规律的作用

从以上探索安全与事故的运动规律和预防、控制事故规律的相互联系中认识到：由于人与物在其置于系统中的规律运动具有安全的必然性，异常运动具有导致事故的必然性；所以，促使人与物在其置于系统中规律运动具有预防事故的必然性，改变其异常运动具有控制事故的必然性，因此，促使人与物在其置于系统中规律运动是从本质上对事故的超前预防，改变其异常运动是从本质上对事故的超前控制；这样用于强化人与物在其置于系统中的安全科学管理必能有效预防、控制事故的发生。这种安全与事故同预防、控制事故的内在本质联系具有实现安全的客观必然性，就是安全科学固有的内在联系而形成的安全原理（即安全科学产生的依据），也是安全科学的内涵本质所具有的预防、控制事故功能。或者说，安全科学的奥秘就在于揭示了安全与事故的运动规律和预防、控制事故的规律，指导人们从本质上对事故进行超前有效的预防和控制，即从理论与实践的结合上回答了"如何征服事故"这一安全科学的本质问题。可以确认：安全科学就是预防、控制事故的科学。安全科学的本质是如何征服事故，是通过探索与运用安全科学原理指导实践去征服事故。（李永和）

3. 企业安全隐患的性质、特征与查找和分析

发现、查找、整改安全隐患是安全工作的重点之一，绝大多数安全事故都与不能及时发现、整改安全隐患有关。为什么那么多安全隐患不能及时发现、及时整改呢？除了经济利益驱使、安全意识淡薄等因素影响外，还与很多人弄不清楚到底什么叫安全隐患，更不会根据各类安全隐患的特点去有效地查找、发现安全隐患有直接的关系。因此，对安全隐患的概念、性质、分类、查找等问题，需要进行全面深入的探讨。

(1) 安全隐患的性质与特征

广义上讲，安全隐患是指潜藏着的、可能引起安全事故的因素。它不仅包括人类改造自然过程中产生的不安全因素，也包括自然界的一些不安全因素。如雷电、地震、洪水等。但通常所指的安全隐患是现代工业出现后产生的潜藏在人们生活、生产中的不安全因素。这类不安全因素数量相当多，涉及面广，可以说各行各业都存在，是人们查找与整改的重点。

安全隐患具有以下特征：

● 发展性。安全隐患的发展性有两层意思。一是指除地震、雷电、台风等自然界不安全因素外，大多数安全隐患不是自然现象，是随着人们改造自然、征服自然而产生的。因此，每一新行业的出现都会有新的安全隐患出现。如航海业的发展产生海上安全隐患，汽车工业的出现便产生了公路交通安全隐患。二是指安全隐患可以从无到有，设备、设施可以从安全变为危险。如煤气管道刚投产时是安全的，但随着时间的推移，管道受种种因素的影响越变越薄，当其变得不能承受煤气压力时，就成了安全隐患。类似例子不胜枚举。

● 隐蔽性。隐蔽性是指多数安全隐患不直观，仅凭人的感觉难以发现。例如，金属构件的疲劳、内部裂纹，表面看上去没有什么异样，其性能却已发生了质的变化。有一些隐患虽然比较直观，能主动进入人的视觉、听觉，但是在一般情况下，只要不发生现实危险，绝大多数人会视而不见，更不会主动干涉。如歌舞厅没有安全通道与灭火设施等，这是可以用眼睛直观就能发现的隐患，但是大多数人对此并不关心，更不会因缺少安全通道等原因拒绝进歌舞厅。

● 危害性。隐患的危害性体现为一种潜在的威胁，如不及时整

改就有可能转化为现实的危害。同时，因只是"可能"转化，自然
也就有可能不转化，并且在某种程度上或某一特定时段内，"不转
化"的概率比"转化"的概率要大。这正是产生侥幸心理与对隐患
整改抱消极态度的根本原因。

(2) 安全隐患的产生与分类

除自然界的不安全因素外，现代意义上的安全隐患不是从来就
有的，而是随着人类改造自然能力的提高、生产力的发展特别是现
代工业的出现而产生的。"水可载舟，亦可覆舟"，只有有了船才会
产生"覆舟"的隐患，在船出现之前绝不存在"覆舟"的危险。

对安全隐患进行适当的分类不仅能启迪思维，而且对帮助人们
全方位发现、查找隐患有重要的指导意义。从不同的角度可以将安
全隐患分为不同的类型。

● 从人与物的角度来分，可分为行为性隐患与物质性隐患。行
为性隐患是与人的行为有关的，是由于人的不正确行为而引起的。
如违章操作、冒险作业、缺少必要的安全知识等。这类隐患的存在
与否因人而异，主要取决于当事人自身的安全知识、安全意识等。
物质性隐患是指设备、设施、工具等本身潜在的不安全因素，它是
客观存在的，与操作者、指挥者无关。如油库的灭火器失效就是物
质性隐患，它与使用者行为的正确与否没有关系。要注意的是：从
广义上讲，现代工业出现后的隐患都与人的行为有关，因为人是生
产力的第一要素，再先进的技术都是人发明创造的。这里所指的行
为性隐患是从操作者或使用者的角度来说的，主要指违章操作、冒
险蛮干或不会使用等行为。如许多设备操作装置不符合人机学原理，
表面看来是客观存在的物质性隐患，但实际上属于设计不合理，与
设计者的行为有关。

● 从是否直观来分，可分为直观性隐患与隐蔽性隐患。直观性
隐患是指单凭人的生理特征就能感觉和发现的隐患，这类隐患往往
能主动进入人的视觉、听觉、触觉，比较容易查找。隐蔽性隐患是

指凭人的生理特征难以发现的隐患，与直观性隐患相比，查找比较困难。以灭火器为例，没有灭火器一眼就能看出，属于直观性隐患；有灭火器，但是已失效，或者相关人员不会使用，或者该灭火器是为应付检查而临时添置的等，属于隐蔽性隐患，此类隐患靠走马观花似的检查是难以发现的。

● 从产生的时间来分，可分为临时性隐患与长期性隐患。长期性隐患是指由于设计或技术原因，设备、设施、工具等本身所固有的不安全因素，这类不安全因素在设备等投入使用时便存在，在进行整改之前不会自动消除。临时性隐患是指因维修、施工或其他行为使用设备、设施等产生的不安全因素。因临时隐患具有突发性，是出乎人的意料之外的，往往很容易引起安全事故。如在一段平坦的路上挖一个深坑维修水管，如不及时恢复原貌或做出明显的标志，那么车辆、行人就很容易出事。临时性隐患与人的正常行为、习惯操作不符，转化成事故的概率很大，因此，相对来说其危害性也更大。

● 根据隐患的行业特点来分，可分为一般隐患与行业隐患。一般隐患是指各行各业普遍存在的隐患，其特点、性质等相同，只是危害程度有所不同而已。如火灾隐患，基本上各行各业都存在，但其危害程度却有很大区别，对一般机械厂危害程度就较小，而对油库危害就相当大。这正是为什么要划分特级防火单位等的原因。行业隐患是指各行业因其性质的特殊性而特有的隐患，这类隐患由各行各业自身的特点所决定。如核电站的核辐射、煤矿的瓦斯等就是典型的行业隐患。

● 从隐患的位置是否可以改变来分，可分为固定隐患与可动隐患。顾名思义，固定隐患是指位置不发生相对运动的隐患，其特点是位置永远不会改变。可动隐患是指其位置可发生变化的隐患，这类隐患的特点是发生事故的地点难以预先确定。在现实生活中，大多数隐患属于固定隐患，但也有少数可动隐患，如车辆上存在的隐患就是可动隐患。

这种对安全隐患的区分是相对的，并且属于个人观点，需要注意，许多隐患从不同角度可以归纳到不同类型。例如，一位汽车驾驶员驾驶技术并没有达到规定的标准，但是通过关系取得了驾驶执照，这一隐患从人与物角度来分，属于行为性隐患；从是否直观来分，属于隐蔽性隐患；从隐患位置来分，属于可动隐患。

(3) 安全隐患的排查

有了隐患的分类，排查隐患就可以根据分类全方位进行。排查隐患时主要应注意以下几点：

● 要着重排查隐蔽性隐患。直观性隐患往往能主动进入人的感觉器官，只要认真看，仔细听就能发现。隐蔽性隐患相对来说排查的难度要大得多。因此，日常工作中也好，安全检查中也好，如果不有意识地在排查隐蔽性隐患上下功夫，就难以排查隐蔽性隐患。如果安全管理人员不能及时发现隐蔽性隐患，一方面说明安全工作没有做到家，导致普通职工群众对安全检查、安全管理等失去信心；另一方面会导致安全隐患不能及时消除，从而引发安全事故。

要排查隐蔽性安全隐患，除了看、听之外，还应当有针对性地采取一些其他措施。一是"考"和"问"，这主要是对人的不安全因素而言的。如当事人到底会不会使用灭火器，就不妨现场测试一下；要了解人的安全意识如何，也可以现场问一问。二是"试"和"查"，如要想知道一些安全防护设施是否还有效，就不妨当场试一下，对一些特种设备是否按规定进行了检查，就应当查一查档案或有关检测报告。三是要"测"，对一些看不见、听不到，却又怀疑其不安全的设施或零部件，就必须借助仪器进行测量。

在排查隐蔽性隐患时，还应防止先入为主，使隐患从眼皮底下溜过。如对完好设备简单地认为其没有隐患而给予免检，对文化素质较高的操作人员给予免考等。因为设备完好，并不见得每一个部件都良好，素质再好的人，也不一定是一个精通本岗位安全知识与安全技能的人。

● 普遍排查与重点排查相结合。一般情况下，对重点设备、重点单位、重要安全措施的隐患进行重点排查比较容易做到。如对油库的防火检查一般都非常认真，因为大家都清楚油库一旦发生火灾后果不堪设想。相反对其他娱乐单位、工矿企业的防火检查却大意多了，总认为万一发生火灾也不会有太大的损失。正因为如此，现实生活中的重特大人员伤亡火灾事故很少发生在油库，绝大多数发生在娱乐场所与工矿企业。

● 排查隐患要有计划性与系统性。计划性要求排查设备隐患时要有目的、有针对性，哪些地方到了该排查的时候，哪些地方可以缓一缓，哪些部位是重点，哪些地方是难点，需要哪些仪器、设备等，应当结合实际有一个总体计划。有了一个总体计划，就可以防止安全检查的盲目性，防止走过场。系统性要求隐患排查要全面周到，既要排查直观性隐患，又要排查隐蔽性隐患；既要排查人的隐患，又要排查物的隐患，防止顾此失彼。（余建文）

4. 危险源的监控与管理方法

危险源的监控与管理在国内外都是一个新颖的课题。人们从成千上万起事故中吸取了许多经验和教训，但是，危险源的安全运行和储存的影响因素过多，危险源中的能量转变为破坏力量的机理尚未能完全查明。因此，人们必须把传统的监控手段同高科技结合起来，把人的安全技术、安全思想教育同物的本质安全化结合起来，真正做到安全、可靠。

（1）危险源的辨识

在工业生产中，无时无刻不存在着危险性。这些危险性来自动力的能源、物质的聚集、物质的潜能。通常把产生危险性的物质称为危险源。

● 危险源存在的能量形式。危险源是以能量的形式存在的。在一般性工业企业中，最常见的易转化为破坏力量的有电能、机械能、压力和拉力、位能和重力能、燃烧和爆炸及热辐射。例如，工矿企业的动力源——高压电、矿山企业的尾矿库、化工企业的可燃气体（液体）储罐等。

● 危险源的危险性预先分析。任何一个危险源都有转化为破坏力量的可能性，必须根据危险源中储存的物质的能量逸散后所造成的危害、危险源发生能量逸散的概率、引发危险源能量失控的外界因素等方面的情况，进行危险性预先分析，筛选出①安全的、②临界的（处于事故的边缘状态）、③危险的、④破坏性的四个等级危险源，重点对③和④两级危险源实施监控，防止重大事故的发生。

（2）危险源转化为破坏力量的理论分析

危险源是以能量形式存在于工矿企业中的。正常情况下，能量以特定的速度在特定的轨迹上运行，提供给机械、电气设备以动力。但是，由于储存能量的设备本体的缺陷，周围在其他轨道上运行的能量因物的侵入，或者人为失误造成能量逸散等原因，导致危险源能量的逸散，使能量不能正常地沿着特定的轨道运行，而与其他能量因素的轨道相交会，其交叉点即是事故点，也就是危险源转化为破坏力量的瞬间。这是安全管理者通常所说的"轨迹交叉论"，也是人们对危险源实施监控的基点。

以矿山企业的尾矿库为例，矿山企业的尾矿库用于储存选矿后的废弃物——尾砂。在输送过程中同水混合在一起，被排放在尾矿库中。小的尾矿库一般存放着数 10 万 m^3 甚至数百万立方米的尾砂和水；大的尾矿库则存放着几千万立方米的尾砂和水。其中一部分水通过尾矿库内的排泄设施回到选矿厂作为选矿用水，剩下的部分则同尾砂共存于库内。尾矿库的堤坝是分期修筑的，通常是用上游法筑坝，坝面的标高随着存放尾砂的增加而增高。巨大的容量除了对库底的地表产生正面压力外，还会产生巨大的侧压力，使尾砂及水具有了巨大的位能。如果堤坝的排渗系统不良，致使堤坝内浸润线过高，造成堤坝尾砂的水饱和而出现松动的流体，则会出现溃坝事故；另一种状况是，当自然降水量过大时，如果尾矿库堤坝表面的排水系统堵塞，造成大量水流冲击坝的排水系统而将其堵塞，导致堤坝出现缺口，致使堤坝受侧压力而产生的应力集中在缺口处，产生溃坝事故。无论是哪一种情况，都是内在因素与外在因素的结合，是两种或多种能量运行轨迹的交叉而产生的事故点，使尾砂和水的位能转变为破坏力量。

(3) 危险源的安全条件和影响因素

● 危险源能量储存的安全条件。一是考虑危险源能量以什么状态储存在什么容器之中。例如，石油液化气是一些企业生产和生活必不可少的物质，它从出厂起即以液态被输出、运输和储存。对于这种液态物质，掌握了它的可燃性、爆炸极限浓度和在大气中能迅速扩大 250 倍的特性，就可以确定它必须储存在密闭的钢质容器中。二是危险源能量储存的常规状况。如生产炸药使用的原料硝酸铵，在正常情况下应该分列储存，每列的高度不超过 1.5 m，宽度不多于两包的宽，列与列之间应留出 0.8 m 的通道，以保证空气流动。如果数百吨硝酸铵不分垛堆集在一起，久而久之埋在最下面的硝酸铵则可能受氧化而发热；大量的热能排放不出来又加快了硝酸铵的氧化进程，如此循环直到产生自燃乃至爆炸。三是危险源能量载体的纯度。能量是依靠载体而储存的，载体本身的纯度是安全性能的一个极其重要的指标。例如，爆破工作中的炸药是潜能极大的物质，其自身各种原料的配比和生产过程中的温度、湿度及杂质多少就是保证其安全性能的重要指标。尤其是含有 TNT 原料的硝酸铵炸药，其纯度出现问题就会导致爆炸作业过程中早爆事故的发生。

● 影响危险源能量储存的不安全因素。除了危险源自身的因素之外，还有许多不安全因素影响着危险源能量的逆向转化。这些不安全因素包括物理的、化学的、人为的。一是物理因素包含有外力的侵袭，如温度的升降、光的照射等。例如，液化石油气储罐在一般情况下只能按照 80% 的容量储存，在夏日高温状态下，液态的石油气则会挥发，部分液态石油气转变为气态，使储罐壁承受的压力增加，万一某条焊缝有虚焊、砂眼等缺陷，则会导致罐体破裂而大量泄漏。二是化学因素也大量存在，例如，钢铁生产中使用的氧气管道应严禁与油脂类物质接触；焊接和热处理使用的乙炔气与铜质器件接触生成乙炔铜，稍受外力作用则会引起爆炸。此外，影响危险源安全的另一个重要因素是人的不安全行为。操作者在作业过程中是否遵守安全技术规程，是否精心操作，是危险源安全的一个关键问题。据有关统计资料表明，80％以上的重大事故都源自于人的不安全行为。

（4）危险源的控制措施

● 危险源安全运行的储存设备、设施本质安全化。本质安全化是安全生产的一个必备前提。对于危险源而言，更是十分必要。例如，工业锅炉，国家对其设计、制造、安装都制定了标准，并且安排定点厂家，由有关部门委派专业监督人员对每台锅炉的制造进行监察，保证了锅炉的制造质量，这是本质安全化的重要一环。高压变配电站（所）的设计、安装也是保证本质安全化的体现，大型变压器的接地装置、避雷设施，线路的过流保护、屏蔽、过压保护等，都反映出一旦人为失误，设备、设施本身就能迅速切断能量的流动，避免事故发生。

● 采用现代化监测手段确保安全运行和储存。对重大危险源的监测已不能再用定期检测或用肉眼观察的方法，而要尽量采用现代化仪器、仪表，用计算机监视。例如，石油液化气储罐目前采用的液位计、压力计、温度计等，均已利用传感器技术对几个主要数据进行监测。在计算机技术日益普及的今天，把传感器技术同计算机技术结合起来，建立一套测定、分析、报警、应急措施等系统监控手段，就能真正做到防患于未然。再如，矿山尾矿库堤坝的监测也可以采用计算机技术分析堤坝中的水分、位移及压力变化情况，提供可靠的分析数据。

● 常规的预防措施。人们在对危险源的管理中逐步探索出一些办法来预防危险源的逆变。例如，化工企业各种油、气、化学危险品储罐采用安全而常用的水降温措施，定期试验安全阀，定期清洗储罐、除锈等，都是行之有效的办法，也是不可少的预防手段。尾矿库堤坝干滩的保留长度的观察，浸润线高度的检测，堤坝排水系统的畅通，坝面积水的排放等措施也是常规的监控方法。

● 提高安全操作的标准化程度。增强危险源管理人员的安全技术素质和责任心是防止事故发生的关键环节。进入危险源操作的人员，必须事先经过专业培训、考核合格后，才能上岗作业。平时还应不断学习、掌握各种监测仪器、仪表的用法，紧急避险措施的实施办法。同时，还应加强安全责任制的实施。促使他们遵章作业，精心操作。

操作者的动作和行为往往受岗位环境、思想情绪、身体状况等因素影响。许多不安全行为是在不知不觉中发生的。因此，必须使行为规范化、标准化。近几年国内推行的标准化作业就是保证安全的举措之一。危险源的管理人员应该按照工艺纪律、安全技术规程的要求，使动作行为简便化、规范化，从而避免误操作。（吕颂民）

5. 在建工程施工现场火灾隐患排查

近年来，我国城市化建设进程越来越快，许许多多高楼大厦平地而起，大大小小的建筑工地星罗棋布，在这种情况下，也不断发生在建工程火灾事故。例如，2010 年 8 月 25 日，位于江西省南昌市红谷滩新区丰和中大道 998 号绿地中央广场 B 区 3 号楼西侧脚手架防护网发生火灾，过火面积约 1 200 m^2。再如，2010 年 11 月 15 日，上海市静安区胶州路一栋 28 层公寓楼在装修作业中，两名电焊工违规进行电焊作业引燃施工防护尼龙网和其他可燃物，在极短时间内形成大面积立体火灾，共造成 58 人死亡。从许多在建工程火灾事故教训来看，切实需要加强安全管理措施，及时排查事故隐患，预防火灾事故。

（1）施工现场消防安全管理现状与存在的问题

随着建筑工程对施工进度要求越来越快，消防安全管理的难度也越来越大。在这方面，建设单位、施工单位、监理单位都存在着各自不同的问题。

● 建设单位现状与存在的问题。部分建设单位的领导忽视施工安全工作，认为自己只要办理好各项建筑工程施工相关手续即可，工程实行承包后，施工安全就会随工程转包而转嫁到施工单位，而建设单位的领导对安全工作撒手不管。

● 施工单位现状与存在的问题。一是施工人员消防安全意识淡薄。在建筑工程中，施工单位临时招聘的人员大多文化水平偏低，消防安全意识淡薄。作为工程管理人员往往为了赶进度而忽略消防安全。如进行电焊、气焊等具有火灾危险作业的人员无证上岗，不遵守消防安全操作规程，而一旦建筑施工过程中发生火灾，这些人不懂基本的防火、灭火常识，缺乏必要的自防自救能力，甚至不知道火警电话，发生火灾时不能及时报警。在生活区宿舍内使用电炉、煤油炉；违章用电，不按电气安装使用规定，私自乱拉、乱接电线的情况也屡见不鲜。二是消防安全管理责任制难以落实。许多施工单位没有制定消防负责人防火责任制度、施工现场的消防安全管理制度以及灭火疏散应急预案，没有定期对施工人员进行消防安全教育和消防安全培训。无施工现场动用明火审批制度，建筑施工中动火、用电不按有关规定办理审批手续等现象时有发生。三是施工现场未设置与施工进度相适应的临时消防设施。许多施工队伍为了压缩经费，不设置临时消防水源，部分施工现场未配置灭火器，有的即使配备了也数量不足或者压力不够。

● 监理单位现状与存在的问题。一些监理单位在审查施工设计中的安全技术措施以及工程建设强制性标准时马虎大意，把关不严。在公安部、住建部于 2009 年 11 月 27 日发布的《民用建筑外保温系统及外墙装饰防火暂行规定》中，对民用建筑外保温系统及外墙装饰的防火设计、施工及使用有着明确要求，然而部分监理单位对工程建设强制性标准不熟悉、马虎大意，未能履行监理单位安全责任。消防部门在许多正在做外墙保温的施工工地上检查时，常发现外墙保温材料仍然使用聚苯板。

(2) 在建工程火灾成因的分析

结合建筑装修工程特点分析，在建工地施工现场火灾隐患主要存在于以下五个方面：

● 建筑工地易燃可燃材料多，火灾蔓延速度快。由于受施工现场局限性的影响，一些职工宿舍与重要仓库和危险品库房相互毗连，甚至临时建筑物相互间隔仅用三合板等易燃材料进行分隔，结构简易，耐火等级多为三级或四级，只设置一个安全出口，一旦失火，人员难以疏散，极易造成火烧连营的局面。由于施工工艺的要求，工地上往往需要存放大量的易燃易爆及有毒材料，如木材、刨花、涂料、乙炔瓶等。特别是近年来新型建筑装饰装修材料的应用，使得施工现场的火灾危险增加。

● 建筑工地用电设备多且负荷大、电气线路铺设不规范。建筑施工中常用的机械设备（如塔式起重机、井架、龙门架、搅拌机、电焊机等）种类多、用电量大且随着便携式电动工具的普遍使用和临时照明的需要，如果安全用电措施不当，线路超负荷，容易造成导线绝缘层过热或短路形成电火花，引燃周围可燃物。

● 建筑施工现场明火作业多、消防安全管理不到位。建筑施工中普遍采用焊接、气割、电炉、喷灯等明火设备，极易引燃工地上存放的易燃材料。更有甚者，部分施工现场存在违章使用明火的现象。

● 施工现场消防设施不足、消防通道不畅。消防部门在检查中发现，除了少数较大的工地配备有少量的灭火器材外，一些中、小型工地根本无任何消防器材；一些施工人员为图方便，将一些易燃、可燃材料及杂物随处堆放，造成消防通道不畅；施工现场、建筑物处于已经开始建设但仍未竣工的阶段，消防设施不完善，一旦发生火灾，建筑设计中的消防设施往往不能发挥作用。

● 随意降低建筑防火技术标准、违反消防法规现象突出。少数建筑工程未经消防部门审批，擅自施工，有的虽然经过消防审批，但施工单位按着建设单位的意图擅自改变局部的平面设计；还有一些单位为节省成本，大量选用低价位的可燃材料，严重降低了建筑物的耐火等级。

(3) 在建工程防火安全对策

针对以上施工过程中存在的消防安全问题，应从以下几点入手去消除消防安全隐患：

● 建立健全消防管理制度，落实消防安全责任制。建设单位与施工单位在订立合同中，应当明确各自单位对施工现场的消防安全责任，并且建设单位应积极督促施工单位具体负责现场的消防管理和检查工作，发现火灾隐患后要及时联络施工单位、监理单位，及时纠正。建设单位负有六个方面的安全责任，即向施工单位提供安全资料的责任、依法履行合同的责任、提供安全生产费用的责任、不得推销劣质材料和设备的责任、提供安全施工措施和资料的责任、对拆除工程进行备案的责任。

施工单位要制定施工现场消防安全管理制度以及防火管理责任制度，成立消防安全管理机构，确定项目消防负责人并指定专人负责施工现场的消防安全工作；同时，针对不同岗位制定不同防范措施，并要逐级签订防火安全责任书，把防火责任切实落实到具体责任人。

施工单位应制定灭火疏散预案以及奖惩制度，组织人员定期进行消防演练，增强火灾事故的处理能力，对关心消防工作及对消防工作有贡献的人员应进行奖励，对防火负责人不履行职责的应进行惩罚。

建筑工程公司和施工队应贯彻消防工作"谁主管谁负责"的原

则，明确中心责任，总承包单位应对工地防火负总责，单项转包工程的施工单位要对本项工程安全负责，并设专人负责施工现场的消防安全，严防火灾事故的发生。

● 加强施工队伍的管理以及消防安全知识的培训。《消防法》明确规定：禁止在具有火灾、爆炸危险的场所吸烟及使用明火。因施工等特殊情况需要使用明火作业的，应当按照规定事先办理审批手续，采取相应的消防安全措施；作业人员应当遵守消防安全规定。进行电气焊等具有火灾危险作业的人员和自动消防系统的操作人员必须持证上岗，并遵守消防安全操作规程。同时，施工单位应定期组织员工进行消防安全教育培训和消防演练，提高员工自防自救能力。

● 保证消防设施完整、好用以及消防通道的畅通。施工单位在施工时，应保证楼层的消防竖管能跟上施工进度，在每个楼层和重点防火部位都设置临时消火栓并且要确保压力；同时，施工现场还应配置手提式灭火器、消防水桶、消防沙袋等灭火器材。在周边无消防水源的情况下应设置室外消火栓，以确保水源的充足。

● 加大对建筑工地、内装修工程施工现场的监督检查力度。安全监管部门应在建设单位报审时对其施工现场消防安全状况进行适时监督。检查中，一要着重检查建设单位是否办理相关手续；二要对施工单位是否具备相应的施工资格和基本安全技术素质，甲乙双方签订的施工合同手续是否完备，消防安全措施和责任是否明确落实，施工现场的消防安全管理是否严格，消防通道是否畅通，现场是否有火灾隐患和违章用火、用电等现象进行检查。对发现的问题要采取果断措施，及时督促整改。（罗海生）

6. 企业动力系统存在的安全隐患及整改措施

在现代社会中，电能广泛应用于工业企业，离开了电能，企业将不能生产。在企业中，动力箱、照明箱（柜、板）是企业配电系统中最末级，具有接受、分配、保护、控制功能的基础设施。具有拥有量多、分布及所处环境复杂、与企业各类人员接触的可能性大等特点，如果控制和管理不当，防护措施不利，将会发生异常情况，造成电气事故。经过多年的摸索和实践，现将有关电气安全中动力箱、照明配电箱（柜、板）存在的隐患分析及整改措施汇总如下：

（1）触电危险性大或作业环境较差场所的隐患整改

隐患分析：触电危险性大或作业环境较差的加工车间、铸造、锻造、热处理、木工房等场所，未采用封闭式箱、柜、板，在生产作业时，所产生的切屑或杂物若不慎进入开启式箱、柜、板内，容易引起线路短路，断路器跳闸，致使设备不能正常工作；同时，开启式熔断器熔断时，炽热的金属微粒飞溅出来会造成灼伤；铸造、锻造、热处理、木工房等场所环境较差，存在大量可燃性（导电性）粉尘，若在箱、柜内存积，在电气元件产生火花（打火）或静电作用下，容易引起电气元件失火。另外，若插座等器件裸露在外，容易受到机械损坏，若维修不及时，既存在安全隐患，又影响手持电动工具等设备的正常使用。

应采取的隐患整改措施：一是使用密封式箱柜，这样可以有效防止切屑、粉尘等的进入和积存；二是制作防护门，将插座等裸露在外的电气元件进行安全防护，这样既可以防止切屑、粉尘等的进入和积存，又起到防止电气元件的机械破坏的作用。

（2）配电箱、柜内外存在有裸露带电体的隐患整改

隐患分析：一是部分配电箱、柜主母线采用的是 TMR 结构，这种结构母线载流量大，散热好，同时结构简单，大大节约了配电箱（柜）的内部空间，但带电的铜排裸露在外，易产生触电事故；二是配电箱、柜的门体配备有大量的指示灯、指示用仪表等信号装置，信号装置的接线端子裸露，易产生触电事故。

应采取的隐患整改措施：进行有效屏护。屏护是一种对电击危险因素进行隔离的手段，即采用遮栏、护罩、护盖、箱匣等把危险的带电体同外界隔离开来，以防止人体触及或接近带电体所引起的触电事故。屏护还起到防止电弧伤人，防止弧光短路或便于检修的作用。可以采取的措施：一是主铜母排采用透明有机玻璃板做屏护，使用螺栓固定，断路器等开关器件在手动分断时，需要力量较大，用有机玻璃将开关把手上带电的裸露导体屏护起来，可以避免因操作失误触及带电裸露导体而引起的触电事故。二是门体信号装置接线端子采用透明有机玻璃板做屏护，使用螺栓固定。门体的信号装置带电的接线端容易被操作人员忽视，通常人们使用绝缘胶带防护，胶带易受环境影响（如温度）而脱落。人们在操作配电箱（柜）时，通常将右后侧身体暴露于裸露的信号装置接线端子前，在行动过程中手臂、头部容易触及箱、柜带电接线端子，引起触电事故。使用屏护装置可以避免以上危险。另外，采用透明有机玻璃板做屏护，使用螺栓固定的另一个优点是：维修、操作人员能够观察到屏护在内部的电气元件的连接和运行情况，发现问题能及时解决；同时，采用螺栓固定，拆卸也比较方便。

（3）配电箱、柜无急停装置的隐患整改

隐患分析：配电箱、柜在使用中不允许门体敞开（部分配锁），当出现紧急情况时无法立即切断电源，不能使设备和人员及时脱离危险状态。

应采取的隐患整改措施：在门体正面和侧面分别增加急停按钮和负荷开关。

（4）配电箱、柜电缆进出线孔无防护的隐患整改

隐患分析：移动电焊机、台钻等电气设备需要从配电箱（柜、板）接线，此类设备用完后，电缆线的进出孔无防护措施，老鼠、蛇等小动物沿孔窜入箱、柜内，能够引起触电事故，造成线路短路事故。

应采取的隐患整改措施：安装电缆锁紧器——锁紧器具有丝扣锁紧口，拧动时可以锁紧进线电缆，起到固定作用，电缆拆除后可用塑胶棒代替电缆并锁紧，封闭好进、出线孔。同时，锁紧器的光滑接口对电缆能起到保护作用（无锁紧器时，配电箱、柜外壳铁皮能够割断电缆防护皮，引起触电事故）。（李美霞、宋文英、王立建）

7. 欧盟企业的班组安全文化建设与隐患评估

为学习、借鉴欧洲发达国家跨国集团先进的班组管理理念、方法和经验，2007年6月10日至6月30日，由16家中央企业选派的30名优秀班组长和班组建设管理人员组成的"中央企业班组建设培训团"赴比利时参加了学习和培训。

在欧洲培训期间，培训团考察了比利时安特卫普港务公司、阿尔卡特欧洲总部和邦奇公司总部三家比利时大型企业，并邀请了来自法国电力集团、法国路桥大学、德国宝马汽车公司、德国西门子公司、德国电气工程师协会、德国机械机床制造协会六家著名企业和相关机构的负责人、专家和一线班组管理人员为培训团进行了专题授课。

在短暂的21天时间里，培训团通过集中授课、分组讨论、互动交流、现场考察等形式，围绕着欧盟主要发达国家知名跨国企业的基层班组建设等课题进行了系统化的学习与探讨。作为本次培训重要议题之一的"欧盟企业班组安全文化建设"，给团员们留下了深刻的印象。欧盟国家在安全管理的制度建设、对事故隐患的评估与事先预防、培养员工的安全自律意识等方面的经验和做法很值得我国企业学习和借鉴。

（1）建立符合国际标准的班组安全管理制度

欧盟企业的管理层都非常重视班组工作，尤其重视班组安全工作，如每个企业都能针对本企业的特点，为班组创建一个安全的工作环境和一套严格的安全制度，通过多种方式保证生产和员工的安全。他们设定班组安全目标，确保员工了解安全生产的要求和程序，组织安全会议，鼓励员工提安全建议，彻底调查安全事故，规范员工执行安全规则等。

德国宝马汽车公司在生产实践中特别注重开好班前会和班后会，

班前会布置任务、明确分工、交代安全技术措施和产品质量要求；班后会小结工作进展和检查安全、技术、质量、工作完成情况。

班组长在保证生产和员工安全中起着非常重要的作用。班组长除了熟知班组内所有的岗位操作技术外，还必须了解前后工序各生产环节的技术要点。这样就能更好地掌握本班组各岗位的生产情况，一旦出现安全问题，能在第一时间查出原因。班组长是与操作员工联系最为紧密的管理层，其行为极大地影响着员工的安全绩效。因此，这些欧盟企业一方面非常注重对班组长安全管理能力的培养；另一方面，要求各工种的员工必须经过严格的安全生产技能考核后才能上岗。

在欧盟很多知名跨国企业中，即使在班组基层生产团队，也必须按照国际标准建立系统化的安全管理体系与事故预防体系，班组长及员工均须接受来自英国或西欧等世界领先国家的安全技术协会的系统培训，并在安全协会的协助下，从车间的每一个班组开始，在整个企业中逐级建立起符合国际标准的安全管理制度。

（2）重视对事故隐患的评估与事先预防

欧盟企业非常重视对事故隐患的评估与事先预防工作，强调班组长必须通过严格的管理并引导员工养成良好的工作习惯，使员工严格按照操作规程和安全标准进行工作。例如，德国宝马汽车公司规定：车间所有员工的衣服上不得有金属链；由班组成员蓄意或不作为造成的事故，应立即对该班组成员予以辞退；每天中午在公司餐厅就餐时，每名员工只允许喝一杯啤酒，超过一杯者辞退。这些要求都是通过班组长进行贯彻的，使员工养成了良好的职业素养和工作习惯。比利时邦奇公司是专门生产变速器的企业，在公司每个操作岗位、每一个工序都有操作卡片，即使一个不熟悉加工流程的员工，只要按照操作卡片的程序去操作，也不会出现质量和安全问题。这些标准化的操作规程和制度化的安全管理原则在全体班组员工中得到了坚决贯彻，从而将生产过程中的危险降到了最低。

(3) 培养员工的安全自律意识

欧盟企业非常注重员工自律，要求每个人必须对质量和安全负责。在参观比利时安特卫普港务公司时，当一名学员问到有没有专门的安全管理人员，如何保证装卸安全时，港务公司负责人的一句话让人们非常受触动："更重要的是员工自己要对安全负责。"

在培养员工的安全自律意识方面，欧盟企业的一些做法给人们留下了深刻的印象，主要有以下三个方面：

● 欧盟企业非常注重员工培训。比利时要求企业每年要将工资总额的2%作为培训基金上缴国家培训基金会，不允许政府将培训基金拨款给公司自行培训，而是由政府提供培训。德国规定：企业必须为员工提供培训，不培训者则向国家交钱，由国家组织培训。所有的培训对员工来说几乎都是免费提供的，而且每年都有硬性的时间规定。通过持续不断的培训，员工的技能水平得到了不断提高。

● 欧盟企业员工具有很强的责任感。这种责任感包括家庭责任、工作责任和社会责任，他们就是带着这些责任感去对待自己周围的事物。企业对员工强调的主要是工作责任，尤其是每一个人对所处的工作岗位或生产环节的责任。例如，在比利时的邦奇公司，岗位的安全和质量管理都是由员工自己控制的，没有人监督其做到什么程度，但每个员工所具有的高度责任感和自律性保证了工作质量。这种责任感的形成一方面源于员工自身的良好素质和其特有的民族文化，另一方面是企业严格的规章制度。比利时邦奇公司生产车间内的通道上画有人行道，并且都是单行线，员工在车间里只允许在人行道内行走，不得越出界限。通过长期的严格管理和教育，企业员工养成了良好的职业素养和工作习惯，高度自觉地遵守企业的各项规章制度。只要是企业规定的，员工都会严格地、无条件地执行和遵守。

● 以详细的作业标准来规范员工的操作。员工在安全和生产操作上的规范化、标准化，保证了他们在高节奏下的高效率和获得安全的保障。每个员工都必须不折不扣地按企业制定的各项作业标准去工作。违反操作规程、人为造成重大经济损失的员工将会被开除。对一般性安全问题，将对员工进行教育，分析问题，总结经验，并提出整改方案，然后还要对他进行培训，经培训合格后，再重新安排到其他部门工作。比利时的安特卫普港务公司每年都要发行员工工作手册，并每年更新。

通过这次培训与考察，亲身感受到欧盟企业对班组的安全制度建设的重视，以及对事故隐患的预防和员工的安全自律意识的培养；同时，所考察的这三家世界500强企业在生产安全管理的执行能力、严格标准化操作文件、对于潜在生产事故预防及风险评估、应急处理等方面的经验和做法值得我国企业学习和借鉴。（郭保民）

8. 加强人的自我防护能力极其重要

众所周知，事故发生归结起来由两种因素造成：一是物和环境的不安全状态；二是人的不安全行为。从事故统计资料中显示：在全部事故中，属违反规程、违反纪律、违章操作而导致的事故数占事故总数的85％以上。因此，控制人的不安全行为，提高人的安全技术素质，加强人的自我防护能力就显得极其重要。

那么，什么是自我防护能力呢？自我防护能力是指从业人员对所在工作岗位危险程度的认识，并对可能出现不安全因素的判断力和正确处理即将出现的危害的能力。它集中反映了一个从业人员文化素养、安全意识、安全技术知识和应变能力等各方面的水平，也就是说，自我防护能力是反映从业人员本身素质高低的一个重要标志。

提高从业人员的自我防护能力可从以下几个方面入手：

（1）强化安全生产意识，树立良好的作业习惯

按照事故致因理论——轨迹交叉论的观点，事故是在物的不安全状态和人的不安全行为在其运行交叉时发生的。事故的发生虽然有一定的偶然性，但绝大多数事故在触发前都有一定的征兆，是可以辨识的。因此，除从业人员本身严格遵章守纪外，周围的作业人员在班前、班后及生产过程中互相监督、提醒（即一班"三查"制）尤为重要，把不安全因素消灭在萌芽之中。所有员工均要履行安全职责，做好本职工作，不伤害自己、不伤害他人、不被他人伤害和督促他人不被伤害（即"四不伤害"），做安全生产的安全人。

（2）定期检查事故隐患，做到防患于未然

因事故源于隐患，而隐患又先于事故，这是一条规律。隐患是事故发生前的潜伏阶段，只要在事故发生前能及时控制和排除隐患，并能采取防范措施，那么事故就能防止。即"多看一眼、安全保险，多防一步、减少事故"。另外，还要对思想上的隐患进行排查，要对症下药，祛除从业人员的麻痹思想，不断提高他们在安全生产中的执行意识，努力做到安全思想和行为的知、行统一。

（3）加强安全教育和有目的地进行培训

加强安全教育和有目的地进行培训，这对员工本身安全因素的提高将起到一定作用。经常性地进行安全教育（即多做"婆婆嘴"）就可做到警钟长鸣。如借用外部和内部事故案例进行有针对性的讲解，使安全生产这根弦绷得紧紧的。像女工操作要戴安全帽及车工操作严禁戴手套这种一般性的安全常识，要使从业人员严格遵守，就必须反复宣传教育，把被动行为变为主动的自觉行动，才能把滞后的被动预防变成超前的主动预防。

（4）必须规范从业人员行为

积极推进"标准化"建设，建立安全管理的长效机制，使安全管理工作逐步走上法制化、制度化、标准化。

坚决反对"马虎、凑合、不在乎"的思想，反对"干惯了、看惯了、习惯了"的思想，要积极推行"人本、严格、精细、科学"的管理工作新格局。在生产经营活动中，生产与安全、进度与安全、效益与安全经常会发生矛盾，如何处理这些矛盾，应引起从业人员的高度重视。一切不按科学规律办事，不讲科学的行为，最终只能走向其反面。要努力增强从业人员的安全意识，提高其安全素质，逐步培养从业人员树立科学，严谨、认真的安全工作作风，时时、处处、人人都上标准岗、干标准活、干放心活、干安全活，让他们真正明白"要我安全"是爱护，"我要安全"是觉悟。只有全体从业人员自警、自律和自救能力提高了，安全生产才有可靠的保障。（韦奇发）